Aufgaben aus der Hydromechanik

Von

Karl Federhofer

o. Professor an der Technischen Hochschule Graz

245 Aufgaben nebst Lösungen

Mit 235 Textabbildungen

Wien

Springer-Verlag

1954

ISBN-13: 978-3-7091-7830-0   e-ISBN-13: 978-3-7091-7829-4
DOI: 10.1007/978-3-7091-7829-4

Vorwort

Mit diesem Aufgabenbuch, das sich an meine vor drei Jahren im gleichen Verlage erschienene Sammlung von Aufgaben aus der **Mechanik des Punktes und des starren Systems** anschließt, erfülle ich einen seit Jahren immer wieder aus meinen Hörerkreisen geäußerten Wunsch nach einem Übungsbehelf beim Studium der Hydromechanik. Dieser Wunsch hat seine Berechtigung, denn von dem die Hydromechanik behandelnden, in drei Auflagen erschienenen Bande III der bekannten Aufgabensammlung meines Lehrers und Vorgängers im Lehramte für Mechanik an der Technischen Hochschule in Graz, F. Wittenbauer, ist seit dem vor drei Jahrzehnten erfolgten Ableben seines Verfassers keine neue Auflage mehr erschienen. Zudem enthalten die wenigen deutschsprachigen Lehrbücher für Hydromechanik im Gegensatz zu den im angelsächsischen Schrifttum in reicher Auswahl erschienenen Lehrbüchern nur wenige oder gar keine Übungsbeispiele.

Das vorliegende Buch enthält in 14 Abschnitten Aufgaben verschiedener Schwierigkeitsgrade aus der **Mechanik ruhender und bewegter unzusammendrückbarer Flüssigkeiten.** Abweichend von der vorerwähnten Wittenbauerschen Sammlung sind die Flugmechanik und die Gasdynamik, die sich in den letzten Jahrzehnten zu großen Spezialdisziplinen entwickelt haben und eigene Aufgabenwerke erfordern, darin nicht berücksichtigt.

Von sämtlichen Aufgaben sind die Lösungsergebnisse mitgeteilt, vielfach mit mehr oder minder ausführlicher Angabe des Lösungsganges; hiermit soll der großen Zahl jener Studierenden, die heutzutage zum Selbststudium genötigt sind, die Einarbeitung in dieses Gebiet erleichtert werden. Die Auswahl der Aufgaben entspricht dem Lehrstoff meiner einsemestrigen Vorlesung über Hydromechanik mit drei Wochenstunden.

Eine Anzahl von Aufgaben habe ich Zeitschriftenaufsätzen entnommen, die meisten stammen aus meiner im Laufe von mehr als drei Jahrzehnten entstandenen Sammlung von Übungs- und Prüfungsaufgaben, manche davon verdanke ich der freundlichen Mitteilung von im Texte genannten Fachkollegen. Bei der Auswahl der Aufgaben aus den Elementen der mathematischen Strömungslehre konnte ich mich der beratenden Mitarbeit meines Fachgenossen Prof. H. Winter erfreuen.

Den Lösungen der Aufgaben über die Bewegung des Wassers in Rohrleitungen und in offenen Gerinnen sind in kurzen Einleitungen die verwendeten Formeln nebst Angaben von Versuchswerten vorangestellt.

Bei den verwendeten Maßeinheiten habe ich mich an die Beschlüsse der deutschen Physiker und an das neue österreichische Maßgesetz gehalten, wonach als Masseneinheit das Kilogramm gilt und die Krafteinheit mit $1\,\text{N}$ ($= 1$ Newton $= 1\,\text{kgms}^{-2}$) oder mit $1\,\text{kp}$ ($= 1$ Kilopond $=$ Normalgewicht von $1\,\text{kg}$ Masse $= 9{,}80665\,\text{N}$) festgesetzt ist.

Eine Zusammenstellung der für Druckangaben gebräuchlichen Einheiten sowie jener für die dynamische und kinematische Zähigkeit findet man unter den Lösungen der an die Spitze der Abschnitte I und VII gestellten Fragen.

Bei der Ausarbeitung des Manuskripts haben mich meine beiden wissenschaftlichen Hilfskräfte, die Herren E. Körner und K. Wohlhart wirksam unterstützt; dem Erstgenannten verdanke ich die Herstellung sämtlicher Reinzeichnungen nach meinen Skizzen, der zweite hat mir bei der Ausarbeitung der Lösungen viel numerische Rechenarbeit erspart.

Mein Oberassistent Prof. H. Egger hat alle Korrekturen mit mir gelesen. Allen dreien gebührt mein herzlicher Dank für ihre Hilfe, ebenso dem Springer-Verlag in Wien für die gediegene Ausstattung des Buches und für die rasche Drucklegung.

Graz, im Februar 1954.

K. Federhofer

Inhaltsverzeichnis

Aufgaben

I. Druck in schwerer und in gepreßter Flüssigkeit

1. Man gebe die gebräuchlichen Einheiten für die Messung von Flüssigkeitsdrucken an.

2. Wie viele Bar bzw. Torr entsprechen einem Drucke von 132 mm WS?

3. In einem oben offenen U-Rohr steht Öl in einem Schenkel um 18 cm höher als das Wasser im anderen Schenkel. Welches spezifische Gewicht hat das Öl, wenn die Ölsäule 78 cm über die Berührungsebene von Wasser und Öl reicht?

4. In einer Leuchtgasleitung herrsche ein Überdruck von 35 mm WS; wie groß ist der Überdruck in atü?

5. In der Windleitung eines Hochofens zeige das Quecksilbermanometer einen Überdruck von 370 mm an. Wie groß ist der Überdruck in atü? Wie groß ist der absolute Druck in Torr bei einem Barometerstand der äußeren Luft von 77 cm QS?

6. Beim Wasserstande I im Behälter (Abb. 1) zeigt das Quecksilbermanometer $h = 5{,}6$ cm. Um wieviel ändert sich h, wenn der Wasserspiegel um 1,5 m steigt?

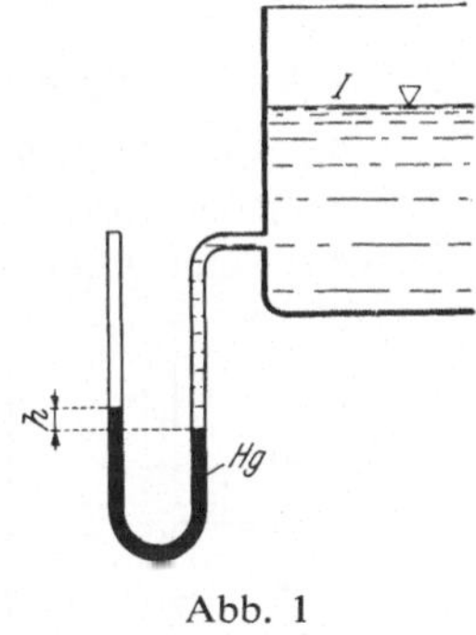

Abb. 1

7. Im Kessel K (Abb. 2) befindet sich Carbon-Tetrachlorid mit dem Einheitsgewichte

$$\gamma_1 = 1{,}594 \ \frac{\text{kp}}{\text{dm}^3}.$$

Wie groß ist der Unterdruck in A, wenn das links offene Quecksilbermanometer eine Höhe $h = 30{,}46$ cm anzeigt?

8. In dem Kondensator einer Dampfmaschine herrsche ein Vakuum von solcher Größe, daß die Hg-Säule des Hebermanometers 672 mm hoch angesaugt wird. Der Barometerstand der äußeren Luft betrage 757 mm Hg-S. Man gebe den absoluten Druck in kp/m² und in ata an.

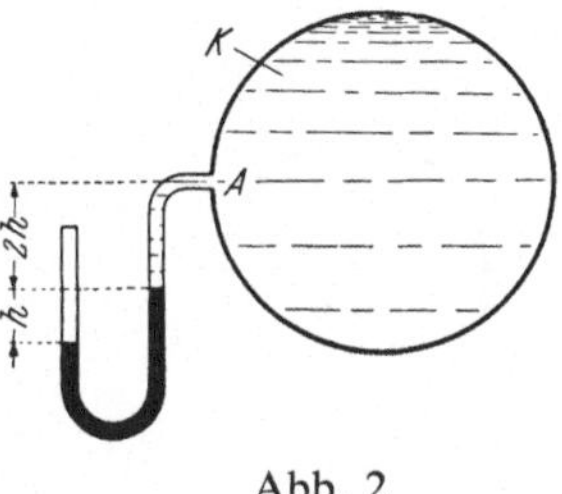

Abb. 2

9. Ein zylindrischer Kessel vom Innendurchmesser D und der Wandstärke t stehe unter einem inneren Flüssigkeitsüberdrucke p atü. Welche Zugspannungen entstehen im Querschnitt und im Längsschnitt?

10. Eine Hohlkugel (Innendurchmesser D, Wandstärke t) ist einem inneren Flüssigkeitsüberdrucke p atü ausgesetzt. Wie groß ist die Wandspannung?

11. Die Dichtung des mit einer Kraft von 6000 kp in einen mit Wasser gefüllten Zylinder gepreßten Tauchkolbens von $d = 160$ mm Durchmesser (Abb. 3) besteht aus einem Lederstulp, der durch den Wasserdruck nach innen gegen den Kolben, nach außen gegen die Zylinderwand gepreßt wird, so daß er auf $h = 10$ mm dicht anliegt. Man ermittle den Druck des gepreßten Wassers in at, wenn die Reibungszahl der Stulpreibung am Kolben 0,14 beträgt.

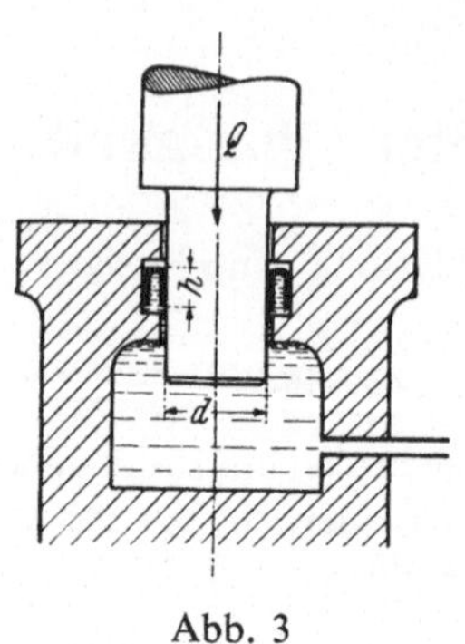

Abb. 3

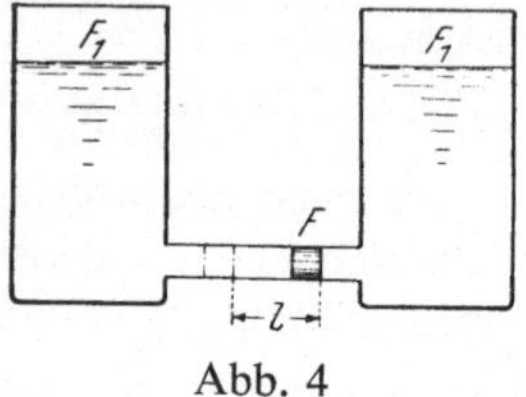

Abb. 4

12. Das von einer vertikalen Welle zu übertragende Nutzmoment beträgt 2500 mkp, der achsiale Druck $Q = 6000$ kp. Der Spurzapfen vom Durchmesser d stütze sich auf gepreßtes Wasser. Die Abdichtung erfolgt durch einen Lederstulp, der bis zur Höhe h vom Druckwasser angepreßt wird. Wie groß ist das Antriebsmoment mit Berücksichtigung der Abdichtung ($h/d = 0,2$; $d = 25$ cm; $f = 0,25$)?

13. Zwei oben offene zylindrische Behälter mit gleicher Basisfläche F_1 sind durch ein Rohr vom Querschnitte F verbunden, in welchem sich ein Kolben verschieben kann (Abb. 4). Beide Behälter sind mit Flüssigkeit vom Einheitsgewichte γ gleich hoch gefüllt.

Welche Arbeit ist zu verrichten, wenn der Kolben um die Strecke l verschoben werden soll?

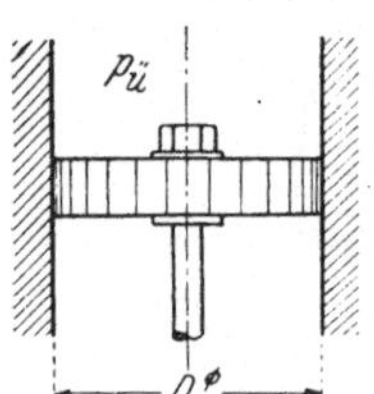
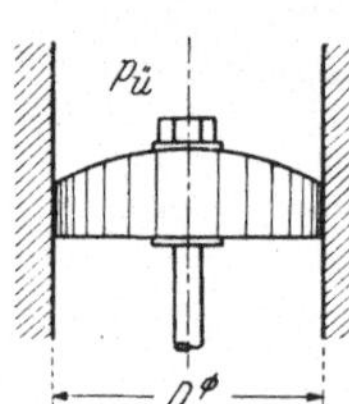
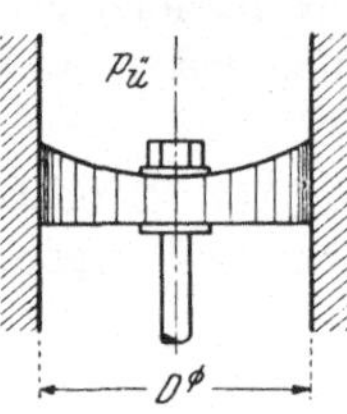
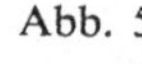
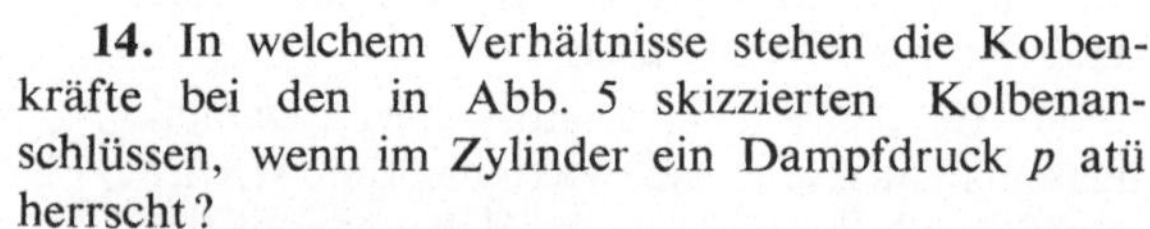
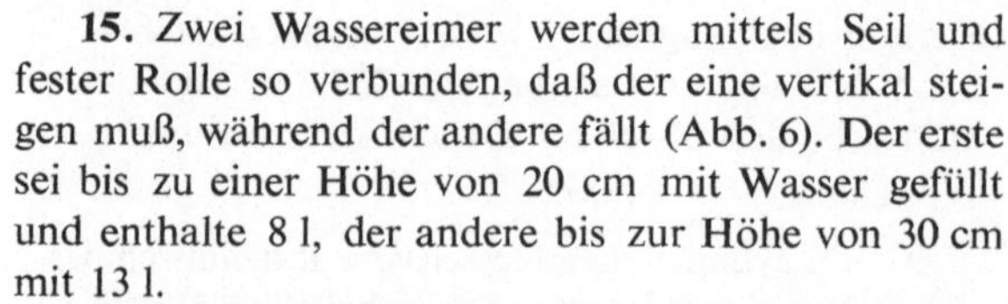

Abb. 5

14. In welchem Verhältnisse stehen die Kolbenkräfte bei den in Abb. 5 skizzierten Kolbenanschlüssen, wenn im Zylinder ein Dampfdruck p atü herrscht?

15. Zwei Wassereimer werden mittels Seil und fester Rolle so verbunden, daß der eine vertikal steigen muß, während der andere fällt (Abb. 6). Der erste sei bis zu einer Höhe von 20 cm mit Wasser gefüllt und enthalte 8 l, der andere bis zur Höhe von 30 cm mit 13 l.

Wie groß ist während der Bewegung der Bodendruck in jedem Gefäße? (Auf die Masse der Eimer ist keine Rücksicht zu nehmen.) Welcher Wasserdruck in cm WS wirkt am Boden jedes Eimers?

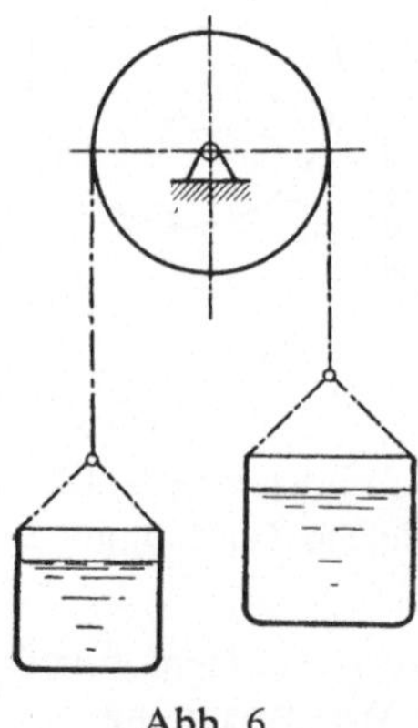

Abb. 6

16. Ein Druckluftsenkkasten von der in Abb. 7 gezeichneten Querschnittsform ruht bei Beginn der Aushubarbeiten auf der stark wasserdurchlässigen Flußsohle CD in der Tiefe H [m] unter dem Wasserspiegel.

Wie groß muß der Druck p der Preßluft in der Arbeitskammer A sein, damit durch die Flußsohle kein Wasserzutritt erfolge?

Man skizziere das Belastungsschema für die lotrechte Seitenwand BC unter Berücksichtigung des gerechneten Preßluftdruckes und berechne das Maximalmoment des Trägers BC für 1 lfd. m der Senkkastenlänge. Es ist $H = 12$ m, $h = 1,8$ m.

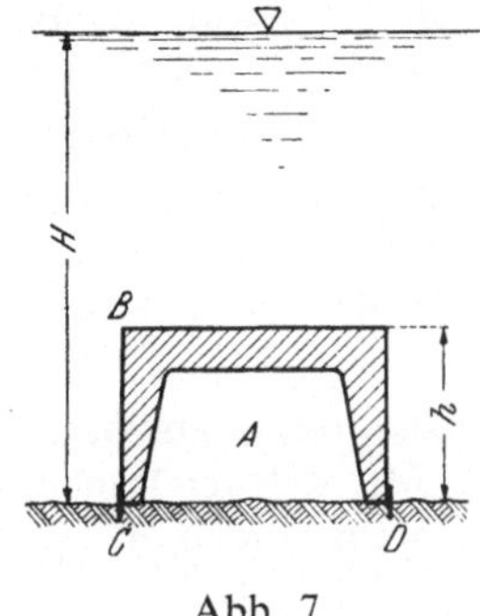

Abb. 7

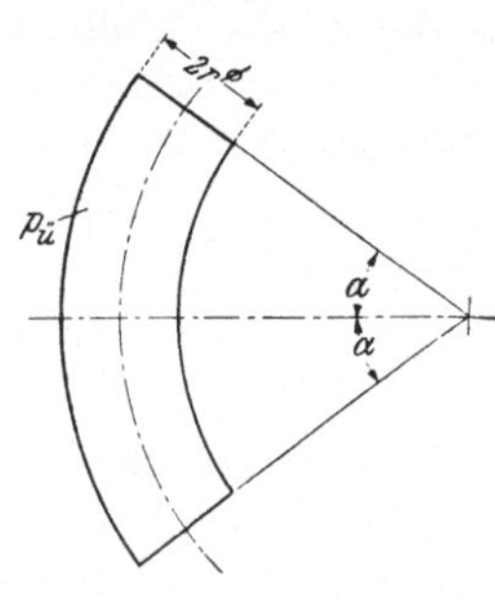

Abb. 8

17. Ein ringförmiges Rohrstück (Abb. 8) vom Öffnungswinkel $2\,\alpha$ ist an den Enden durch ebene kreisrunde Deckel vom Halbmesser r verschlossen und mit Preßflüssigkeit (p atü) gefüllt.

Um wieviel unterscheiden sich die Gesamtdrucke auf den äußeren und inneren gekrümmten Teil des Rohres?

18. Ein an einem Fahrzeug angebrachter Beschleunigungsmesser, bestehend aus einem mit Wasser gefüllten U-Rohr mit dem Schenkelabstand $l = 200$ mm zeige eine Spiegeldifferenz $h = 50$ mm an.

Mit welcher Beschleunigung b fährt das Fahrzeug?

II. Niveauflächen

1. Ein Schiffstrog fahre, sich selbst überlassen, eine glatte schiefe Ebene vom Neigungswinkel α hinab (Abb. 9). Wie sehen die Niveauflächen aus? Man gebe die Druckverteilung in einer Lotrechten an.

2. Wie ändern sich die Ergebnisse der vorstehenden Aufgabe, wenn die schiefe Ebene rauh ist?

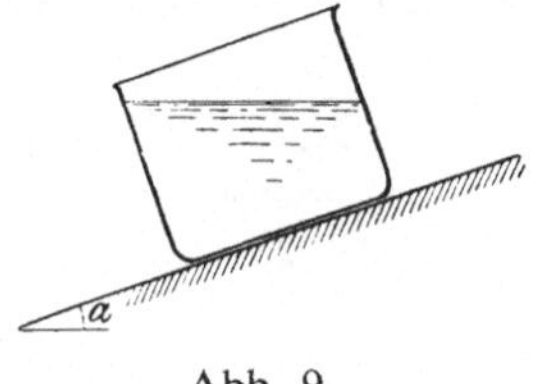

Abb. 9

3. Zwei Behälter von gleichem Gewichte, die gleichviel Wasser enthalten, sind durch ein über eine kleine Rolle laufendes Seil miteinander verbunden (Abb. 10). Wie stellen sich während der durch irgend einen

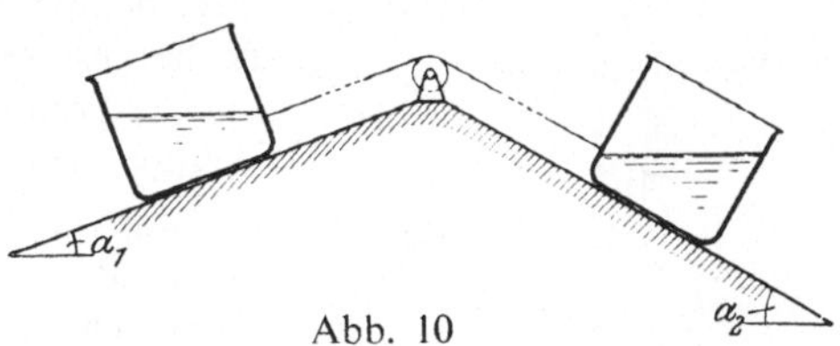

Abb. 10

Impuls eingeleiteten Bewegung auf den schiefen Ebenen von gleicher Rauhigkeit die Wasseroberflächen in beiden Behältern ein?

4. Eine mit Flüssigkeit vom Einheitsgewichte γ vollgefüllte zylindrische Trommel rotiere um ihre horizontale Achse mit konstanter Winkelgeschwindigkeit ω. Man bestimme die Niveauflächen und zeichne das Diagramm der Drucke für den lotrechten Durchmesser.

5. Eine zylindrische geschlossene Trommel vom Halbmesser R und der Höhe h sei bis $^3/_4\,h$ mit Flüssigkeit vom Einheitsgewicht γ gefüllt. Mit welcher Winkelgeschwindigkeit muß sie sich um ihre lotrechte Achse drehen, damit der tiefste Punkt des Flüssigkeitsspiegels in $h/_4$ liege? Man ermittle den Druckverlauf entlang der Gefäßwandungen mit p_0 als gegebenem Druck auf den Spiegel.

6. Ein hohler Kegel mit vertikaler Achse und Spitze nach unten, der bis zum Rande mit Wasser gefüllt ist, drehe sich mit ω. Wieviel Wasser ist ausgeflossen, wenn der neue Wasserspiegel den Kegelmantel berührt? Wie groß ist dann ω?

7. Eine Schale von der Form eines Rotationsparaboloides (Abmessungen a und $h = 2a$) ist mit Wasser vollgefüllt. Mit welcher Winkelgeschwindigkeit muß die Schale um ihre lotrechte Achse gedreht werden, damit die Hälfte ihres Inhaltes ausfließe?

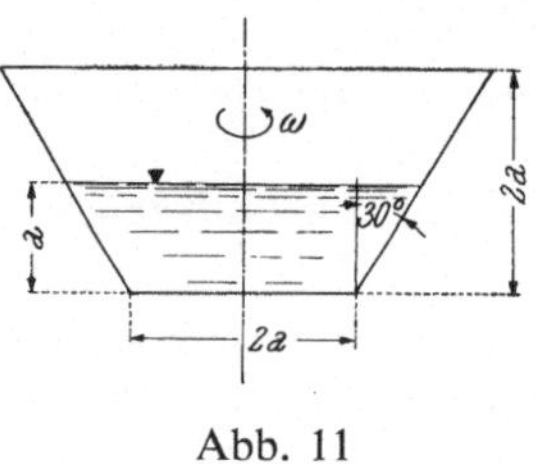

Abb. 11

8. Mit welcher größten Winkelgeschwindigkeit darf ein bis zur halben Höhe mit Flüssigkeit gefüllter hohler Kegelstutz um seine Achse rotieren, ohne daß Flüssigkeit ausströme (Abb. 11)?

9. Bei der Bewegung des Wassers in einer Flußkrümmung werde am äußeren Ufer eine Spiegelüberhöhung h beobachtet.

Wie groß ist die für alle Wasserteilchen gleich anzunehmende Geschwindigkeit v und welche Form hat der Wasserspiegel?

10. An ein zylindrisches, bis zur Höhe h_1 mit Flüssigkeit vom Einheitsgewicht γ_1 gefülltes zylindrisches Gefäß schließt sich ein kommunizierendes offenes Rohr vom Querschnitt f (Abb. 12a). Um wieviel steigt die Flüssigkeit im lotrechten Rohr, wenn das ganze System um die Achse AA mit ω gedreht wird? Wie groß ist der Druck an der rechtwinkligen Abbiegung B bei einem Außendrucke p_0?

11. Wie sehen die Niveauflächen ruhender ausgedehnter Wassermassen auf der Erdoberfläche aus, wenn der jährliche Umlauf der Erde um die Sonne in ihrer elliptischen Bahn berücksichtigt wird?

Man gebe den Ausdruck für das Schwerepotential an, wie es ein Beobachter auf der Erde feststellen würde.

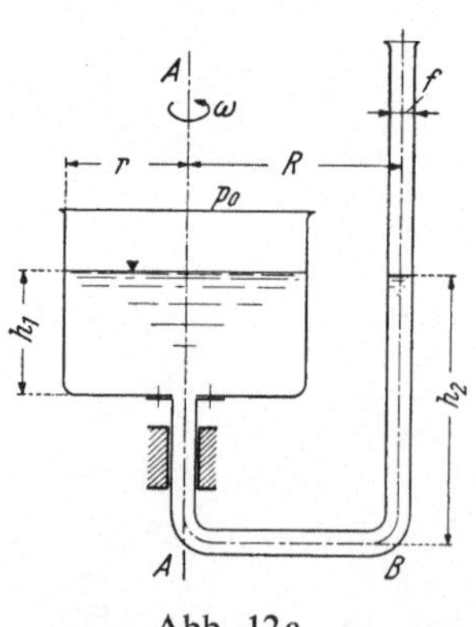

Abb. 12a

12. Ein mit Flüssigkeit vollgefüllter Hohlkegel (R, H) wird um seine vertikale Achse gedreht. Bei welcher Winkelgeschwindigkeit ω besitzt die noch im Gefäß befindliche Flüssigkeitsmenge maximale Bewegungsenergie?

Wie groß ist dann die im Gefäß befindliche Menge? (G. Heinrich.)

13. Ein oben verschlossenes Gefäß besitzt seitlich ein vertikales Ansatzrohr und ist mit Flüssigkeit vom Einheitsgewicht γ voll gefüllt (Abb. 12b). Der Spiegel im oben offenen Standrohr liegt in der Höhe h über dem Gefäßdeckel. Wenn das Gefäß mit der Winkelgeschwindigkeit ω rotiert, soll jener Wert ω bestimmt werden, bei welchem Cavitation einsetzt. An welcher Stelle tritt dies ein? Der Dampfdruck der Flüssigkeit ist p_d. (G. Heinrich.)

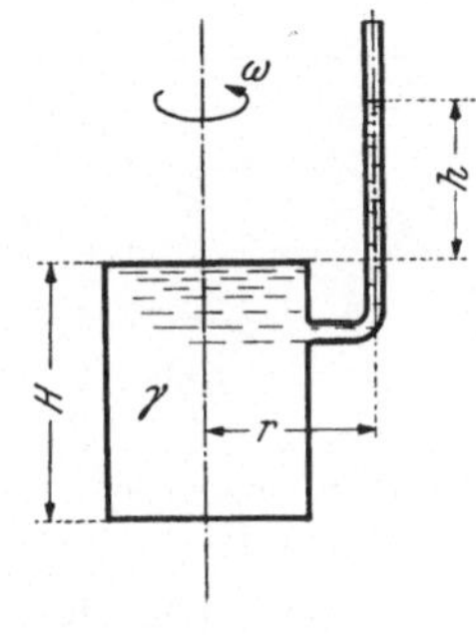

Abb. 12b

III. Druck auf ebene Flächen

1. Man lege die Teilungslinie BE in der lotrechten quadratischen Wand $ABCD$ (Abb. 13) so, daß beide Teilflächen gleiche Gesamtdrücke erfahren. Wie groß ist dann die Entfernung der Druckmittelpunkte der beiden Teilflächen?

2. Die Stemmtore einer Kammerschleuse von der Breite b sind unter dem Winkel α gegen die Schleusenachse geneigt. Wenn t_1 und t_2 die Wassertiefen zu beiden Seiten des Tores sind, sollen berechnet werden: Größe und Lage der Wirkungslinie des gesamten Wasserdruckes

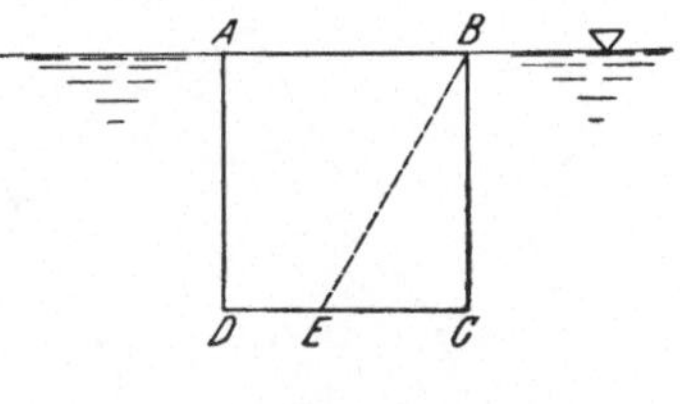

Abb. 13

auf jeden Torflügel, ferner die Kraft, mit der sich die beiden Torflügel dichtend gegeneinander stemmen und die von den Drehsäulen aufzunehmende Kraft (Abb. 14).

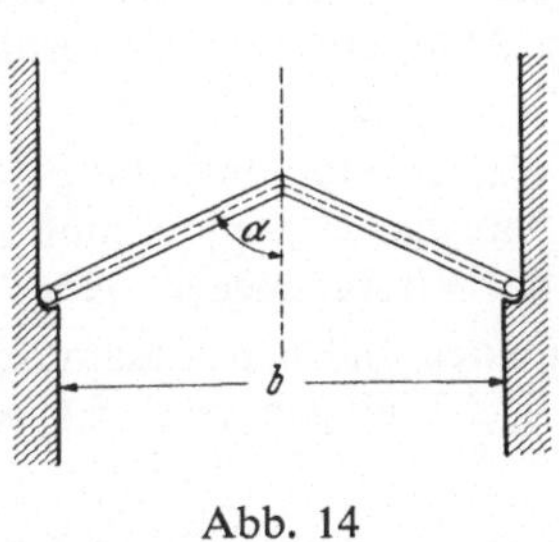

Abb. 14

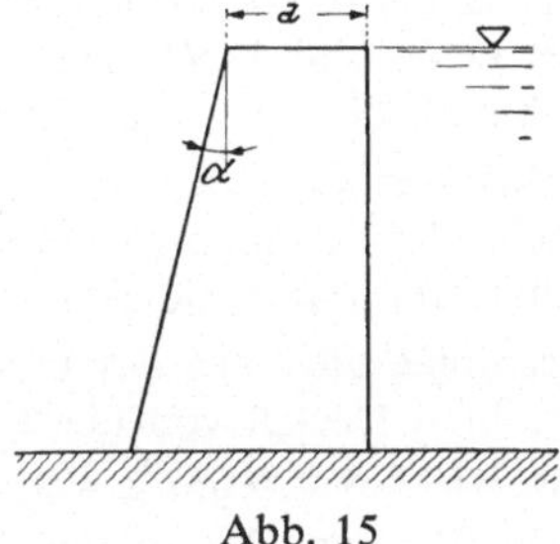

Abb. 15

3. Für eine trapezförmige Staumauer (Abb. 15) mit lotrechter Wasserseite soll die Gleichung der Drucklinie aufgestellt werden: a) bei voller Füllung des Beckens, b) bei leerem Becken.

4. In einen mit Flüssigkeit gefüllten Hohlzylinder (Abb. 16) wird eine Zwischenwand AB von der Breite b gelegt. Bei welchem Winkel φ liegt der Druckmittelpunkt am tiefsten?

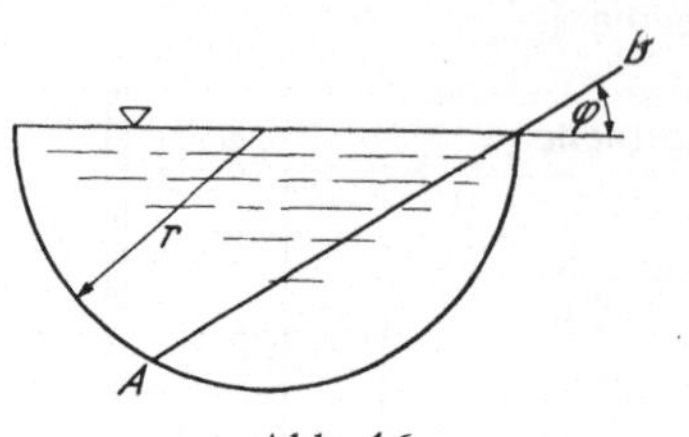

Abb. 16

5. Wie groß muß in der vorigen Aufgabe der Winkel φ sein, wenn der Druck auf die Trennungswand möglichst groß sein soll? Welchen Wert erreicht er dann?

6. Wird in einer eine ruhende Flüssigkeit begrenzenden ebenen Seitenwand, die unter dem Winkel α gegen den Flüssigkeitsspiegel geneigt ist, eine beliebige Fläche F abgegrenzt, so schneidet die Wirkungslinie der von der Flüssigkeit ausgeübten Druckkraft die Wand im Druckmittelpunkte M der Fläche F.

Für seine Lage gilt der Satz: „Der Druckmittelpunkt ist der Antipol der Wasserlinie bezüglich der Zentralellipse der gedrückten Fläche; seine Lage ist unabhängig von dem Wandneigungswinkel α." Man beweise diesen Satz.

7. Man bestimme auf Grund des in vorstehender Aufgabe angegebenen Satzes den Druckmittelpunkt des Rechteckes (Abb. 17) auf zeichnerischem Wege für $z_s = 1{,}5$ m, $h = 1{,}6$ m, $b = 1{,}4\,h$, $\alpha = 60^0$.

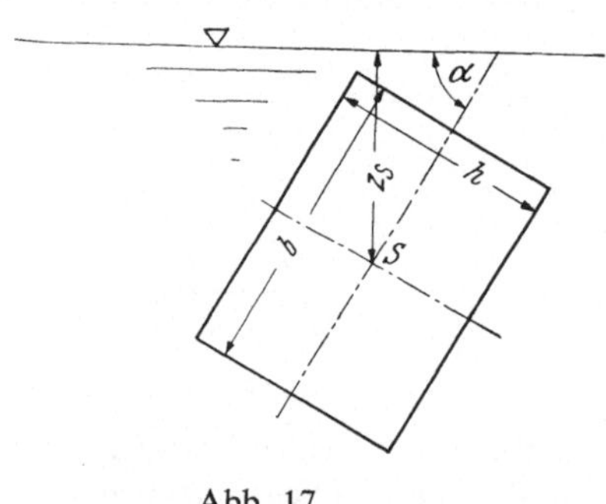

Abb. 17

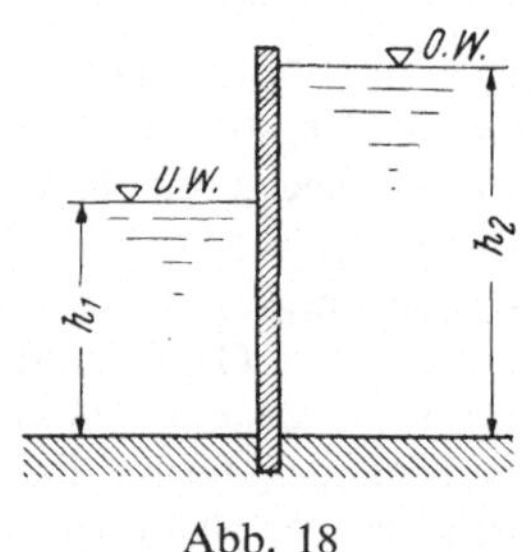

Abb. 18

8. Eine Spundwand (Abb. 18) stehe beiderseits unter Wasserdruck, die Tiefen des O.W. und U.W. seien h_1 und h_2. Man ermittle die resultierende Druckkraft nach Größe, Lage und Richtung.

9. In einer vertikalen Seitenwand eines mit Wasser gefüllten Gefäßes (Abb. 19) ist eine rechteckige Klappe ($b \times h$) eingebaut. An welcher Stelle x muß sie drehbar befestigt sein, damit sie sich bei Steigen des Wasserspiegels öffne?

10. Bestimme die Lage des Druckmittelpunktes und den Gesamtdruck auf einen lotrechten Deckel von der Form eines gleichseitigen Dreiecks bei beliebiger Lage der Seite AB (Abb. 20).

11. Abb. 21 zeigt die seitliche Abschlußwand eines zylindrischen Tanks, der zunächst bis zum Durchmesser CD mit Flüssigkeit gefüllt ist. Um wieviel ändert sich die Größe des Gesamtdruckes auf die Wand, wenn der Tank bis AB gefüllt wird. Welche Verschiebung erfährt hiebei der Druckmittelpunkt?

12. Für das in lotrechter Ebene abgegrenzte Parabelsegment soll die Tiefe h des Scheitels unter dem Flüssigkeitsspiegel so gewählt werden, daß der resultierende Seitendruck im Brennpunkt der Parabel angreife (Abb. 22).

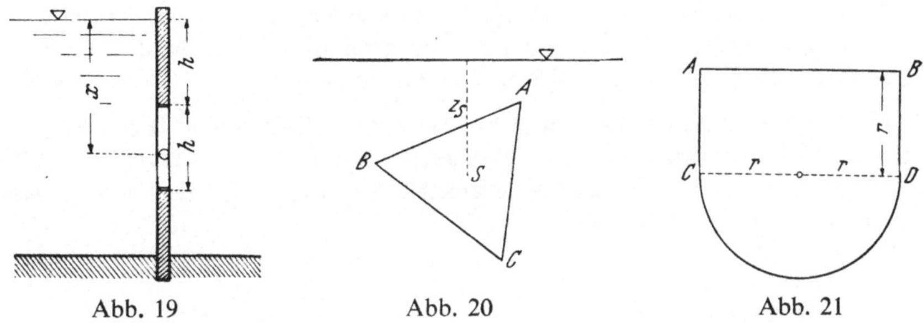

Abb. 19   Abb. 20   Abb. 21

13. Berechne Ort und Größe des maximalen Biegungsmomentes für einen Wehrbalken (Abb. 23), der in A aufliegt und in B durch 2 Streben gestützt wird.

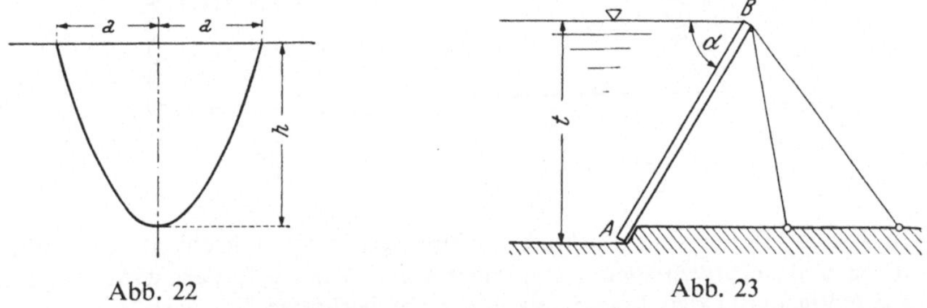

Abb. 22   Abb. 23

14. Ein hohler Würfel (Seitenlänge s) mit lotrechter Diagonale AC (Abb. 24) sei mit Flüssigkeit (Einheitsgewicht γ) vollgefüllt. In welchem Verhältnisse steht der gesamte Flüssigkeitsdruck auf die obere Seitenfläche AB zu jenem auf die untere Fläche BC? Welches Moment trachtet den Eckwinkel bei C zu ändern?

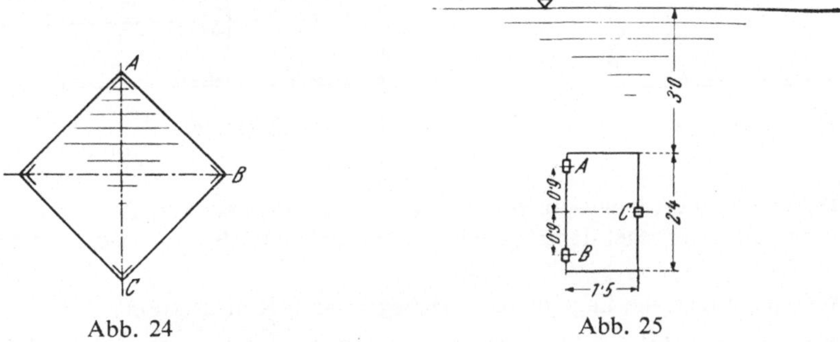

Abb. 24   Abb. 25

15. Ein rechteckiges Stemmtor (Abb. 25) ist um die Angeln AB drehbar gelagert und in C aufruhend. Der Wasserspiegel liegt 3 m über der Oberkante des Tores. Welche Drücke entstehen in A, B, C?

16. Eine unter dem Winkel α geneigte Wehrtafel von der Länge l und der Breite b (Abb. 26) stützt sich in C an den Wehrboden und in A an eine zur Tafel senkrechte Strebe, wobei $\overline{AC} = a$.

Bei welcher Wassertiefe t wird die Wehrtafel kippen? Welche Druckkraft hat dann die Strebe aufzunehmen und wie groß ist das maximale Biegungsmoment der Tafel? Es ist $a = 0{,}9$ m, $l = 3$ m, $\alpha = 60^0$.

17. Ein prismatischer Behälter (Abb. 27) von der Höhe h und Breite B (senkrecht zur Zeichenebene) sei mit Flüssigkeit vom Einheitsgewichte γ gefüllt. Die Seitenwände sind gegenseitig verankert, und zwar seien n solche Anker entlang der Breite B angeordnet.

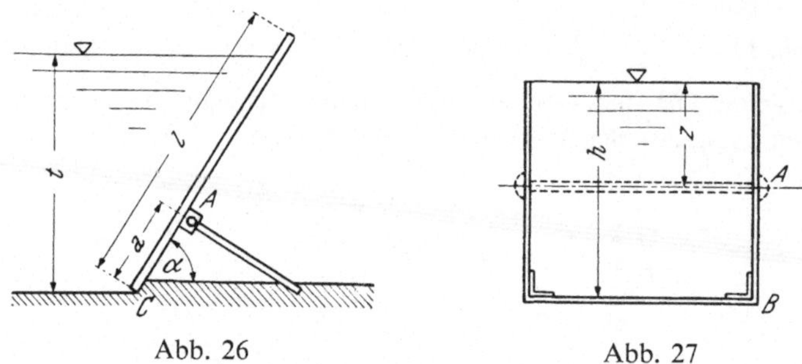

Abb. 26   Abb. 27

In welcher Tiefe z sind die Anker anzubringen, wenn Gleichheit des größten positiven und negativen Biegungsmomentes der Wand gefordert wird und eine Einspannung durch den Bodenwinkel B nicht berücksichtigt wird?

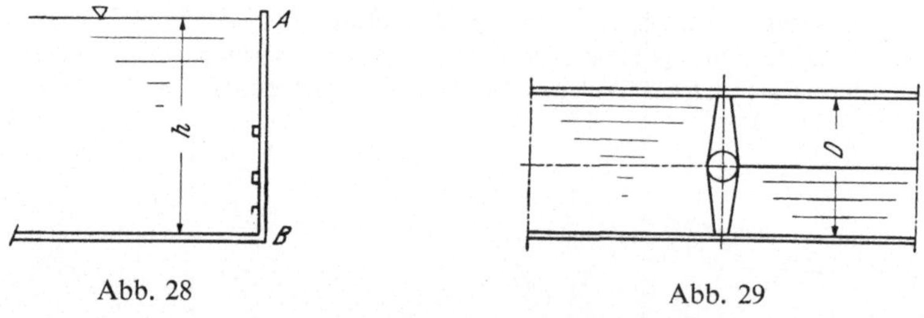

Abb. 28   Abb. 29

18. Die Wand AB eines prismatischen Wasserbehälters (Abb. 28) soll durch n horizontale Querriegel derart geteilt werden, daß jedes Feld denselben Druck erhält.

Wie findet man die Lage dieser Querriegel durch Konstruktion?

19. In einer Rohrleitung vom Durchmesser D ist eine Drosselklappe (Abb. 29) eingebaut. Links davon ist das Rohr voll mit Wasser gefüllt, rechts nur bis zur Rohrachse. Welches Drehmoment ist nötig, um die Drosselklappe in dieser Lage zu halten?

20. Bestimme den Druckmittelpunkt des Parabelsegments ABC, dessen Brennpunkt F im Flüssigkeitsspiegel liegt, wenn die Dichte der Flüssigkeit linear mit der Tiefe zunimmt. Wie groß ist der gesamte Seitendruck (Abb. 30)?

21. Eine lotrechte Wand, zu deren beiden Seiten sich Wasser mit verschieden hohen Spiegeln befindet (Abb. 31), enthalte eine rechteckige Öffnung F, die durch eine

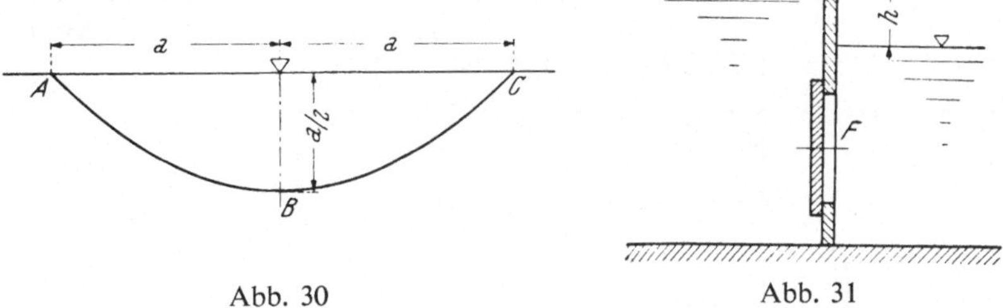

Abb. 30   Abb. 31

Schütze verschlossen ist. Man bestimme die Größe des Druckes auf die Schütze und beweise, daß dessen Wirkungslinie durch den Schwerpunkt der Fläche F geht.

IV. Druck auf krumme Flächen

1. Wie berechnet man den Wasserdruck auf zylindrisch gekrümmte Wände? Läßt sich bei beliebiger Form einer gekrümmten Fläche die Wirkung aller Wasserdrücke durch eine Einzelkraft darstellen?

2. Ein liegender Hohlzylinder vom Halbmesser r und der Länge l ist zur Hälfte mit Flüssigkeit gefüllt. Um wieviel ändert sich der Vertikaldruck, wenn der Flüssigkeitsspiegel um $r/2$ steigt?

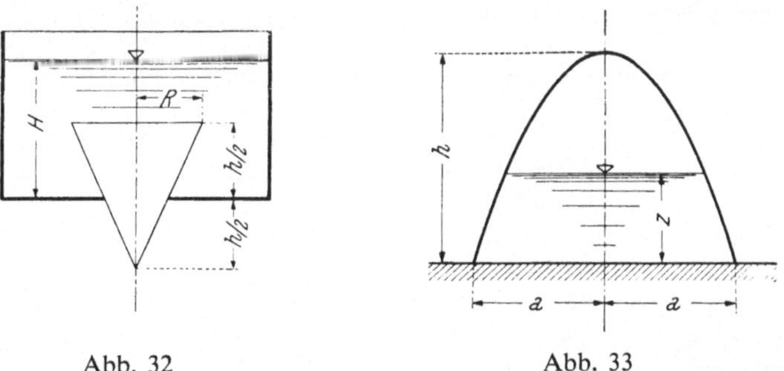

Abb. 32   Abb. 33

3. Die kreisförmige Bodenöffnung eines Gefäßes ist durch ein Kegelventil (Abb. 32) verschlossen. Wie groß ist der gesamte Druck auf den benetzten Mantel des Kegels? Mit welcher Kraft wird das Ventil vom Gewichte G in die Bodenöffnung gedrückt?

4. Ein hohles Rotationsparaboloid vom Gewichte G, das auf einer glatten horizontalen Ebene genau aufsitzt (Abb. 33), wird mit Flüssigkeit bis zur Höhe z gefüllt. Bei welchem Werte von z wird das Paraboloid durch den Druck der Flüssigkeit gehoben werden?

5. Bestimme den gesamten Wasserdruck auf das Mauerprofil ABC nach Größe, Lage und Richtung (Abb. 34).

6. Ein zylindrischer Behälter (Abb. 35) ruht auf waagrechter Sohle und besitzt parabolisch gekrümmte Seitenwände mit waagrechter Tangente im Scheitel S. Welchen Gesamtdruck übt die Wasserfüllung auf die gekrümmte Wand aus. Wie groß ist sein Moment bezüglich des Scheitels S? Die Ergebnisse sollen sich auf den lfd. m des Behälters senkrecht zur Zeichenebene beziehen.

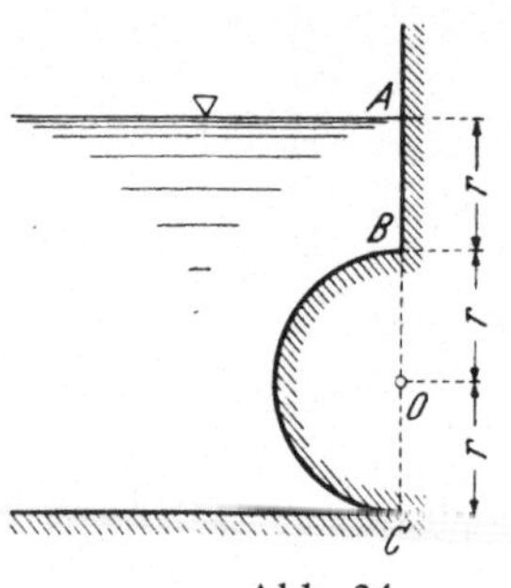

Abb. 34

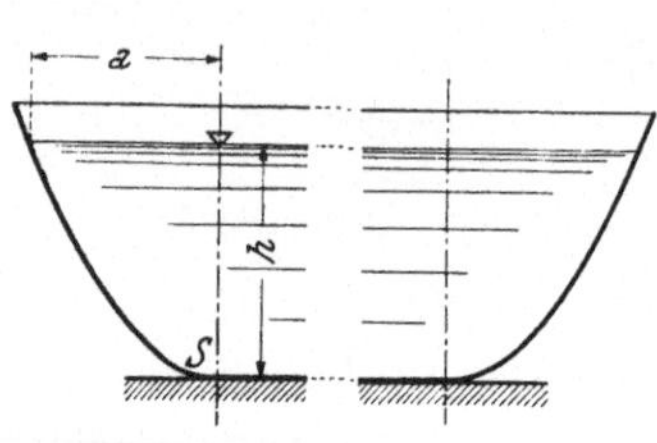

Abb. 35

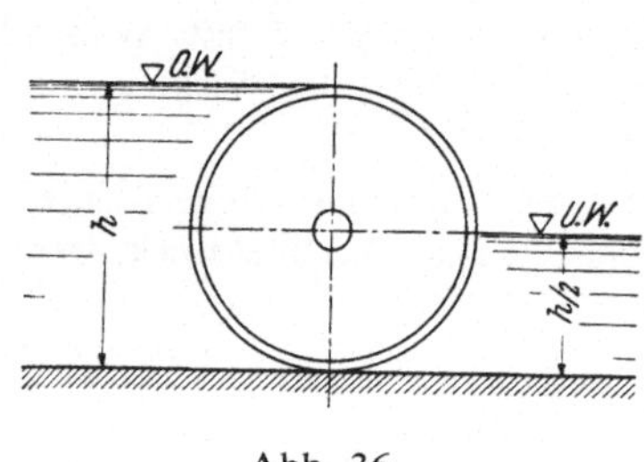

Abb. 36

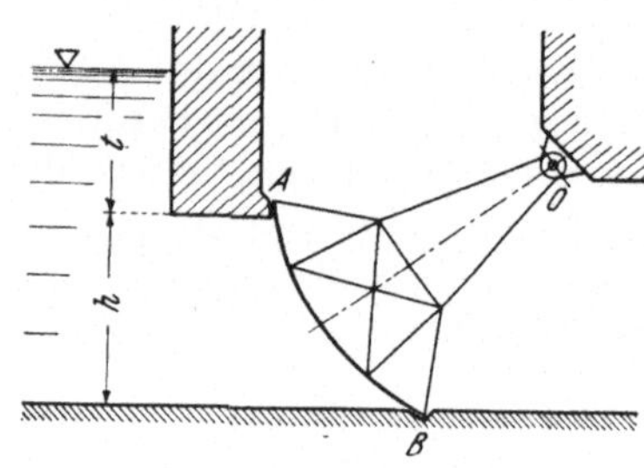

Abb. 37

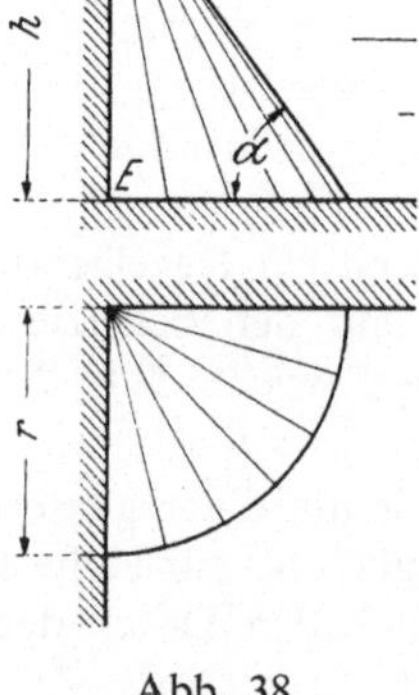

7. Ein zylindrisches Meßwehr (das durch einen in der Abb. 36 nicht gezeichneten Zahnstangenantrieb gehoben werden kann) habe den Durchmesser h und die Länge l. Bestimme Größe und Wirkungslinie des gesamten Wasserdruckes.

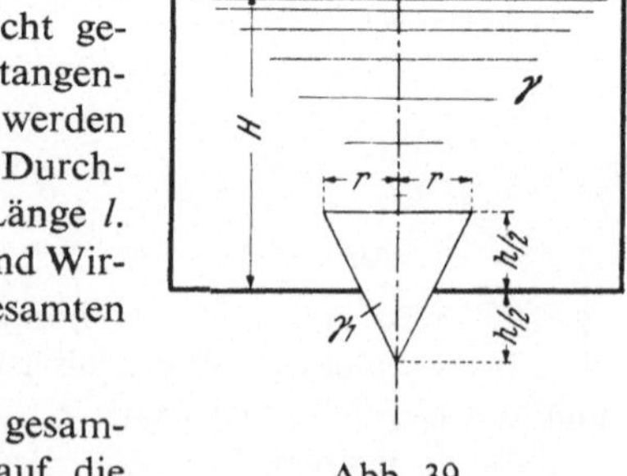

Abb. 39

8. Ermittle den gesamten Wasserdruck auf die zylindrische Wand AB einer um O drehbaren Kreis-Segmentschütze, durch die ein Druckstollen von der Breite b und der Höhe h abgeschlossen werden kann (Abb. 37).

Abb. 38

9. Man suche die Größe des Gesamtdruckes auf die Mantelfläche des bis zur Spitze S unter Wasser befindlichen Teiles eines Kreiskegels, die Neigung β des Druckes gegen die Horizontale und die Entfernung des Schnittpunktes seiner Wirkungslinie mit der Kegelachse vom Boden. Bei welchem Böschungswinkel α liegt dieser Schnittpunkt in E (Abb. 38)?

10. Welche Kraft ist zum Anheben des Kegelventils (Abb. 39) vom Einheitsgewicht γ_1 nötig, wenn $H = 4\,r$, $h = 2\,r$ ist?

11. Die Bodenöffnung eines mit Flüssigkeit vom Einheitsgewicht γ gefüllten zylindrischen Gefäßes (Abb. 40) vom Durchmesser $2R$ sei durch eine Kugel vom Halbmesser r abgeschlossen. Wenn der Kolben K mit einer Kraft P gedrückt wird, soll angegeben werden, mit welcher Kraft die Kugel vom Gewichte G an den kreisförmigen Rand $A\,B$ gepreßt wird.

Abb. 40　　　　　　　　Abb. 41

12. Beim Walzenwehr (Abb. 41) kann der Staukörper (hohle zylindrische Walze) durch seitlich der Walze angebrachte Räder r, die auf gekrümmter Wälzbahn laufen, gehoben und gesenkt werden. Wie ermittelt man den gesamten Wasserdruck? Wenn G das Eigengewicht der Walze ist, soll der Neigungswinkel α der Rollbahntangente t gegen die Waagrechte für Gleichgewicht bestimmt werden.

V. Auftrieb und Schwimmen

1. Ein 4 m langer Holzstab mit quadratischem Querschnitte (100 cm²) ist in O gelenkig befestigt und schwimmt in Wasser (Abb. 42).

Bestimme den Gelenkdruck und seine Abhängigkeit von der Höhenlage a des Gelenkes

mit $\dfrac{\gamma_1}{\gamma} = 0{,}5$.

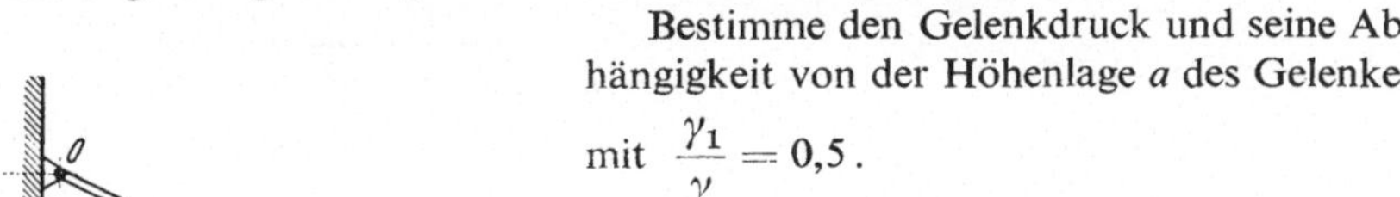

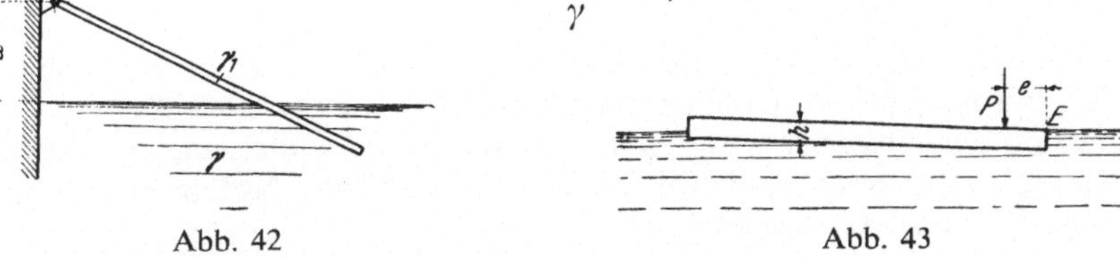

Abb. 42　　　　　　　　Abb. 43

2. Ein Holzbalken von quadratischem Querschnitte ($h = 30$ cm) schwimmt in Wasser. Wenn ein 70 kp schwerer Mann in der Entfernung e = 60 cm vom Ende E am Brette steht, soll die Kante E bis zum Wasserspiegel einsinken (Abb 43). Welche Länge hat das Brett?

3. Das von Heizgasen durchströmte Heizrohr eines Dampfkessels (Abb. 44) erwärmt das umgebende Kesselwasser. Bei welchem Durchmesser des Rohres, das eine Wandstärke $s = 8$ mm besitzt, ist der vom Kesselwasser erzeugte Auftrieb gleich dem Gewichte des Rohres aus Flußstahl mit $\gamma_1 = 7,8 \, \dfrac{\text{kp}}{\text{dm}^3}$?

4. Eine hohlzylindrische Büchse von $D = 420$ mm Außendurchmesser, $d = 300$ mm Bohrung und $l = 1300$ mm Länge ist nach Abb. 45 in zwei aufeinandergesetzten Formkästen eingeformt. Die Oberkante des Einguß- und des Steigtrichters liegt $h = 400$ mm über der Teilebene beider Formkästen.

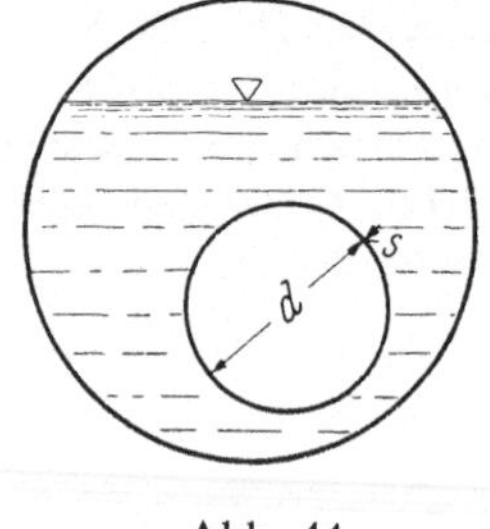

Abb. 44

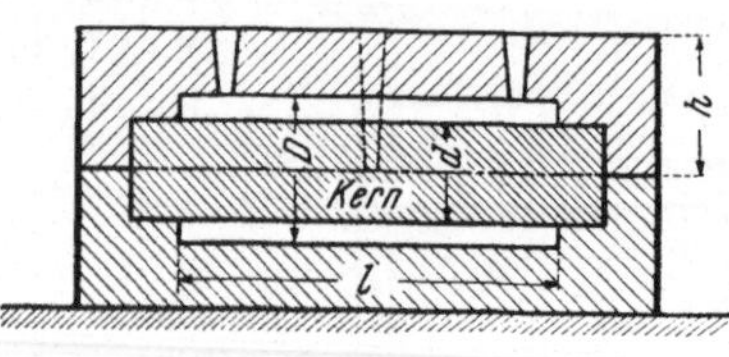

Abb. 45

Wie groß muß die Belastung des Oberkastens einschließlich seines Eigengewichtes mindestens sein, damit er nicht durch den Auftrieb des flüssigen Gußeisens $\left(\gamma_1 = 7,2 \, \dfrac{\text{kp}}{\text{dm}^3}\right)$ angehoben wird? $\left(\text{Einheitsgewicht des Kerns } \gamma_2 = 1,4 \, \dfrac{\text{kp}}{\text{dm}^3}\right).$

5. Die Bodenöffnung eines Behälters ist durch einen Kugelschwimmer verschlossen (Abb. 46). Der Flüssigkeitsspiegel geht durch den Mittelpunkt der Kugel. Welches Gewicht muß diese besitzen, damit sich der Schwimmer bei Steigen des Spiegels hebe?

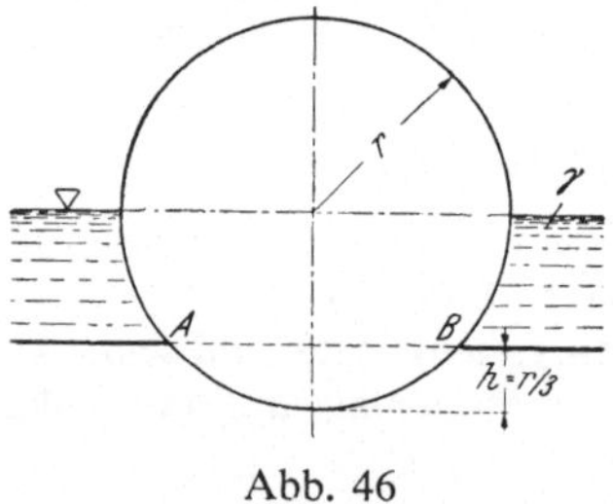

Abb. 46

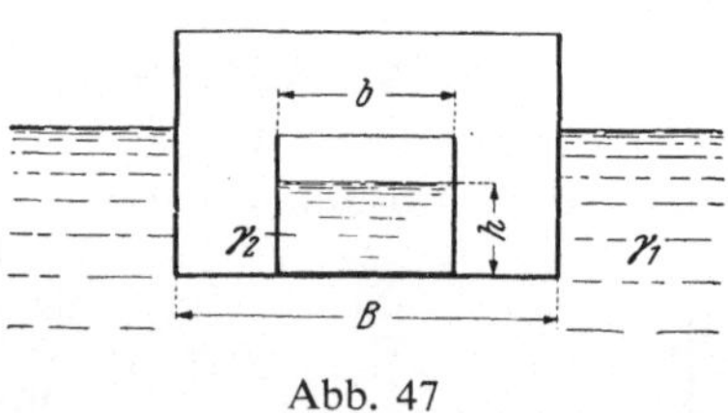

Abb. 47

6. In einem stabil schwimmenden Ponton (Bodenfläche $F_1 = B \cdot L$) befinde sich ein prismatischer Tank mit der Basisfläche $F_2 = b \cdot l$ (Abb. 47). Der Schwerpunkt des Gesamtgewichtes G_1 habe vom Boden die Entfernung z_1. Welche Änderung erfährt das Stabilitätsmoment, wenn der Tank bis zur Höhe h mit Flüssigkeit vom spez. Gewicht γ_2 gefüllt wird?

7. Das Metazentrum eines Schiffes mit 1000 t Wasserverdrängung liege 1,4 m ober dem Schwerpunkte der Verdrängung und letzterer liege 0,8 m unter dem Schwerpunkte des Schiffes. Eine Last $Q = 5$ t werde um $a = 4$ m aus der Schiffsmitte am Deck verschoben. Wie groß ist die Krängung des Schiffes?

8. Die Seitenöffnung einer lotrechten Behälterwand (Abb. 48) ist durch eine rechteckige Klappe ($b \cdot h$) verschlossen, die durch einen um O drehbaren Winkelhebel mit anschließendem hohlzylindrischem Schwimmkörper (Durchmesser D, Länge L, Gewicht G) geöffnet werden soll, sobald der Wasserstand bis zur Höhenlage O ansteigt. Wie groß muß dann die Entfernung $\overline{OO_1}$ gemacht werden? [Menge-Schrieder, Mechanik-Aufgaben.]

$z_s = 25$ cm, $D = 39$ cm, $l = 60$ cm, $h = 40$ cm, $b = 30$ cm, $G = 25$ kp.

9. Eine homogene rechteckige Platte mit den Abmessungen a, $2h$ und der Dicke b ist um die horizontale Achse in O drehbar gelagert und schwimme in der gezeichneten Stellung (Abb. 49) in Flüssigkeit. Welche Ungleichung besteht zwischen a und h für stabiles Schwimmen?

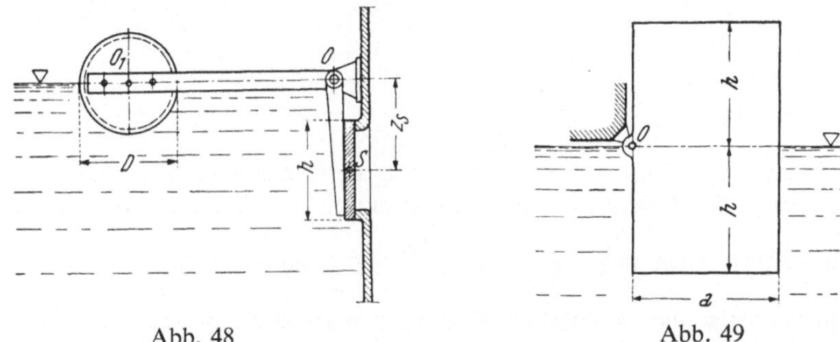

Abb. 48 Abb. 49

10. Ein homogener Kreiszylinder vom Halbmesser r und der Länge l schwimmt auf dem Wasser. Man beweise, daß das stabile Schwimmen gesichert ist, wenn in aufrechter Stellung $\dfrac{l}{r} \leqq \sqrt{2}$, in liegender Stellung $\dfrac{l}{r} \geqq 2$ ist. Sind auch noch andere Fälle möglich? Das Einheitsgewicht γ_1 des Zylinders kleiner als γ des Wassers ist gegeben.

11. Ein schwimmender Eisberg von der Form eines Kreiskegels rage mit seiner Spitze um $h = 25$ m aus dem Meere heraus und schwimme stabil. Wie groß muß dann der Öffnungswinkel $2\,\alpha$ des Kegels mindestens sein? Das Verhältnis der Einheitsgewichte von Eis zu Meerwasser ist mit 0,882 anzunehmen.

12. Ein zylindrischer Schwimmkörper mit den Abmessungen $D = 1,8$ m, $h = 1,2$ m und dem Gewichte $G = 1100$ kp schwimme im Wasser. Sein Schwerpunkt S liege 0,46 m über dem Boden (Abb. 50).

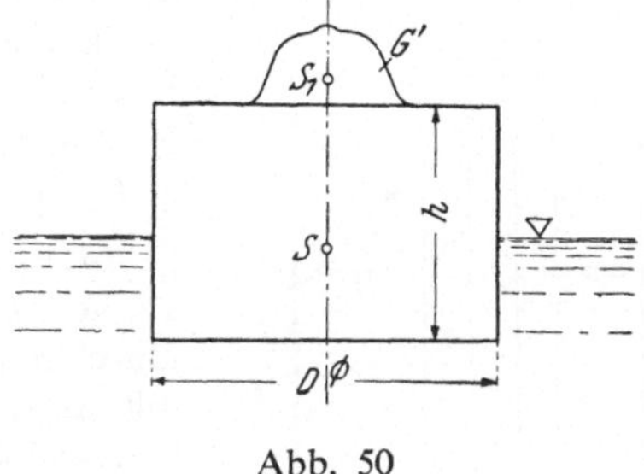

Abb. 50

Wenn der Schwimmkörper mit der zusätzlichen Belastung $G' = 227$ kp symmetrisch zur Schwimmachse belastet wird, soll die höchstmögliche Lage des Schwerpunktes S_1 der Zusatzlast über dem Boden berechnet werden, bei der noch stabiles Schwimmen möglich ist.

13. Das Metazentrum M eines mit der Spitze nach unten schwimmenden geraden Kreiskegels liegt im Schnittpunkte der im Punkte B der Mantelerzeugenden zu dieser gezogenen Normalen mit der Achse des Kegels, wobei $B\sigma$

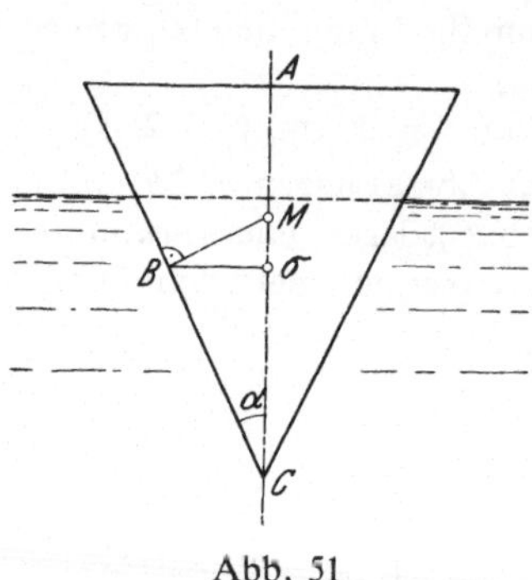

Abb. 51

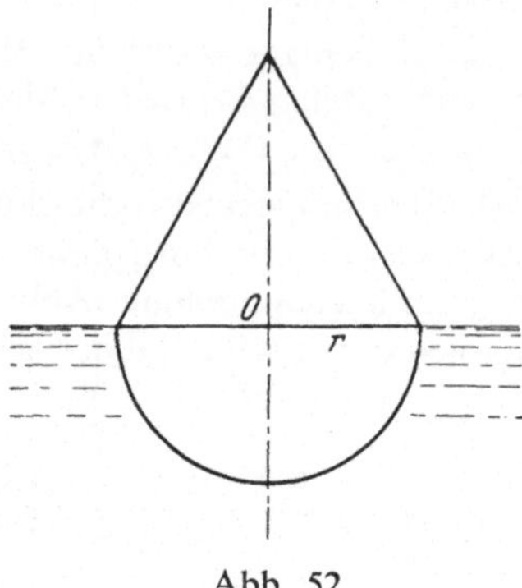

Abb. 52

die Waagrechte durch den Schwerpunkt σ der Verdrängung ist (Abb. 51). Man beweise die Richtigkeit dieser Konstruktion. Zeige ferner, daß für indifferentes Schwimmen das Verhältnis $\dfrac{\overline{MA}}{\overline{MC}} = \dfrac{1}{3}$ und daß das Verhältnis des Einheitsgewichtes des homogenen Kegels zu jenem der Flüssigkeit gleich sein muß $\cos^6\alpha$.

14. Eine kreiszylindrische Boje von 1,8 m Durchmesser und 2,4 m Höhe ist 1,8 Mp (= 1800 kp) schwer. Zeige, daß sie nicht mit lotrechter Achse stabil schwimmt.

(Einheitsgewicht des Meerwassers $\gamma = 1{,}025 \ \mathrm{Mp/m^3}$.)

Welche Zugkraft muß eine in Bodenmitte befestigte Ankerkette ausüben, damit die Boje mit lotrechter Achse schwimme?

15. Bei einem aus einer Halbkugel mit darauf gesetztem geradem Kegel bestehenden schwimmenden Körper (Abb. 52) gehe die Schwimmfläche durch den Mittelpunkt der Kugel.

Beweise, daß bei indifferentem Schwimmen der Kegel ein gleichseitiger sein muß und daß sich sein Raumgewicht zu jenem der Flüssigkeit wie $2:\left(2+\sqrt{3}\right)$ verhält.

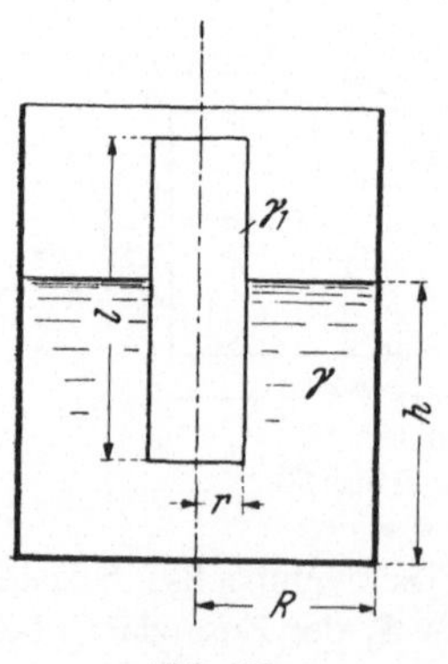

16. Ein Stahlzylinder von der Länge $l = 20$ cm und dem Durchmesser 8 cm schwimme mit aufrechter Achse in einem Quecksilberbade.

Nun wird der Raum oberhalb des Quecksilbers bis zum Rande des Zylinders mit Wasser gefüllt.

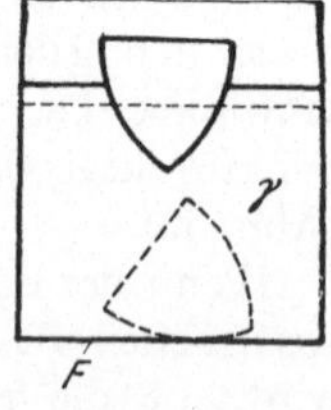

Abb. 53a   Abb. 53b

1. Welche in der Achse des Zylinders wirkende Kraft P ist zur Erhaltung der ursprünglichen Schwimmlage erforderlich?

2. Wie weit wird der Zylinder maximal aus dem Wasser herausragen, wenn die Kraft P plötzlich zu wirken aufhört?

(Einheitsgewicht des Stahles $\gamma_s = 7,8 \dfrac{\text{kp}}{\text{dm}^3}$, des Quecksilbers $\gamma_1 = 13,6 \dfrac{\text{kp}}{\text{dm}^3}$).

17. Ein Zylinder vom Einheitsgewicht γ_1, Basishalbmesser r und der Länge l schwimmt mit lotrechter Achse in einem Hohlzylinder mit gleicher Achse und dem Halbmesser R, der bis zur Höhe h mit Flüssigkeit (Einheitsgewicht γ) gefüllt ist (Abb. 53a). Das ganze System werde um die gemeinschaftliche Achse mit ω gedreht.

Bei welchem ω wird der Schwimmer am Boden des Gefäßes aufsitzen?

18. In einem Gefäße mit konstantem Querschnitte F schwimme ein Hohlkörper (Abb. 53b). Infolge Leckwerdens sinke dieser und übe, wenn er am Boden ruht, auf diesen den Druck D aus.

Um wieviel hat sich die ursprüngliche Höhe des Spiegels der Flüssigkeit vom Einheitsgewichte γ geändert? (G. Heinrich.)

VI. Ausfluß aus Behältern

1. Ein kreiszylindrischer Behälter vom Durchmesser $d = 4$ m sei bis zu einer Höhe $h = 2,25$ m gefüllt. Wieviel Wasser fließt innerhalb einer Stunde durch eine Öffnung in Bodenmitte ($f = 7,5$ cm²) aus, wenn die Ausflußzahl $\mu = 0,667$ beträgt?

2. Man ermittle für die vorstehende Aufgabe die Entleerungszeit bei Berücksichtigung des nichtstationären Charakters der Strömung.

3. In einem prismatischen Gefäß mit der Grundfläche F_0, in der sich in Bodenmitte eine Öffnung $F = nF_0$ ($n \ll 1$) befindet, habe die Flüssigkeit anfangs die Spiegelhöhe h. In welcher Zeit t_1 sinkt der Spiegel in die Lage $h_1 = \beta h$ ($\beta < 1$)? Welche Änderung hat dann der Bodendruck erfahren?

4. Ein Trichter von der Form eines gleichseitigen Kegels habe an der Spitze eine kleine Öffnung F. Man berechne die Entleerungszeit T des ursprünglich mit Flüssigkeit vollgefüllten Trichters.

Beweise, daß der Flüssigkeitsspiegel in der Zeit $\left(1 - \dfrac{\sqrt{2}}{8}\right) T$ auf die halbe Höhe herabsinkt.

5. Einem bis zur Höhe h mit Flüssigkeit gefüllten Behälter von der Form eines Rotationsparaboloides (Abb. 54) ströme in jedem Augenblicke ein Viertel jener Flüssigkeitsmenge zu, die bei der kleinen Öffnung F abströmt. Wie groß ist die Entleerungszeit?

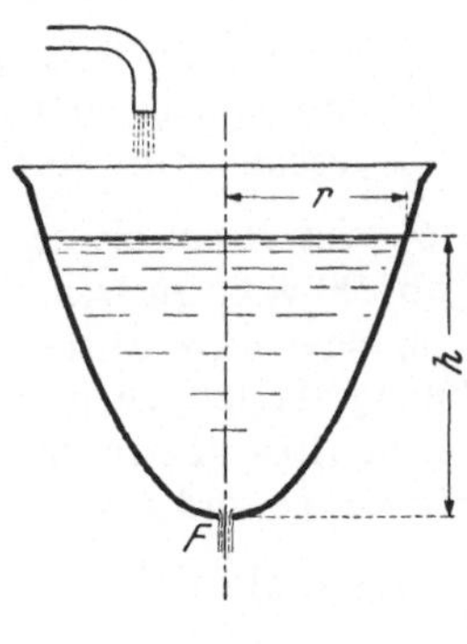

Abb. 54

6. Man berechne die Entleerungszeit eines aus einer Halbkugel und einem daraufgesetzten Kreiszylinder bestehenden Behälters, der eine kleine Ausflußöffnung f besitzt und mit Flüssigkeit gefüllt ist (Abb. 55).

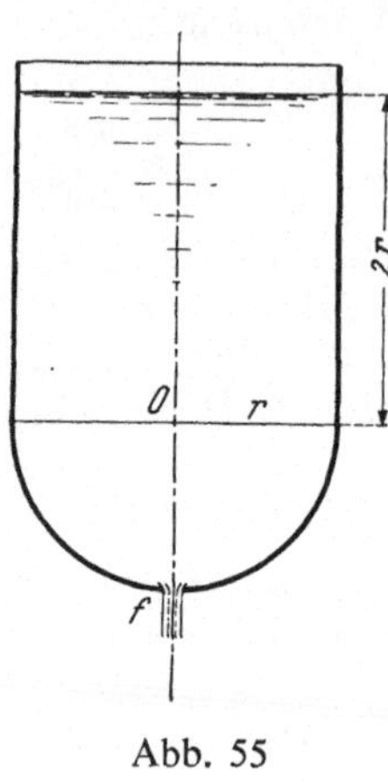

Abb. 55

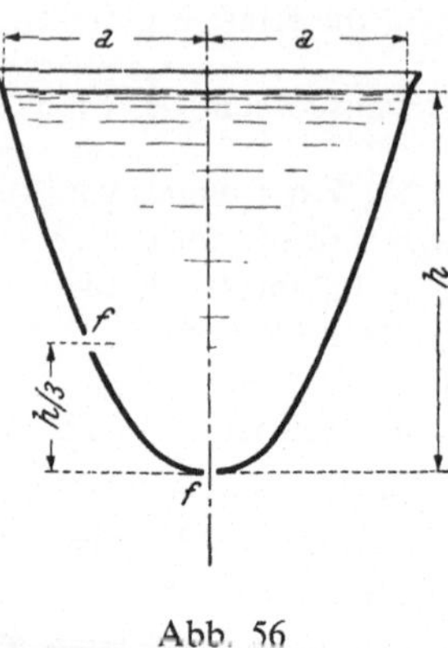

Abb. 56

7. Wie groß ist die Entleerungszeit eines bis zur Höhe h gefüllten parabolischen Bechers (Abb. 56), der kleine Ausflußöffnungen vom Querschnitte f im Scheitel und in der Wand besitzt? Die Ausflußzahlen für beide Öffnungen seien gleich groß.

8. Ein zylindrischer Behälter besitzt zwei seitliche Ausflußöffnungen f und $2f$ von denen die erste um $h/3$ oberhalb der zweiten angeordnet ist (Abb. 57).

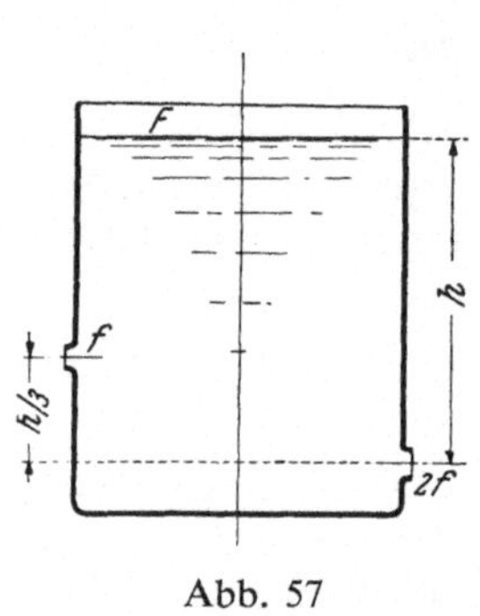

Abb. 57

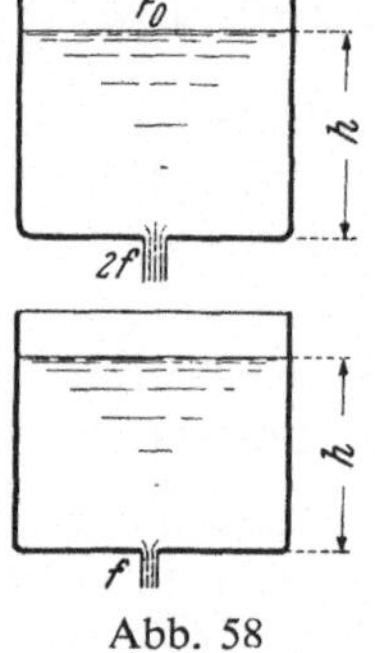

Abb. 58

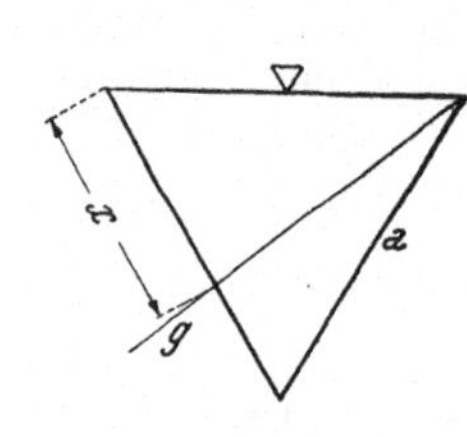

Abb. 59

1. Berechne die Entleerungszeit mit den Angaben $F = 100$ cm², $h = 10$ cm, $f = 1$ cm², $\mu = 0{,}7$.

2. Sobald der Flüssigkeitsspiegel um $h/2$ gesunken ist, werde die Ausflußöffnung f geschlossen. Um wieviel ändert sich dann die Entleerungszeit gegenüber der vorhin berechneten?

9. Aus einem bis zur Höhe h mit Wasser gefüllten zylindrischen Behälter (Abb. 58) vom Querschnitte F_0 ergießt sich sein Inhalt durch eine Bodenöffnung $2f$ in einen dicht darunter befindlichen gleichgroßen Behälter, der eine Bodenöffnung f besitzt. Ursprünglich ist der Wasserstand in beiden Behältern gleich h. Welche Höhe H erreicht der Wasserspiegel im unteren Behälter, wenn der obere eben leer geworden ist?

Wie groß ist $\dfrac{H}{h}$, wenn als Verhältnis der beiden Ausflußzahlen die Werte 0,8, 1,0, 1,2 angenommen werden?

10. Eine seitliche Ausflußöffnung von der Form eines gleichseitigen Dreieckes (Abb. 59) soll durch eine Gerade g so unterteilt werden, daß durch beide Teilflächen gleich viel Flüssigkeit ströme? Zeige, daß dann $x = \dfrac{a}{2}\sqrt[3]{2}$ sein muß.

11. Ein Gefäß besitzt eine seitliche Überfallsöffnung in Form eines gleichschenkligen Dreieckes. Wie groß ist die sekundliche Ausflußmenge Q bei der Wasserspiegellage H (Abb. 60)?

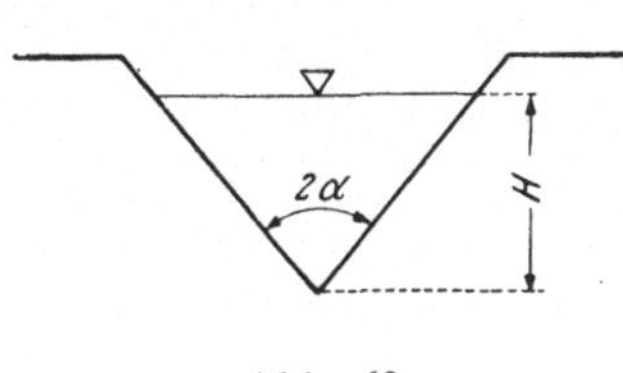

Abb. 60

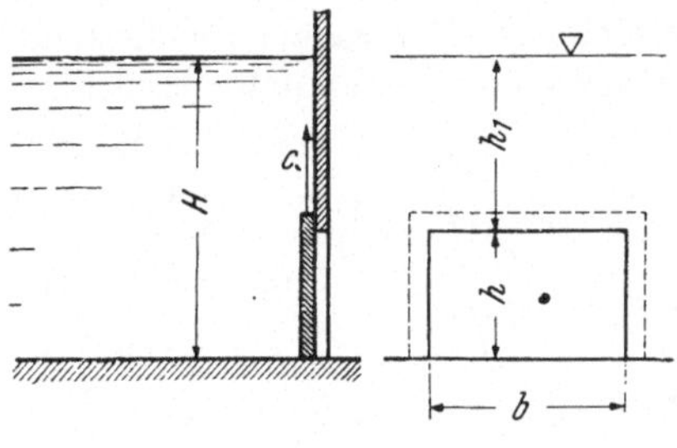

Abb. 61

Bei welcher Spiegellage h sinkt die Ausflußmenge auf den Wert $\dfrac{Q}{2}$? Zeige, daß für $2\,\alpha = 90^0$ und mit $\mu = 0{,}6$ die Beziehung $Q = 0{,}32\sqrt{2g}\,H^{5/2}$ gilt.

12. Eine Schützentafel verschließt die rechteckige Seitenöffnung $b \cdot h$ (Abb. 61).

Wieviel Wasser strömt durch diese aus, wenn die Schütze mit der konstanten Geschwindigkeit c um h hochgezogen wird? Der Wasserspiegel bleibe in gleicher Lage.

13. Mit welcher konstanten Geschwindigkeit c_1 müßte die Verschlußtafel in Aufg. **12** waagrecht verschoben werden, damit die Ausflußmenge mit der dort berechneten übereinstimmt?

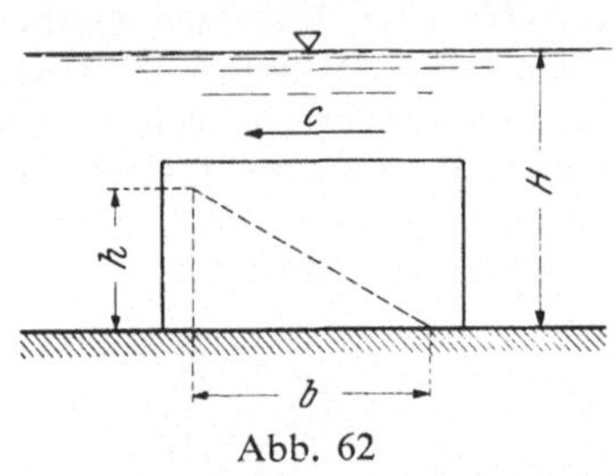

Abb. 62

14. Die dreieckige Seitenöffnung eines Behälters sei durch eine Rechteckplatte verschlossen (Abb. 62). Wenn diese mit konstanter Geschwindigkeit c waagrecht verschoben wird, bis die ganze Öffnung freigegeben ist, soll die ausgeflossene Flüssigkeitsmenge bestimmt werden. Der Flüssigkeitsspiegel bleibe in unveränderter Lage.

15. Ein zylindrischer Behälter von 2,00 m Durchmesser und der Höhe $h = 5$ m besitzt eine kreisförmige Bodenöffnung von 5 cm Durchmesser. Er erhalte konstanten Zulauf q m³ je Sekunde von solcher Größe, daß der Flüssigkeitsspiegel innerhalb 20 Minuten von 0,2 m auf 4 m ansteigt.

Wie groß ist dann q bei einer Ausflußzahl $\mu = 0{,}62$?

16. Wie muß sich beim zylindrischen Gefäße in Abb. 63 die Breite $2\,x$ mit der Tiefe z ändern, damit bei Freimachen eines an der tiefsten Stelle angeordneten Schlitzes vom Querschnitte F der Wasserspiegel gleichmäßig sinke?

2*

Wie groß ist die Entleerungszeit, die gesamte Ausflußmenge und die Sinkgeschwindigkeit des Spiegels?

17. Zwei prismatische Schleusenkammern mit den Wasserspiegelflächen $F_1 = 250$ m² und $F_2 = 160$ m² sind durch einen Umlaufkanal von $f = 0,25$ m² verbunden (Abb. 64). Der ursprüngliche Spiegelunterschied betrage $h = 2,5$ m.

Nach welcher Zeit hat er sich auf 1,0 m verringert und wann tritt die Spiegelgleiche ein? Der Reibungswiderstand im Umlaufkanal und die Wirkung der Massenkräfte bleiben unberücksichtigt.

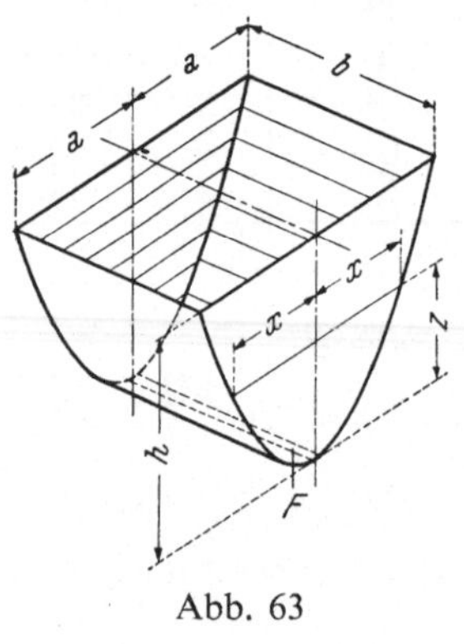

Abb. 63

18. Zwei Kugelbehälter von gleichem Innenhalbmesser r sind durch eine mit einem Hahne absperrbare Rohrleitung vom Querschnitte f verbunden (Abb. 65). Bei geschlossenem Hahne liegen die Spiegel der Sperrflüssigkeit um gleiche Maße h ober- und unterhalb der Mittelpunktsebene $O\,O_1$.

Wann tritt nach Öffnung des Hahnes die Spiegelgleiche ein? (Die Widerstände in der Rohrleitung und die Massenkräfte der bewegten Flüssigkeit sollen unberücksichtigt bleiben.)

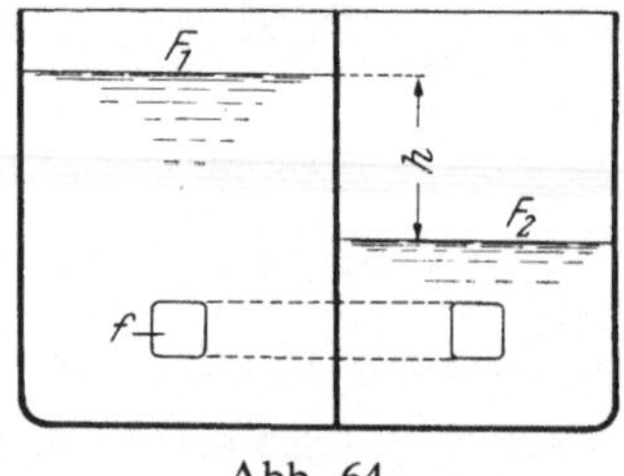

Abb. 64

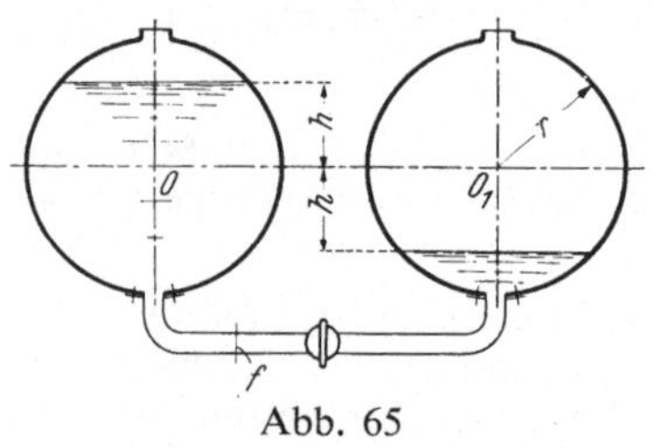

Abb. 65

19. Durch einen Heber vom Querschnitt F wird die Flüssigkeit aus einem prismatischen Gefäße vom Querschnitte F_0 in ein um H tiefer liegendes Gerinne geleitet (Abb. 66). Während in diesem der Spiegel unveränderlich bleibt, senkt sich der Spiegel im oberen Gefäße, bis er das Ende des Hebers erreicht hat. Nach welcher Zeit tritt dies ein? Wie groß darf die Betriebshöhe h_1 für Wasser höchstens sein?

20. Man erkläre die Wirkungsweise eines Heberwehres (Abb. 67) und berechne seine sekundliche Abflußmenge.

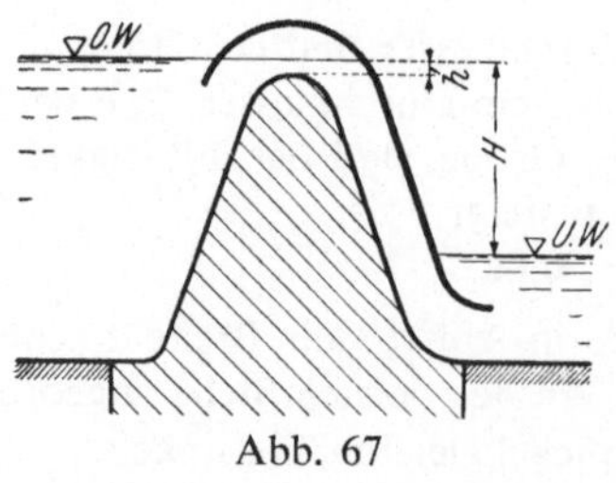

Abb. 67

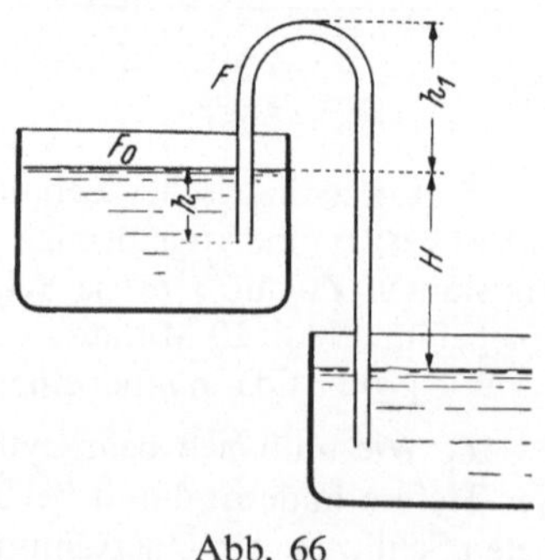

Abb. 66

VII. Laminare Strömung

1. Wie lautet das Elementargesetz der Flüssigkeitsreibung und welches sind die Einheiten für die dynamische und kinematische Zähigkeit einer Flüssigkeit?

2. Man definiere das Gefälle J der Strömung in einem unter dem Winkel α gegen die Waagrechte geneigten Rohre und ermittle für stationäre Laminarströmung im Kreisrohre mit gerader Achse

    1. die Geschwindigkeit $v\,(z)$ in der Entfernung z von der Rohrachse,

    2. die sekundliche Durchflußmenge Q und die mittlere Geschwindigkeit c.

3. Durch eine Kapillare von Kreisquerschnitt mit dem Halbmesser $r = 0{,}04$ cm wird Wasser (Temperatur 10^0 C) gepreßt. Die Druckdifferenz zwischen den Enden des Röhrchens, das eine Länge $l = 70$ cm besitzt, betrage 0,02 at. Man bestimme die mittlere Geschwindigkeit und die Durchflußmenge $\left(\nu = 0{,}0133\,\dfrac{\text{cm}^2}{\text{s}}\right)$. Welche Reynoldssche Zahl entspricht dieser Strömung?

4. Beweise, daß bei der Laminarströmung im Kreisrohr (Aufg. 2) die Zirkulation Γ für die Längeneinheit der Rohrachse von Rohrwand bis Rohrmitte gerechnet gleich v_{max} ist.

5. Für ein Röhrchen von kreisringförmigem Querschnitt mit den Radien R und r soll bei laminarer Strömung die mittlere Geschwindigkeit c und sekundliche Durchflußmenge Q bei gegebenem Gefälle J berechnet werden.

6. Für die stationäre Schichtenströmung einer zähen Flüssigkeit zwischen zwei festen parallelen Wänden vom Abstande h soll das Gesetz der Geschwindigkeitsverteilung in der Normalen zur Strömungsrichtung und die Durchflußmenge für einen Schichtstreifen von der Breite b ermittelt werden. Man zeige, daß die mittlere Geschwindigkeit c gleich ist $^2/_3$ der Maximalgeschwindigkeit.

7. Wenn in der vorstehenden Aufgabe die obere Wand mit der Geschwindigkeit v_0 bewegt wird, soll die Kraft bestimmt werden, die zur Überwindung der Wandreibung nötig ist.

8. Zwischen zwei waagrechten quadratischen Platten von 50 cm Seitenlänge befinde sich ein Ölfilm von der Dicke $h = 0{,}01$ cm. Bei Neigung der Platten um 18^0 beginne die obere Platte vom Gewichte $G = 3$ kp entlang der unteren mit einer Geschwindigkeit 10 cm/s zu gleiten.

Wie groß ist die dynamische Zähigkeit des Öls in Poises?

9. Der Englersche Zähigkeitsmesser (Abbildung 68) besteht aus einem kreiszylindrischen Gefäße vom Halbmesser R, an das sich in Bodenmitte ein vertikales Kapillarröhrchen von der Länge a und dem Halbmesser r mit guter Abrundung anschließt; bei Ausfließen einer Flüssigkeitsmenge Q verringert sich die anfängliche Spiegelhöhe h_0 auf h_1.

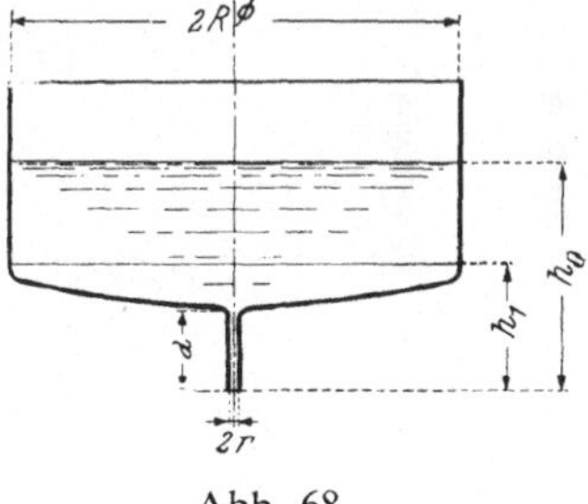

Abb. 68

Man bestimme den Zusammenhang zwischen der Ausflußzeit und Zähigkeit unter Vernachlässigung der Reibung im Gefäße und der Beschleunigungen. Was versteht man unter Englergrad?

10. Von zwei gegeneinander unter dem kleinen Winkel α geneigten ebenen Platten (Abb. 69), zwischen denen sich ein Ölfilm befindet, bewege sich die

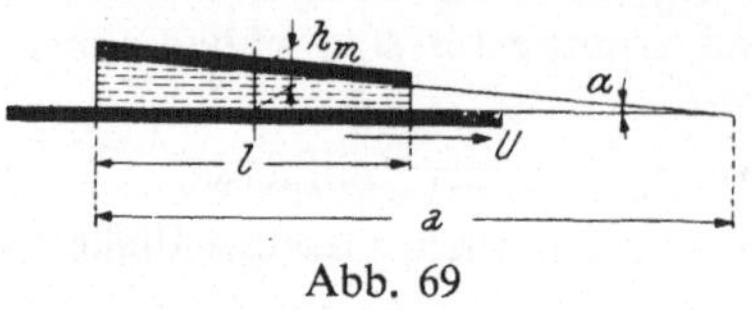

untere Platte in ihrer waagrechten Ebene mit konstanter Geschwindigkeit U (Problem des ebenen Schmierkeils). Man ermittle die Durchflußmenge Q und die Druckverteilung entlang der Platte von der Länge l.

Abb. 69

Zahlenangaben: $U = 10$ m/s, $\quad l = 0,1$ m, $\quad a = 2\,l = 0,2$ m, $\quad h_m = 0,2$ mm;

$$\mu = 40 \cdot 10^{-4}\ \frac{\text{kp s}}{\text{m}^2}.$$

11. Das zur Erzielung der Seitenstabilität einer lotrechten Welle vom Durchmesser d angeordnete Halslager umschließt die Welle in einer Länge l mit dem kleinen Spiel h (Abb. 70).

Wenn der Spielraum mit Öl von der dynamischen Zähigkeit μ gefüllt ist, soll die Leistung in PS berechnet werden, die für die Überwindung des Reibungswiderstandes der mit der Tourenzahl n umlaufenden Welle erforderlich ist.

Zahlenangaben: $d = 15$ cm, $l = 25$ cm, $\quad \mu = 0,09 \cdot 10^{-6}\ \dfrac{\text{kp s}}{\text{cm}^2}$,

$$h = 0,01 \text{ cm}, \quad n = 200 \text{ U/min}.$$

12. Zwischen Lagerring und Unterlage sei ein Ölfilm von der gleichmäßigen Dicke δ. Wenn sich der Ring mit der Winkelschnelle ω dreht, soll das Drehmoment berechnet werden, das zur Überwindung der Flüssigkeitsreibung erforderlich ist (Abb. 71).

13. Beim Strömungslager (Abb. 72) strömt aus einem kreiszylindrischen Behälter zähe Flüssigkeit, die auf konstantem Druck p_s gehalten wird, durch eine Kapillare (Durchmesser $2a$ und Länge l) in den sehr schmalen Spaltraum zwischen Gefäßdeckel und einer zu diesem parallelen ruhenden Platte vom Durchmesser $2R$. Die Dicke des Schmierfilms sei h, der Außenraum vom Druck p_a ist ganz von Flüssigkeit erfüllt. Man ermittle unter Voraussetzung einer reinen Radial-

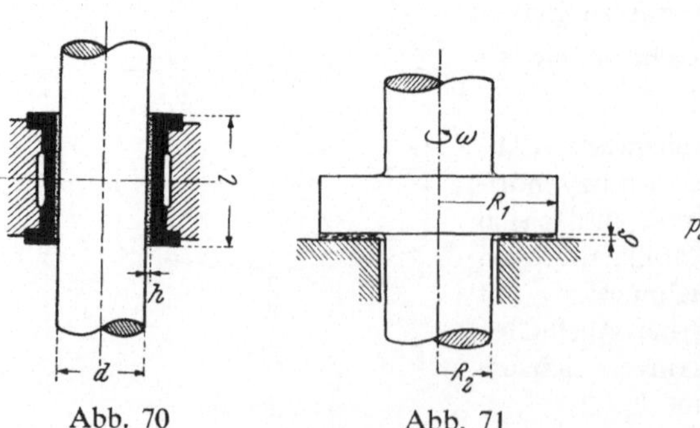

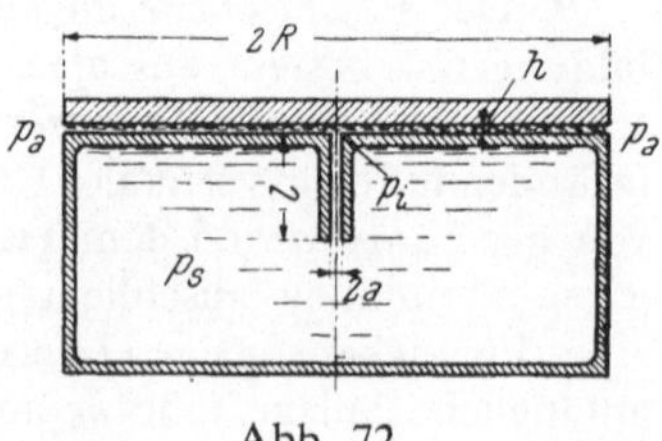

Abb. 70   Abb. 71   Abb. 72

strömung das gesamte durch den Flüssigkeitsfilm abgestützte Plattengewicht G und die erforderliche sekundliche Flüssigkeitsmenge (G. Heinrich).

14. An ein zylindrisches Gefäß vom Durchmesser $D = 5$ cm ist in der Nähe des Bodens ein waagrechtes Haarröhrchen vom Durchmesser $d = 0,1$ cm und der Länge $l = 10$ cm angeschlossen (Abb. 73). Ursprünglich liege der Flüssigkeitsspiegel im Gefäße $H = 5$ cm über der Rohrachse.

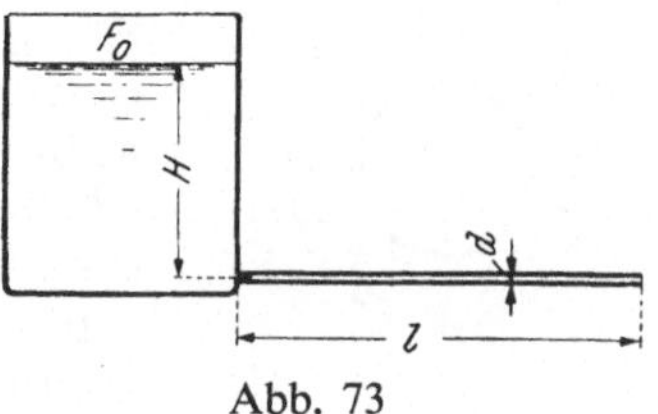

Abb. 73

Es werde beobachtet, daß während 20 Minuten eine Flüssigkeitsmenge von 50 cm³ ausfließe. Welche kinematische Zähigkeit hat die Flüssigkeit?

15. Kugel in zäher Flüssigkeit.

Um das spez. Gewicht γ sowie die Zähigkeitszahl ν einer Flüssigkeit zu ermitteln, beobachtet man die Endwerte v_1, v_2 der Fallgeschwindigkeit zweier Kügelchen von den Halbmessern a_1, a_2 und den Raumgewichten γ_1, γ_2 in der Flüssigkeit. Wie rechnen sich daraus γ und ν?

16. Man bestimme die Geschwindigkeitsverteilung v (z) und die Durchflußmenge Q bei der stationären laminaren Strömung in einem offenen rechteckigen Gerinne von großer Breite b und geringer Tiefe t und der Bettneigung α.

17. Man entwickle die Differentialgleichung, der die Geschwindigkeit der stationären Laminarbewegung in einem offenen Gerinne von beliebiger Querschnittsform zu genügen hat (R. v. Mises).

18. Längs einer unter $\alpha = 60^0$ gegen die Waagrechte geneigten Platte von der Breite $b = 50$ cm fließt eine konstante Ölmenge $Q = 3 \dfrac{\text{liter}}{\text{s}}$ als dünner Film von der Stärke δ mm (Abb. 74a).

Man berechne die Geschwindigkeitsverteilung im Film für laminare Strömung und die Filmdicke δ bei Vernachlässigung von Trägheitswirkungen und bei einer kinematischen Zähigkeit $\nu = 0,436 \dfrac{\text{cm}^2}{\text{s}}$.

Abb. 74a

19. Der kreisförmige Raum zwischen zwei konzentrischen Zylindern mit den Halbmessern r_1, r_2 und der Höhe 1 ist mit Flüssigkeit gefüllt (dynamische Zähigkeit μ).

Durch ein Drehmoment M_1 wird der innere Zylinder mit der Umfangsgeschwindigkeit $u_1 = \dfrac{c}{r_1}$ angetrieben, der äußere Zylinder läuft mit $u_2 = \dfrac{c}{r_2}$ um; an beliebiger Stelle r ist $v = \dfrac{c}{r}$ (Potentialwirbel). Man berechne M_1 und beweise, daß am äußeren Zylinder ein mit M_1 gleiches Drehmoment abgenommen werden kann, daß hingegen die auf r_2 abgegebene Leistung kleiner ist als die auf r_1 zugeführte. Wozu dient dieser Differenzbetrag (A. Betz)?

20. In einem unendlich langen Rohr vom Halbmesser r_a befindet sich ein unendlich langer konzentrischer Kern vom Halbmesser r_i (Abb. 74b). Dazwischen sei eine zähe Flüssigkeit (μ). Wenn der Kern mit der konstanten Geschwindigkeit V in achsialer Richtung gezogen wird, soll die in der Zeiteinheit durch den Querschnitt geförderte Flüssigkeitsmenge unter der Voraussetzung laminarer Strömung berechnet werden.

Bei welchem Kernradius r_i wird maximale Menge gefördert, wenn der Halbmesser r_a vorgegeben ist? (G. Heinrich.)

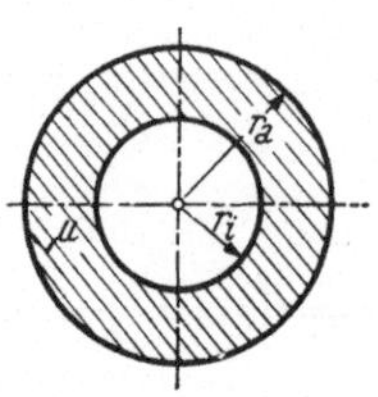

Abb. 74b

VIII. Rohrleitungen

Eine knappe Zusammenstellung der bei den Lösungen der Aufgaben über Rohrleitungen benutzten Formeln ist dem Lösungsabschnitte VIII vorangestellt.

1. Durch ein gerades Rohr aus asphaltiertem Eisenblech vom nutzbaren Durchmesser $d = 10$ cm fließe Wasser von 5^0 C bei einem verfügbaren Gefälle

$$J = 0,004 \left(v = 0,015 \; \frac{\text{cm}^2}{\text{s}} \right).$$

Wie groß ist die sekundliche Durchflußmenge?

Welche Durchflußmenge ergibt sich, wenn das gleiche Rohr von Öl mit der kinematischen Zähigkeit $v = 3,82 \; \dfrac{\text{cm}^2}{\text{s}}$ durchflossen wird?

2. Von einem Behälter zweigt 1 m unter dessen Wasserspiegel ein gußeisernes Rohr von 6 m Länge und 10 cm lichtem Durchmesser mit gut abgerundetem Mundstück ab. Es ist gegen die Waagrechte unter 20^0 geneigt und verjüngt sich im letzten Drittel seiner Länge plötzlich auf den halben Querschnitt.

Welche Wassermenge fließt am freien Ende in der Sekunde aus, wenn das Wasser eine Temperatur von 5^0 C hat?

3. Eine Kreiselpumpe fördere 6 m³ Wasser von 10^0 C in der Minute in einen um 10 m höher gelegenen Behälter. Die gußeiserne Rohrleitung vom Durchmesser $d = 20$ cm und der Länge $l = 100$ m habe drei einfache Krümmer und ein Rückschlagventil.

Welche effektive Leistung in PS muß die Pumpe bei einem Wirkungsgrade 0,8 aufnehmen?

Die Widerstandszahl eines Krümmers ist mit 0,135, jene des Rückschlagventils mit 6,5 anzunehmen. Der während des Betriebes zu erwartenden Verkrustung der inneren Rohrwand werde durch Verringerung des Durchmessers um 20 mm Rechnung getragen.

4. Bei einer Hochdruckwasserkraftanlage wird das Betriebswasser einem Stausee entnommen, dessen Spiegel die Höhenkote 594 habe (Abb. 75).

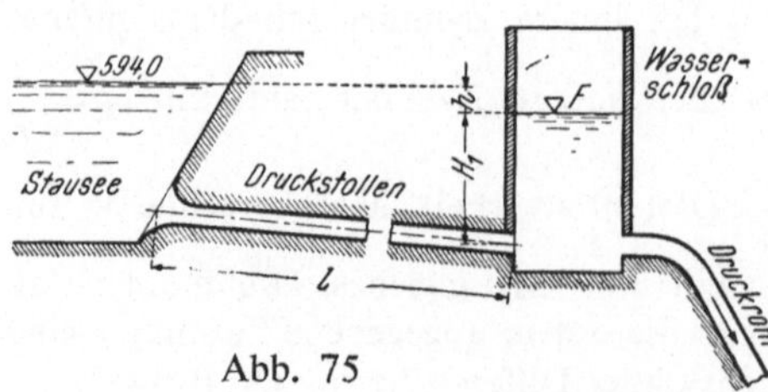

Abb. 75

Durch einen mit glattem Betonputz versehenen Druckstollen mit Kreisquerschnitt ($f = 18$ m²) und der Länge $l = 1100$ m wird es in ein Wasserschloß geleitet mit 600 m² Querschnittsfläche und lotrechten Wänden.

Welche Höhenkote hat der Wasserspiegel im Wasserschloß, wenn die Turbinen $Q = 60$ m³/s schlucken?

5. Ein kreiszylindrischer Behälter vom Durchmesser 5 m entleere seinen Flüssigkeitsinhalt durch ein in der Tiefe $h = 2,5$ m unter dem Flüssigkeitsspiegel mit guter Abrundung angesetztes waagrechtes geschweißtes Rohr von der Länge $l = 60$ m und dem Durchmesser $d = 0,20$ m.

Nach welcher Zeit T ist der Flüssigkeitsspiegel um $\dfrac{h}{2}$ gesunken?

6. Von den beiden gleichgroßen zylindrischen Gefäßen (Abb. 76) wird der Inhalt des linken durch eine kreisförmige Öffnung in Bodenmitte vom Durchmesser d (Ausflußziffer μ) entleert, das rechte durch ein lotrechtes Abfallrohr vom Durchmesser d, an das sich mit einem rechtwinkligen Kniestück ein waagrechtes Rohr von der Länge l anschließt; es ist $d \ll \sqrt{F}$.

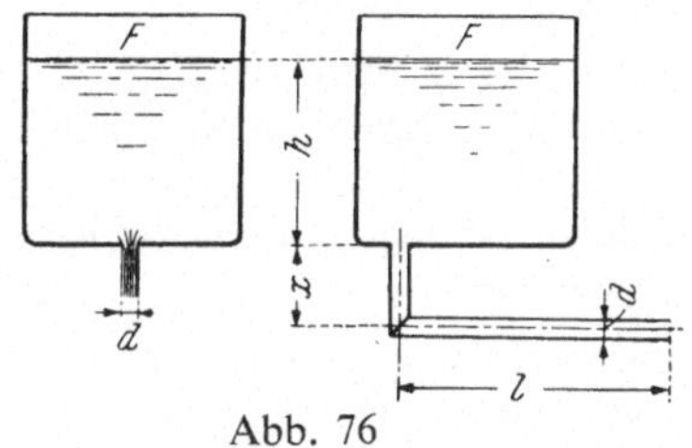

Abb. 76

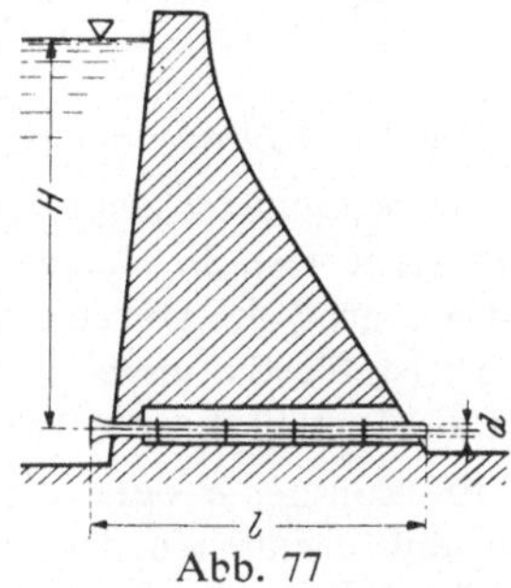

Abb. 77

Bei welcher Tiefe x des waagrechten Rohrteiles unter dem Gefäßboden haben beide Behälter die gleiche Entleerungszeit?

Zahlenangaben: $F = 0,1$ m², $h = 30$ cm, $d = 10$ mm, $l = 80$ cm,
$$\mu = 0,65, \quad \zeta_K = 0,9, \quad \lambda = 0,03.$$

7. Das horizontal liegende Grundablaßrohr einer Sperrmauer (Abb. 77) soll so bemessen werden, daß der Wasserstand bei der zu gewärtigenden größten Zuflußmenge von 5 m³/s nicht höher als $H = 35$ m ansteige.

Welchen Durchmesser muß das gußeiserne Rohr von der Länge $l = 30$ [m] erhalten, wenn zur Verminderung des Eintrittswiderstandes ein glockenförmiges Mundstück angesetzt ist?

(O. S t r e c k, Aufgaben aus dem Wasserbau, Berlin 1924, S. 146.)

8. Zwei Behälter mit dem Wasserspiegelunterschiede $h = 7,6$ m sollen durch eine Heberleitung verbunden werden von der Gesamtlänge $l = 610$ m und dem Durchmesser $d = 30$ cm (Abb. 78).

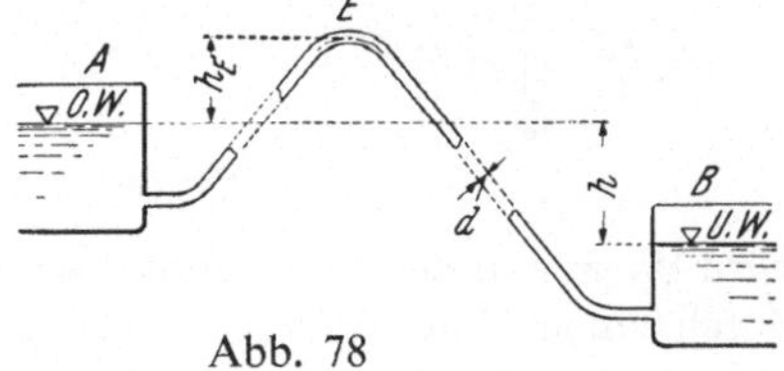

Abb. 78

Damit im Heberknie bei E kein Abreißen der Strömung eintritt, muß dort der absolute Druck größer als der Dampfdruck p_d des Wassers sein. Welche maximale Entfernung l_1 darf das Knie vom linken Behälter A haben, wenn es $h_E = 5{,}50$ m über dem Wasserspiegel von A liegt und wenn der Dampfdruck p_d einer Wassersäule von 120 cm entspricht?

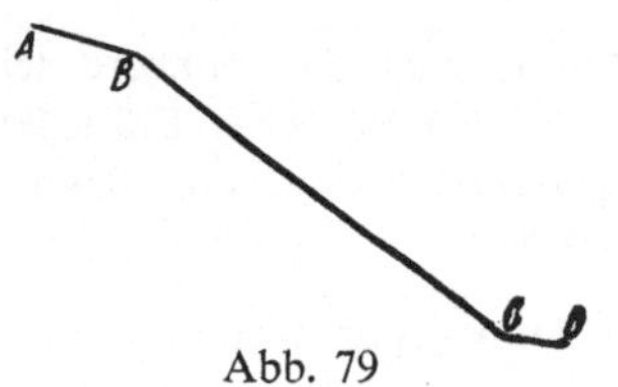

Abb. 79

Wie groß ist die sekundliche Durchflußmenge dieser Heberleitung? Die Spiegelflächen in beiden Behältern sind als groß anzunehmen und es ist nur die Rohrreibung zu berücksichtigen.

9. Von dem Teile $A\,B\,C\,D$ einer Rohrleitung (Abb. 79) sind folgende Daten bekannt:

$$\overline{A\,B} = 60 \text{ m}, \quad \overline{B\,C} = 240 \text{ m}, \quad \overline{C\,D} = 27{,}6 \text{ m},$$

die Höhenkoten in Metern bei $A = 234{,}7$,

$$\text{bei } B = 229{,}2,$$
$$\text{bei } C = 186{,}7,$$
$$\text{bei } D = 184{,}5.$$

Die drei Rohrstränge haben gleiche Durchmesser $d = 30$ cm.

Ein Manometer zeige bei A den Druck 1,19 at, bei D den Druck 6,72 at. Man stelle fest, in welchem Sinne das Wasser die Rohrleitung durchströmt und wie groß die Durchflußmenge ist.

Es ist für die gußeisernen Rohre nur die Rohrreibung zu berücksichtigen und die Temperatur des Wassers mit 10^0 C anzunehmen.

10. Von der in eine waagrechte Rohrleitung vom Durchmesser d unter dem konstant erhaltenen Drucke p_1 einströmenden Wassermenge werden durch n Seitenöffnungen, die in gleichen Abständen entlang der Rohrlänge angeordnet sind, je q $[^1/\text{s}]$ entnommen. Wie groß ist der Druck am geschlossenen Ende des Rohres?

$$l = 600 \text{ m}, \ d = 15 \text{ cm}, \ n = 20, \ q = 1 \ ^1/\text{s}, \ p_1 = 1{,}5 \text{ ata}.$$

Beweise, daß die Verlusthöhe infolge Reibung bei großem n gleich ist einem Drittel der Verlusthöhe des am Ende offenen Rohres ohne seitliche Entnahme.

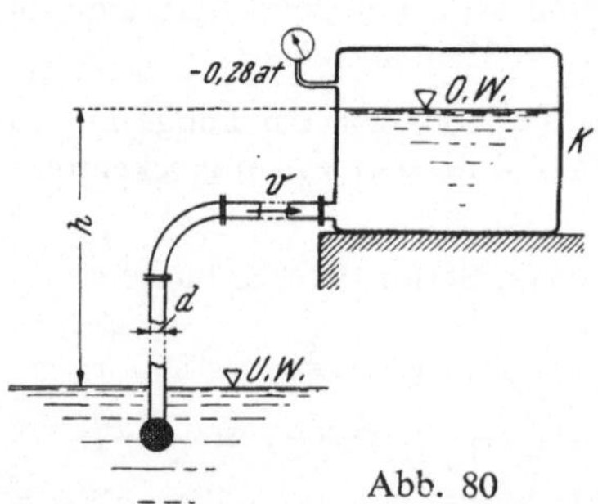

Abb. 80

Wenn die Widerstandszahl infolge der rechtwinkligen Umlenkung des in die kreisförmige Seitenöffnung eintretenden Strahles für alle Seitenöffnungen gleich groß, und zwar mit $\zeta = 3$ angenommen wird, wie groß ist dann die erste und letzte Ausflußöffnung zu bemessen?

11. Die gußeiserne Saugleitung einer Pumpe hat den Durchmesser $d = 15$ cm und die Länge $l = 50$ m. Aus dem U. W.

wird Wasser in den Saugwindkessel K auf eine Höhe $h = 4{,}3$ m hinaufgesaugt durch einen Unterdruck von 0,28 at (Abb. 80).

Die Widerstandszahl des Saugkorbes sei 0,9, jene jedes der innerhalb der Gesamtlänge l eingebauten 3 Krümmer ist mit 0,5 anzunehmen.

Welche Wassermenge wird in der Minute angesaugt?

12. In einer Rohrleitung von sehr großer Länge l ströme Wasser mit der mittleren Geschwindigkeit v. Durch rasches Schließen eines Ventils am Ende der Leitung komme das Wasser in t Sekunden zur Ruhe.

Welche Druckerhöhung entsteht am Ventil ohne Rücksicht auf die Elastizität der Rohrwand und des Wassers? (Vgl. hiezu Aufg. **18.**) ($l = 400$ m, $v = 1\,\dfrac{\text{m}}{\text{s}}$ $t = 2$ sec.)

13. Eine waagrechte Rohrleitung von der Länge l [m] und dem Durchmesser d [m] führe Druckwasser; am Einlaufe sei eine Druckhöhe h [m] vorhanden. Wenn nur die Rohrreibung berücksichtigt wird, soll die Leistung des austretenden Druckwassers in PS ermittelt und bewiesen werden, daß sie am größten ist, wenn die Verlusthöhe gleich $h/3$ ist.

14. In der vorstehenden Aufgabe verjünge sich der Durchmesser des Druckwasserrohres D durch ein am Ende angesetztes Mundstück auf den Durchmesser d.

Bei welchem Verhältnis D/d erreicht die Leistung des austretenden Strahles ihren größten Wert; wie groß ist dieser in PS?

15. Nach einer von A. L. Adams durch Erfahrung gewonnenen Regel soll der wirtschaftliche Durchmesser der Rohrleitung einer Kraft- oder Pumpenanlage jener sein, bei welchem $^2/_5$ der Anlagekosten des Rohres pro Längeneinheit und Jahr gleich sind den Kosten der infolge der Rohrreibung verlorenen Leistung.

Man versuche diese Regel theoretisch zu begründen.

16. Von einer geraden gußeisernen Rohrleitung $A\,B\,C$, die am Ende C die sekundliche Menge $Q_C = 0{,}03$ m³/s abgibt, zweige in B ein Rohr $B\,D$ ab, das eine Menge $Q_D = 0{,}02$ m³/s liefern soll. Es sind bekannt die Rohrlängen $\overline{A\,B} = l = 700$ m, $\overline{B\,C} = l_1 = 300$ m, $\overline{B\,D} = l_2 = 200$ m und die geodätischen Höhen $h_A = 640$ m, $h_C = 632$ m, $h_D = 626$ m.

Bei A steht ein Druck $p_A = 1{,}4$ at zur Verfügung, in C und D soll eine Druckhöhe von 20 m vorhanden sein.

Man berechne den Durchmesser d des durchgehenden Rohres $A\,B\,C$ und jenen d_2 des Abzweigrohres sowie die Geschwindigkeiten in den drei Rohrteilen.

17. Der Rohrstrang CD (Abb. 81) wird aus zwei Hochbehältern gespeist. Es sollen aus den bekannten Leitungslängen l, l_1, l_2 und den Durchmessern

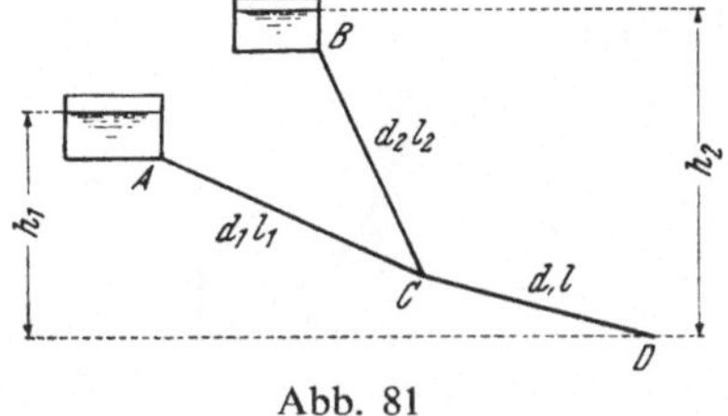

Abb. 81

d, d_1, d_2 sowie den Druckhöhen h_1 und h_2 die Durchflußmengen der drei Rohre berechnet werden mit den Angaben

$$l_1 = 500 \text{ m}, \qquad l_2 = 300 \text{ m}, \qquad l = 800 \text{ m},$$
$$d_1 = 0{,}15 \text{ m}, \qquad d_2 = 0{,}10 \text{ m}, \qquad d = 0{,}25 \text{ m},$$
$$h_1 = 25 \text{ m}, \qquad h_2 = 30 \text{ m} \qquad \text{(F. Wittenbauer)}.$$

18. In einem waagrechten Stahlrohre mit großer Länge l, dem Innendurchmesser $d = 2\,r$ und der Wandstärke δ, das aus einem großen Wasserbehälter gespeist wird, fließe Wasser mit der Geschwindigkeit v im Beharrungszustande.

Wie groß darf v höchstens sein, wenn bei plötzlichem Schließen einer Absperrvorrichtung am Rohrende die Beanspruchung der Rohrwandung nicht mehr als σ_{zul} betragen darf?

Es ist $d = 10$ cm, $\delta = 0,5$ cm, E_r (für Stahl) $= 2,2 \cdot 10^6$ kg/cm², E_W (für Wasser) $= 2,1 \cdot 10^4$ kg/cm², $\sigma_{zul} = 700$ kg/cm².

19. Man entwickle für die durch Schließen eines Absperrorganes bewirkte instationäre Bewegung des Wassers im Rohre die für die Geschwindigkeit v und den Druck p geltenden Grundgleichungen.

20. Von einem Wasserbehälter zweigt in der Tiefe $h = 12$ m unter dem Wasserspiegel ein waagrechtes Rohr ab mit der Länge $l = 600$ m und dem Durchmesser $d = 20$ cm, dessen Ausflußquerschnitt durch ein Ventil geschlossen ist (Abb. 82).

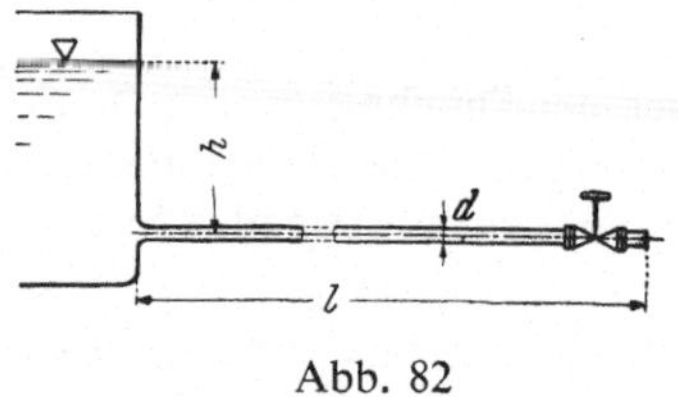

Abb. 82

Das Ventil werde plötzlich geöffnet und die Höhe h durch eine entsprechende Zulaufmenge in den Behälter konstant erhalten.

Man ermittle das Geschwindigkeit-Zeit-Diagramm für die Strömung im Rohre bei alleiniger Berücksichtigung der Rohrreibung mit $\lambda = 0,02$. Nach welcher Zeit ist die Geschwindigkeit im Rohre auf 1,5 m/s angestiegen? Wie groß ist die theoretische Grenzgeschwindigkeit?

21. Eine Rohrleitung besteht aus n geraden Rohrstücken von gleicher Länge l und verschiedenen Durchmessern. Die Kosten eines Rohrstückes seien mit $k\,d^2\,y\,l$ angenommen, nämlich abhängig von der Wandstärke des Rohres, die mit Rücksicht auf die Festigkeit mit der Druckhöhe y zunehmen muß. Hierin ist k eine Konstante. Man untersuche, nach welchem Gesetze der Rohrdurchmesser d mit der Druckhöhe y verändert werden muß, wenn die Kosten der Rohrleitung möglichst klein werden sollen. Der Druckverlust der Leitung soll unverändert bleiben (Ph. Forchheimer).

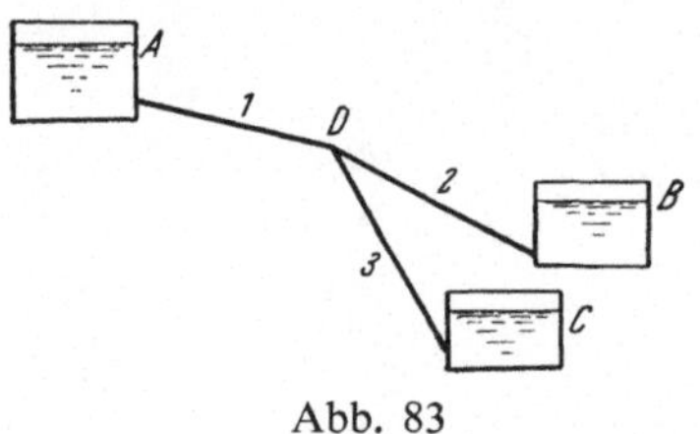

Abb. 83

22. Der vom Behälter A gespeiste Rohrstrang 1 gabelt sich in D in die beiden Zweigleitungen 2 und 3, welche die Behälter B und C mit Wasser versorgen (Abb. 83).

Gegeben sind die Rohrlängen $l_1 = 3050$ m, $l_2 = l_3 = \dfrac{l_1}{2}$, die Rohrdurchmesser $d_1 = 0,6$ m, $d_2 = d_3 = 0,3$ m, die geodätischen Höhen $h_A = 15$ m, $h_B = 6$ m, $h_C = 3$ m, $h_D = 12$ m. Man ermittle die sekundlichen Durchflußmengen der drei Rohrstränge und die Fließgeschwindigkeiten.

IX. Strömung in offenen Gerinnen

Eine knappe Zusammenstellung der bei den Lösungen der Aufgaben über Strömung in offenen Gerinnen benutzten Formeln ist dem Lösungsabschnitte IX vorangestellt.

1. Ein 2,20 m breiter Kanal mit Rechteckquerschnitt führe eine Wassermenge $Q = 1,2$ m³/s.

Bei welchem Gefälle beträgt die Wassertiefe 0,8 m? Die Kanalwände und Sohle sind aus gehobelten Brettern hergestellt.

Welches Gefälle müßte der Kanal erhalten, damit die gleiche Wassermenge bei einer Wassertiefe von 0,4 m abgeführt wird?

2. Für einen Erdkanal mit 5 m Sohlenbreite und der Böschungsneigung 1:2 (Abb. 84) soll bei dem Spiegelgefälle 0,00037 und der Wassertiefe 1,5 m die Durchflußmenge je Sekunde berechnet werden.

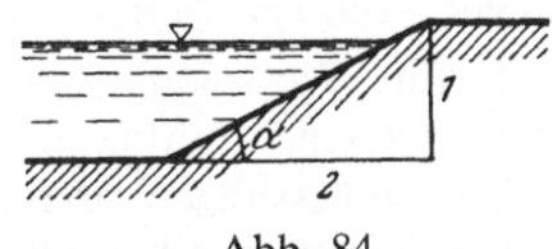

Abb. 84

3. Ein aus Beton hergestellter Kanal mit Rechteckquerschnitt von 3 m Breite soll eine Wassermenge 6 m³/s führen.

Wie groß ist die Wassertiefe bei einem Spiegelgefälle von 0,0007, wenn die Wände roh belassen werden?

4. Um wieviel erhöht sich in vorstehender Aufgabe der Durchfluß bei gleichbleibender Wassertiefe und gleichem J, wenn die Kanalwände sorgfältig mit Zementputz geglättet werden?

5. In welcher Beziehung steht bei einem Stollen mit Kreisquerschnitt und Vollfüllung der Geschwindigkeitsbeiwert in der Chézy-Formel zum Reibungsbeiwert λ bei der Rohrströmung?

6. Eine Rinne aus Eisenblech mit Halbkreisquerschnitt (Halbmesser 10 cm) habe das Gefälle 0,0025.

Wie groß ist der Durchfluß bei Vollauf der Rinne?

7. Ein kreisförmiger Stollen, dessen Innenwand glatt verputzt ist, soll bei einem Durchmesser 2,0 m und einer Füllhöhe 1,5 m eine Wassermenge von 2,6 m³/s führen.

Welches Gefälle muß der Stollen erhalten?

8. Man berechne für das Profil eines Abwasserkanals (Abb. 85) mit dem Gefälle $J = \dfrac{1}{2500}$ und $d = 1,6$ m die Durchflußmenge Q und mittlere Geschwindigkeit v bei voller Füllung nach der Bazinschen Formel mit $\alpha = 0,06$.

Wie groß ist das Verhältnis der Werte Q und v zu den einem vollaufenden Kreisprofil gleichen Durchmessers entsprechenden Werten bei gleichem α und J?

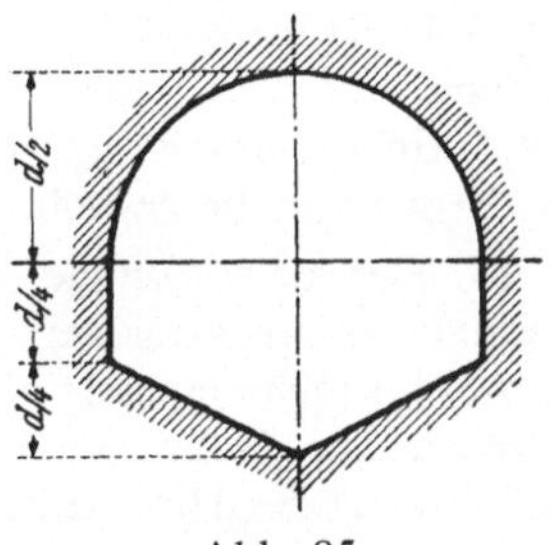

Abb. 85

9. Ein Kanal von Trapezquerschnitt mit 1 : 1 geneigten Böschungen soll bei einem Gefälle von 0,00035 eine Wassermenge $Q = 24$ m³/s führen, wobei die Schleppkraft $S = 0,7 \dfrac{\text{kp}}{\text{m}^2}$ nicht überschritten werden soll. Man ermittle Sohlenbreite und Tiefe des Kanals mit Verwendung der Geschwindigkeitsformel von **Forchheimer** mit dem Beiwert $k = 35$.

10. Unter allen gleichschenkeligen Trapezen von gleichem Querschnitt F und der Seitenneigung α besitzt das einem Halbkreis vom Halbmesser $t = \sqrt{\dfrac{F \sin \alpha}{2 - \cos \alpha}}$ umschriebene Trapez den größten hydraulischen Radius. Man beweise dies.

11. Von allen Trapezen gleicher Fläche und veränderlichem Böschungswinkel α gibt jenes das Maximum des Durchflusses, welches ein halbes regelmäßiges Sechseck bildet. Man beweise dies.

12. Ein Werkskanal mit Rechteckquerschnitt soll $Q = 3 \text{ m}^3/\text{s}$ Betriebswasser mit einer mittleren Geschwindigkeit $v = 1,2 \text{ m/s}$ führen. Welche günstigsten Abmessungen und welches Gefälle muß der Kanal erhalten, wenn er aus Beton hergestellt wird?

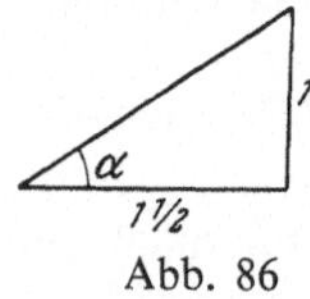

Abb. 86

13. Ein Werkskanal mit Trapezquerschnitt und $1^1/_2$-füßiger Böschung (Abb. 86) $\left(\text{ctg}\,\alpha = \dfrac{3}{2}\right)$ führt bei einer mittleren Geschwindigkeit von $1,5 \text{ m/s}$ eine Wassermenge von $50 \text{ m}^3/\text{s}$.

Man bemesse die Tiefe und Sohlenbreite so, daß sich der für den Durchfluß günstigste Querschnitt ergibt.

Welches Spiegelgefälle hat dann der Kanal zu erhalten, wenn Sohle und Böschungen aus kiesigem Material bestehen ($\alpha = 1,30$ in der Formel von **Bazin**). Besteht Gefahr, daß das Bettungsmaterial durch die Strömung fortgeschleppt wird, wenn die zugelassene Schleppkraft des Materials $1,6\dfrac{\text{kp}}{\text{m}^2}$ beträgt?

14. Bei einer Wasserkraftanlage betrage das Gefälle zwischen O. W. (am Einlaufe zum Werkskanale) und U. W. 6 m. Die Betriebswassermenge $Q = 24 \text{ m}^3/\text{s}$ werde durch einen 700 m langen Kanal von Trapezquerschnitt mit der Sohlenbreite 6 m, 1 : 1 geböscht und einer Wassertiefe von 2 m der Turbine zugeführt. Wenn der Höhenverlust am Einlaufe zum Kanal 0,10 m beträgt, soll die Nutzleistung berechnet werden, die von der Kraftanlage bei einem Wirkungsgrade der Turbine von 0,85 zu erwarten ist. Böschungen und Sohle des Kanals sind aus Bruchstein hergestellt.

15. Der gleichförmige Abfluß des Wassers in einem prismatischen offenen Gerinne von rechteckigem Querschnitte mit der konstanten Breite $b = 25$ m sei durch Einbau eines Hindernisses gestört.

Wenn die Höhe der Energielinie über der Gerinnesohle an einer Stelle flußaufwärts des Hindernisses mit $H = 2$ m gegeben ist, soll berechnet werden, welche Wassertiefen an dieser Stelle dem Durchfluß $Q = 11 \text{ m}^3/\text{s}$ bei der nun ungleichförmigen Strömung entsprechen? Wie groß sind die zugehörigen Froudeschen Zahlen?

16. Durch eine Winkelrinne vom Öffnungswinkel $2\,\alpha$ (Abb. 87) fließe in der Zeiteinheit die Menge Q.

Man beweise, daß die Grenztiefe t_{gr} gleich ist

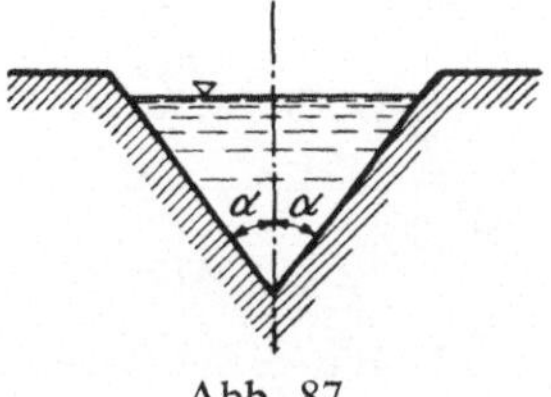

Abb. 87

$\sqrt[5]{\dfrac{2Q^2}{g}\,\mathrm{ctg}^2\,\alpha}$, daß die ihr entsprechende Froudesche Zahl $\mathrm{Fr} = \dfrac{1}{\sqrt{2}}$ und daß die Energielinienhöhe

$$H = \frac{5}{4}\,t_{gr}\,.$$

17. Ein Kanal, dessen Trapezquerschnitt die Sohlenbreite b und die Böschungsneigung α besitze ($\mathrm{ctg}\,\alpha = n$), führe in der Zeiteinheit die Menge Q. Man zeige, daß die Grenzgeschwindigkeit, welche der tiefsten möglichen Lage der Energielinie beim Durchfluß Q entspricht, kleiner als $\sqrt{g\,t_{gr}}$ ist, wo t_{gr} die Grenztiefe bedeutet.

18. Für ein Gerinne mit Rechteckquerschnitt von der Breite b ist bei gegebener Energielinienhöhe H die maximale Durchflußmenge $Q = \dfrac{2}{3}\,b\,H\sqrt{\dfrac{2}{3}\,g\,H}$; die Wassertiefe ist dann gleich der Grenztiefe t_{gr}. Man beweise dies.

19. Beim Übergange von schießendem zu strömendem Abflusse tritt im allgemeinen ein Wassersprung auf sehr kurzer Strecke auf. Sind t_1 und t_2 die Wassertiefen vor und hinter dem Wassersprunge (Abb. 88), so soll bewiesen werden, daß

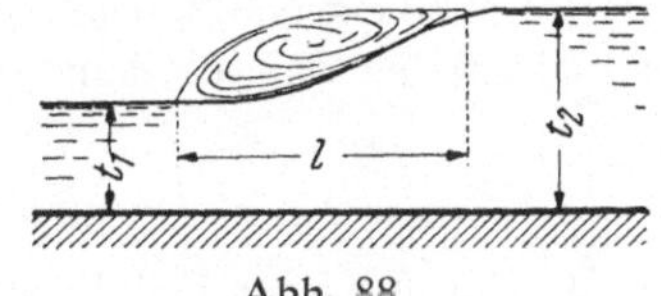

Abb. 88

$$\frac{t_2}{t_1} = \frac{1}{2}\left(\sqrt{1 + 8\,\mathrm{Fr}^2} - 1\right),$$

wo Fr die der Tiefe t_1 entsprechende Froudesche Zahl ist.

20. Wenn in vorstehender Aufgabe H die gesamte Energiehöhe vor dem Wassersprunge ist, soll bestimmt werden, bei welcher Froudeschen Zahl sich ein Größtwert für t_2/H ergibt.

Wie groß ist dieser und welchen Wert besitzt dann $\dfrac{t_1}{H}$? (J. K o z e n y.)

21. In einen Fluß vom Sohlengefälle $i = \dfrac{1}{2000}$, der Wassertiefe 1,3 m und sehr großer Breite wird ein Staudamm gebaut, durch den der Wasserspiegel um 2,6 m erhöht werden soll.

Wie groß ist die Spiegelhebung an einer Stelle, die 2 km flußaufwärts liegt?

In welcher Entfernung von der Staustelle beträgt die Spiegelhebung noch 0,13 m?

22. Ein rechteckiges Gerinne, dessen Breite groß gegenüber der Tiefe sei, verbinde ohne Sohlengefälle zwei Flußläufe und führe je Breiteneinheit eine

Wassermenge $q = 0{,}8\ \mathrm{m^3/s}$ bei einer Wassertiefe $H = 60\ \mathrm{cm}$ am Kanaleinlaufe (Abb. 89).

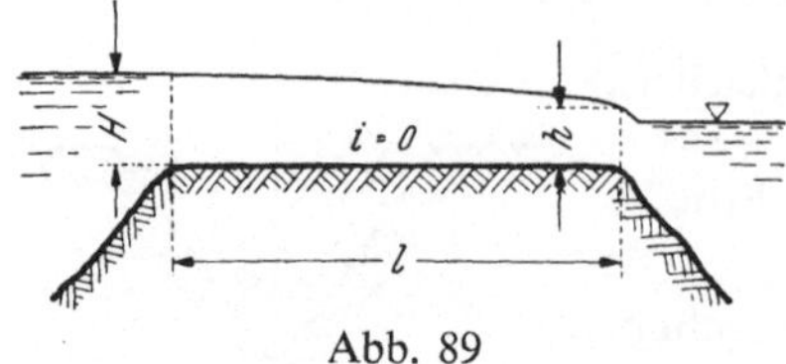

Abb. 89

Welche maximale Länge darf das Gerinne bei fließender Strömung erhalten und wie groß ist dann die Wassertiefe h an der Mündungsstelle? Man ermittle die zugehörige Senkungskurve.

23. Ein rechteckiges Gerinne, dessen Breite b groß gegenüber der Tiefe sei, besitze das Sohlengefälle $i = 0{,}00049$ und münde in ein großes Wasserbecken, dessen Wasserspiegel tiefer liege als die Sohle des Gerinnes.

Die Tiefe des Wassers bei gleichförmiger Bewegung im Gerinne sei $t_0 = 1{,}6$ m. Man berechne die Senkungskurve des Wasserspiegels mit Benutzung der Geschwindigkeitsformel von Forchheimer $\left(k = 60\ \mathrm{m^{0{,}3}/s}\right)$. Wie groß ist die Wassertiefe im Gerinne unmittelbar an der Absturzstelle? (J. K o z e n y, Wasserkraft u. Wasserwirtschaft 1928, S. 232.)

In welcher Entfernung vom Absturze hat sich t_0 um $t_0/5$ verringert?

24. Wie ermittelt man den Verlauf des Stauspiegels in einem Gerinne mit zylindrischem Bett und der Sohlenneigung i, wenn die Querschnitte stark von der rechteckigen Form abweichen?

25. Man gebe eine Erklärung für die Erscheinung, daß ein auf einem Flusse ohne eigenen Antrieb zu Tal treibendes Schiff dem Wasser des Flusses vorauseilt, so daß es dem Steuer gehorcht.

X. Schwingungen

1. Ein aus einer Halbkugel mit daraufgesetztem Kreiszylinder bestehender Körper (Abb. 90) schwimme in der gezeichneten Lage in einer Flüssigkeit vom Einheitsgewichte γ.

Wenn der Körper in seiner lotrechten Achse einen kleinen Vertikalstoß erfährt, wodurch er etwas tiefer einsinkt, soll die Dauer der entstehenden Tauchschwingung ermittelt werden.

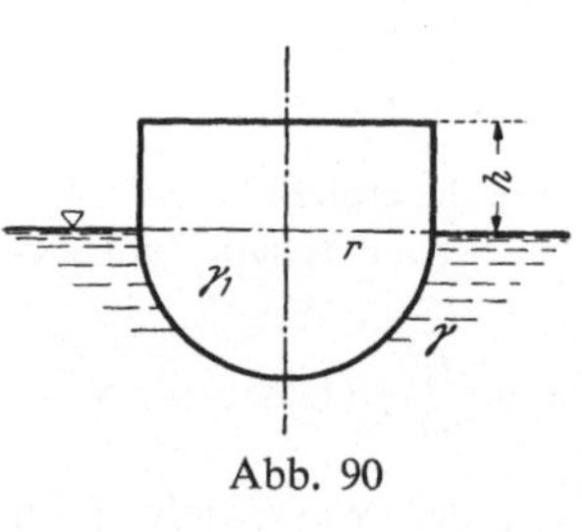

Abb. 90

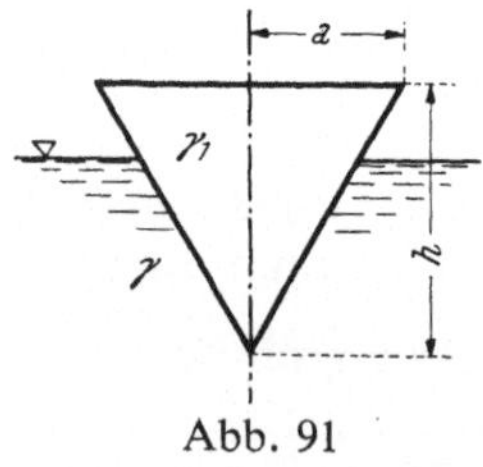

Abb. 91

2. Ein stabil schwimmender Körper werde in einer horizontalen Schwerlinie festgehalten und durch einen Stoß in Schwingungen versetzt. Man ermittle deren Schwingungsdauer für kleine Ausschläge, wobei von der Dämpfung durch den Widerstand des Wassers abgesehen werde.

3. Ein gerader Kreiskegel mit nach abwärts gekehrter Spitze schwimme in der gezeichneten Lage (Abb. 91) stabil; man bestimme die Dauer der kleinen Schwingungen um eine horizontale Schwerlinie bei Vernachlässigung der Dämpfung durch den Widerstand des Wassers.

4. In zwei mit Flüssigkeit gefüllten, oben offenen kommunizierenden Behältern befinden sich in der Ruhelage die Spiegel in der Höhe H über einer willkürlichen waagrechten Bezugsebene (Abb. 92). Bei Störung des Gleichgewichtszustandes sei zur Zeit t der linke Spiegel vom Querschnitte F_1 um z_1 höher, der rechte F_2 um z_2 tiefer als die Spiegelgleiche, so daß ein Spiegelunterschied $z\,(t) = z_1 + z_2$ besteht.

Man entwickle die Differentialgleichung für z einschließlich der Verlusthöhen, die mit $\overset{2}{\underset{1}{\Sigma}}\, h_v$ zu berücksichtigen sind.

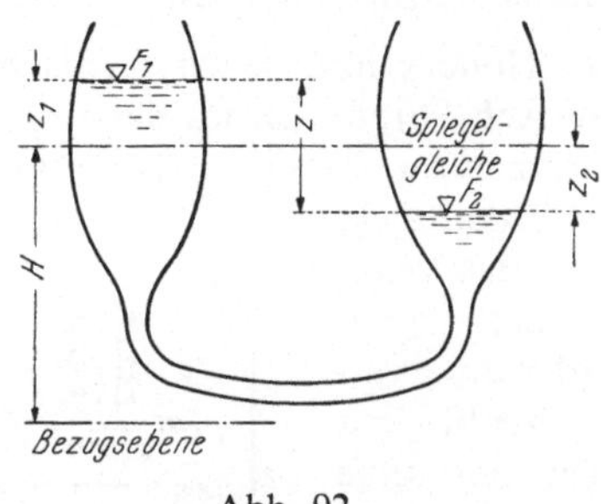
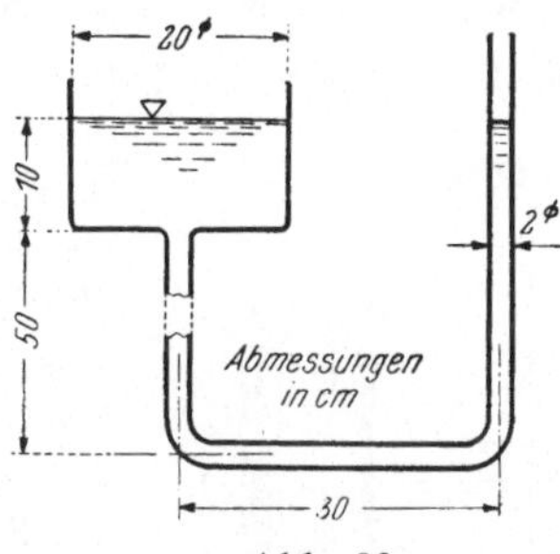

Abb. 92   Abb. 93

5. In einem U-Rohr von konstantem Querschnitte sei l die Länge der schwingenden Flüssigkeitssäule. Man zeige, daß bei Fortfall von Reibungseinflüssen das Wasserpendel isochrone Schwingungen ausführt und daß deren Schwingungsdauer übereinstimmt mit jener der kleinen ebenen Schwingungen eines Punktpendels von der Länge $l^* = \dfrac{l}{2}$.

6. Wenn bei dem Wasserpendel der Aufg. **5** ein anfänglicher Spiegelunterschied a vorhanden ist und bei der Strömung die einer laminaren Bewegung entsprechende Reibungshöhe berücksichtigt wird, sollen die Schwingungsdauer und das logarithmische Dekrement der dann entstehenden gedämpften Schwingung berechnet werden.

7. Wie groß ist die Schwingungsdauer einer reibungsfreien Flüssigkeit, die sich in dem zylindrischen Gefäß (Abb. 93) mit anschließendem U-förmigen Glasröhrchen befindet, für sehr kleine Schwingungsausschläge?

8. Die Flüssigkeitsspiegel F_1, F_2 der in Abb. 94 dargestellten prismatischen Behälter, die durch einen Kanal vom Querschnitt f verbunden sind, stehen im Augenblicke der Öffnung des Hahnes H ungleich hoch. Bis zu welcher Höhe wird sich F_1 erheben und mit welcher Geschwindigkeit geht F_1 durch die Gleichgewichtslage hindurch, wenn Widerstände unberücksichtigt bleiben?

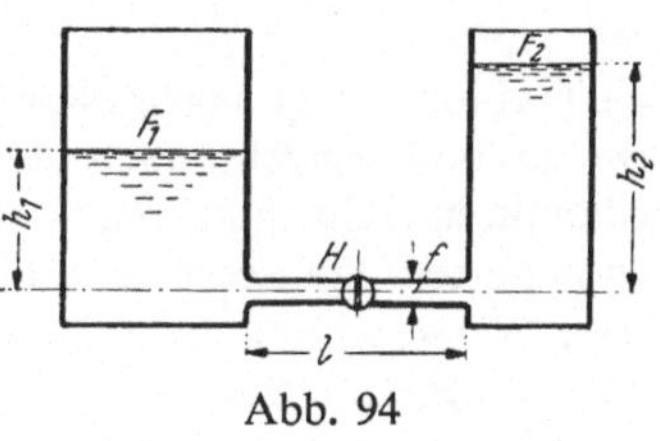

Abb. 94

Wie groß ist im Sonderfalle $F_1 = F_2$ die Schwingungsdauer und die Länge l^* des mathematischen Pendels gleicher Schwingungsdauer?

9. Wie groß ist die Schwingungsdauer des in Verbindung mit einem Dampfkessel angeordneten Wasserstandzeigers (Abb. 95) für sehr kleine Schwingungsausschläge und ohne Berücksichtigung von Widerständen?

10. Zwei Behälter mit gleichen Spiegelflächen F sind durch eine verhältnismäßig enge Rohrleitung von der Länge l und dem Querschnitt f verbunden.

Welche Bedingung muß bei Berücksichtigung der laminaren Rohrreibung erfüllt sein, damit der Ausgleich der Flüssigkeitsspiegel, die sich ursprünglich um z_0 unterscheiden, in einer Kriechbewegung erfolge? Für den dann asymptotischen Spiegelausgleich soll der Spiegelunterschied z zur Zeit t bestimmt werden.

11. Ein Tellerventil befindet sich in der Höhe x über seiner Sitzfläche im Schwebezustand (Abb. 96); der Druck der an seinem Umfang u ausströmenden Flüssigkeit ist im Gleichgewicht mit dem Federdruck, der von oben auf das Ventil ausgeübt wird. Durch irgend eine Störung wird x um z verkleinert und das Ventil gerät in Schwingungen um seine Gleichgewichtslage. Man stelle die Bewegungsgleichung des Ventils auf (G. Lindner, Z. V. D. I. 1908).

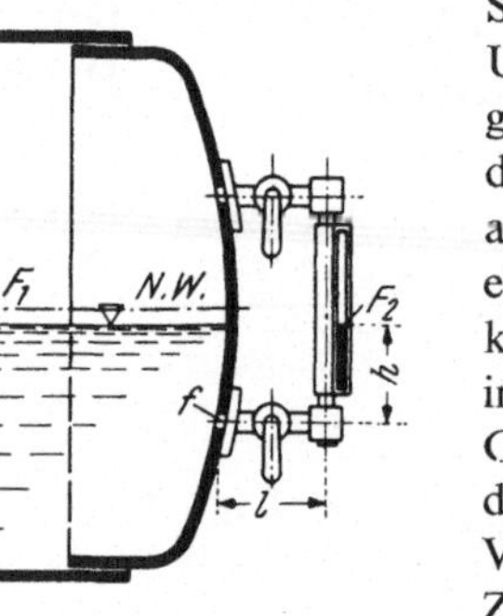

Abb. 95

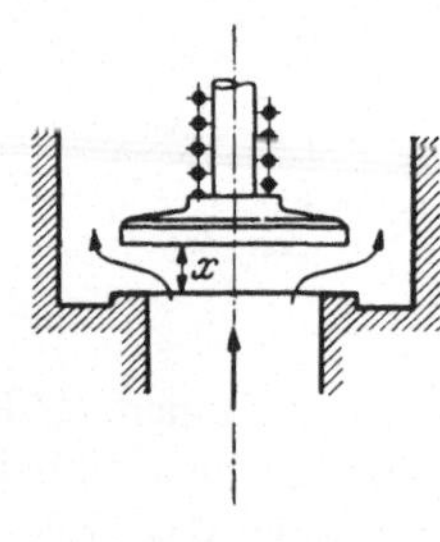

Abb. 96

12. Zwei Schleusenkammern von gleichem Querschnitt F sind durch einen Kanal vom Querschnitt f miteinander verbunden.

Die Spiegelgleiche habe die Entfernung h vom Boden. Wenn anfänglich ein größter Spiegelunterschied z_0 vorhanden ist, soll eine Beziehung zwischen z_0 und der folgenden größten Spiegeldifferenz z_1 mit Berücksichtigung der dem Quadrat der Geschwindigkeit proportionalen Widerstände entwickelt werden (F. Prášil, 1908).

13. Bei einem durch einen Stausee gespeisten Wasserkraftwerk wird zwischen dem Druckstollen (Länge l, Querschnitt f) und dem zu den Turbinen führenden Fallrohre ein Wasserschloß vom Querschnitt F eingebaut. Im Beharrungszustande liegt der Spiegel im Wasserschlosse um h tiefer als jener des Stausees (vgl. Aufg. III, 4). Bei plötzlicher vollständiger Absperrung des Zulaufes zu den Turbinen steigt das Wasser im Wasserschloß über seine neue Gleichgewichtslage an und erreicht nach Abklingen der unter dem Einflusse der Reibung gedämpften Schwingungen jene Höhenlage, die mit dem unveränderlich angenommenen Stauseespiegel übereinstimmt. Es soll die Differentialgleichung dieser Wasserschloßschwingungen bei alleiniger Berücksichtigung des Reibungswiderstandes im Stollen (proportional dem Quadrate der Geschwindigkeit) und mit der Annahme $l \gg H$ entwickelt werden.

Wie hoch steigt der Spiegel des Wasserschlosses über jenen des Stausees an? (F. Prášil, 1908, Ph. Forchheimer, 1912.)

14. Die in Abb. 97 dargestellte Rohrleitung veränderlichen Querschnittes ist am Ende durch einen Kolben von der Masse m und vom Querschnitt F_1 mit anschließender Feder c abgeschlossen. Die Leitung ist mit Flüssigkeit gefüllt, deren Spiegel F_2 im Zeitpunkte, wo während der Eigenschwingung des aus Feder, Kolben und Flüssigkeitssäule bestehenden Schwingungssystems die Feder spannungslos ist, um h_0 über der waagrechten Rohrachse liege.

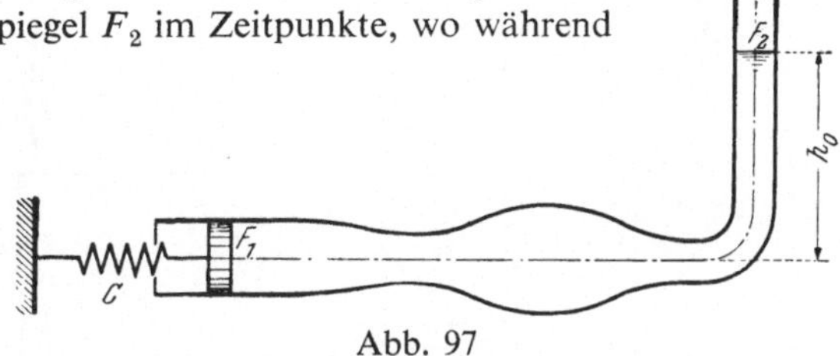

Abb. 97

1. Man entwickle ohne Rücksichtnahme auf die Reibung zwischen Kolben und Rohr bei Voraussetzung einer idealen Flüssigkeit die Differentialgleichung des Schwingungssystems.

2. Man untersuche den Einfluß der im vorliegenden Falle veränderlichen reduzierten Pendellänge auf die Eigenschwingung und bestimme deren Schwingungsdauer (H s i e n — C h i h   L i u, 1952).

XI. Anwendungen des Impuls- und Energiesatzes

1. Durch ein Rohr vom Kreisquerschnitt $R^2\pi$ fließt eine Flüssigkeit mit der mittleren Geschwindigkeit c. Man drücke die Bewegungsgröße und die kinetische Energie der sekundlichen Durchflußmenge Q durch die mittlere Geschwindigkeit aus, wenn die Verteilung der Geschwindigkeit nach dem $1/7$ Potenzgesetz angenommen wird.

2. Eine Wassermenge $Q = 0,08\ \text{m}^2/\text{s}$ ströme mit 60^0 Ablenkung durch einen Kniekrümmer, der den Durchmesser von 20 cm auf 15 cm verjüngt. Man gebe die Wirkung des strömenden Wassers nach Lage, Größe und Richtung an (Abb. 98).

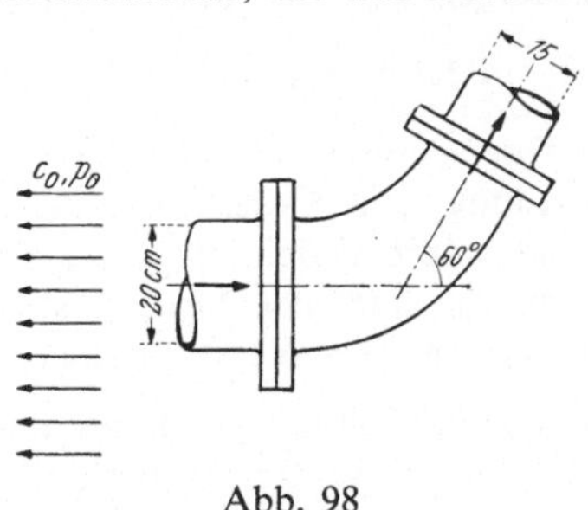

Abb. 98

3. Durch ein U - Rohr mit Kreisquerschnitt ströme die Wassermenge

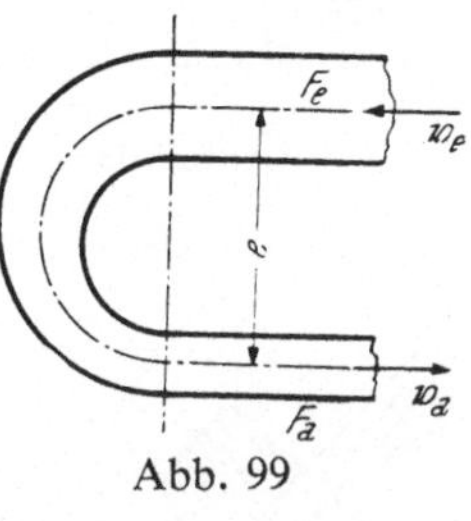

Abb. 99

$Q = 0,01\ \text{m}^3/\text{s}$ und es verjünge sich der Eintrittsquerschnitt $F_e = 50\ \text{cm}^2$ bei der Ausströmung auf $F_a = \dfrac{1}{5}\,F_e$.

Die Achsen der parallelen Rohrschenkel haben die Entfernung $e = 30$ cm (Abb. 99). Welche Gesamtwirkung übt das strömende Wasser auf die Rohrwandungen aus?

4. Ein Flüssigkeitsstrahl führt die sekundliche Menge q_0 und stößt unter dem Winkel von 60^0 gegen einen glatten waagrechten Boden. Man bestimme das Verhältnis q_2/q_1 der abfließenden Teilmengen (Abb. 100).

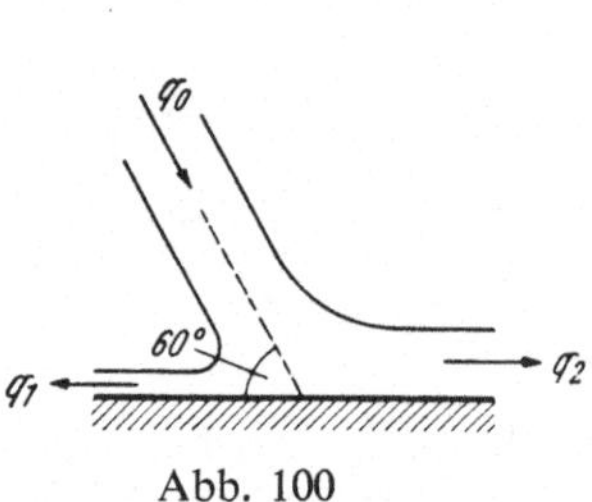

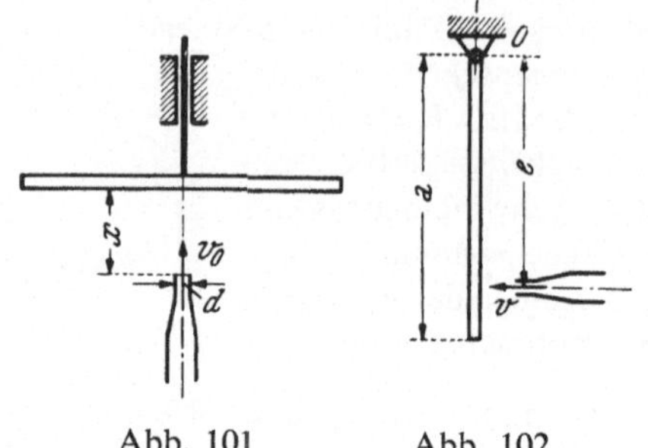

Abb. 100   Abb. 101   Abb. 102

5. Eine an einer lotrechten Führung reibungsfrei gleitende Scheibe vom Gewichte $G = 6$ kp wird von unten durch einen aus dem Mundstücke ($d = 5$ cm) eines Rohres mit der Geschwindigkeit $v_0 = 6$ m/s austretenden Strahl in Scheibenmitte getroffen (Abb. 101).

In welcher Höhe x über dem Mundstücke bleibt die Scheibe schwebend im Gleichgewichte, wenn vom Widerstand der Luft abgesehen wird?

6. Eine um die Oberkante O drehbar aufgehängte quadratische homogene Platte (Abb. 102) von $a = 80$ cm Seitenlänge und dem Gewichte $G = 45$ kp wird in der Entfernung $e = 65$ cm von O rechtwinkelig von einem Wasserstrahl getroffen, der aus einer festen Düse austritt.

Wenn der Wasserstrahl bei einer Geschwindigkeit $v = 12$ m/s die Menge $Q = 8,5$ l/s liefert, soll der Winkel berechnet werden, um den die Platte ausschlägt. Welche Größe und Richtung hat dann der Gelenkdruck in O?

7. An der Stelle A eines zylindrischen Rohres vom Querschnitte F betrage die Wassergeschwindigkeit in der oberen Querschnittshälfte c_1, in der unteren $\dfrac{c_1}{2}$ (Abb. 103).

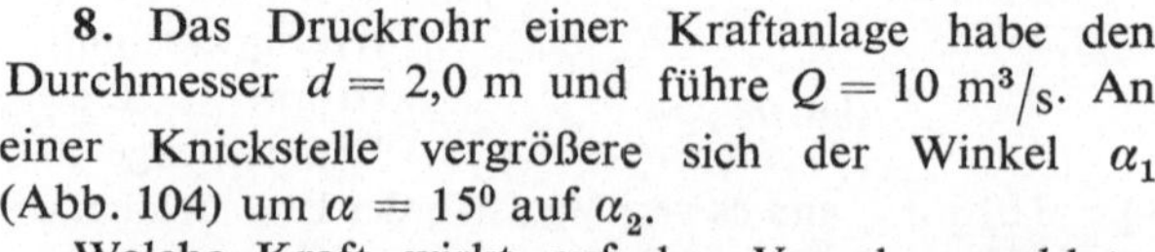

Abb. 103

Zwischen den Querschnitten A und B erfolgt durch Vermischung ein Geschwindigkeitsausgleich auf c_m, während der Druck p_A auf p_B ansteigt. Wie groß ist c_m und der Druckanstieg $p_B - p_A$ bei Vernachlässigung der Wandreibung?

8. Das Druckrohr einer Kraftanlage habe den Durchmesser $d = 2,0$ m und führe $Q = 10$ m³/s. An einer Knickstelle vergrößere sich der Winkel α_1 (Abb. 104) um $\alpha = 15^0$ auf α_2.

Welche Kraft wirkt auf den Verankerungsklotz, wenn $h = 30$ m die Druckhöhe an der Knickstelle ist?

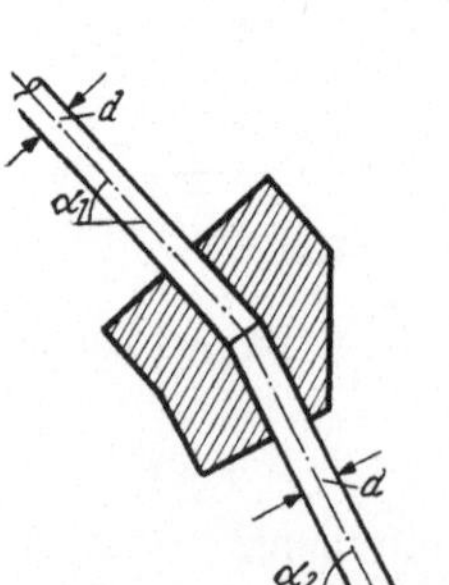

Abb. 104

9. Der Durchmesser d eines Rohres, in welchem Flüssigkeit mit der Geschwindigkeit v_1 strömt, erweitere sich plötzlich auf D. Bei welchem Verhältnisse

$\dfrac{D}{d}$ wird der Druckanstieg hinter der Erweiterung am größten und wie groß ist dieser bei stationärer Strömung und Vernachlässigung der Wandreibung?
Wie groß ist die Mischverlusthöhe?

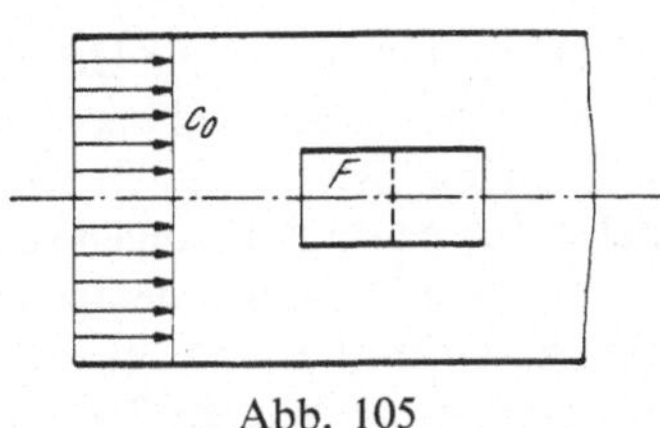

Abb. 105

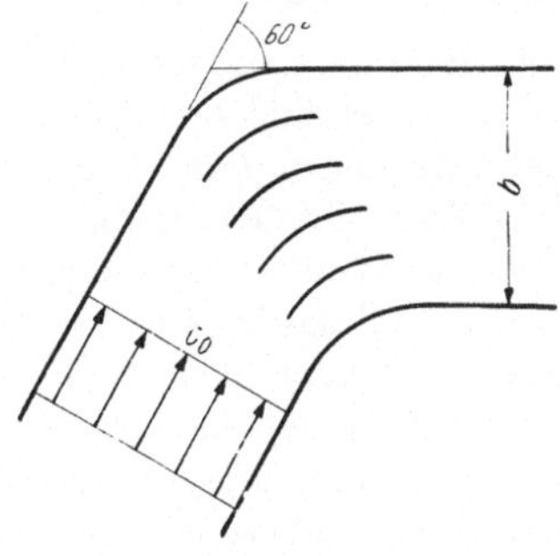

Abb. 106

10. Durch ein weites Rohr, in das ein koaxiales kurzes Rohr vom Querschnitte F eingebaut ist (Abb. 105), strömt Wasser mit der Geschwindigkeit c_0. Ein im Rohr F befindliches Widerstandsgitter mit dem Druckverlustbeiwert ζ bewirkt einen Anstau des Wassers vor dem Rohre und eine Verminderung der Eintrittsgeschwindigkeit auf $c < c_0$.

Man ermittle c und die auf das Rohr einschließlich Gitter von der Strömung ausgeübte Kraft, wenn der Druck in der freien Strömung p_0 [at] beträgt.

11. In einen um 60^0 umgelenkten Kanal von rechteckigem Querschnitte $b \cdot h$ sind 4 voneinander gleichweit entfernte Umlenkschaufeln eingebaut (Abb. 106). Es ist die auf eine Schaufel wirkende Kraft nach Größe und Richtung zu bestimmen, wenn c_0 die Einströmungsgeschwindigkeit ist und von Reibungsverlusten abgesehen wird.

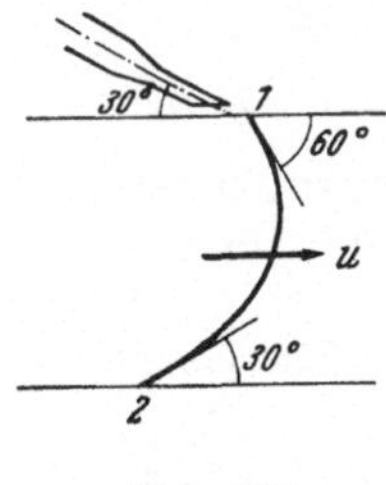

Abb. 107

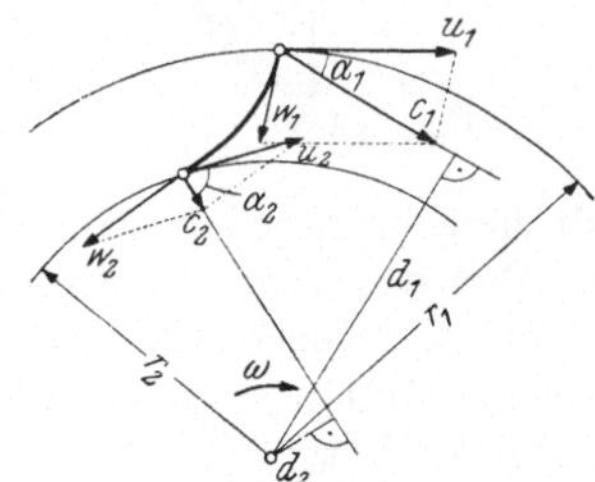

Abb. 108

12. Ein Wasserstrahl, der $Q = 30\ \mathrm{l/s}$ führt, strömt unter 30^0 gegen eine mit der Geschwindigkeit $u = 10\ \mathrm{m/s}$ bewegte Schaufel (Abb. 107), ohne durch Reibung an seiner Geschwindigkeit entlang der Schaufel zu verlieren.

Man zeichne die Geschwindigkeitsdreiecke für den Eintritt und Austritt des Strahles. Welche Leistung gibt das Wasser an die Schaufel ab?

13. Die durch den Schaufelkanal des Laufrades einer Turbine strömende Wassermenge $Q = 60\ \mathrm{l/s}$ habe die absolute Eintrittsgeschwindigkeit $c_1 = 22\,\mathrm{m/s}$, welche unter $\alpha_1 = 30^0$ gegen die Umfangstangente geneigt ist (Abb. 108), für den

Austritt sind die Werte $c_2 = 4{,}5$ m/s und $\alpha_2 = 85^0$ gegeben. Wenn $r_1 = 75$ cm, $r_2 = 60$ cm, soll das auf die rotierende Schaufel ausgeübte Drehmoment bestimmt werden.

Wie groß ist dessen Leistung bei einer Tourenzahl $n = 240/\min$?

14. Beim S e g n e r schen Wasserrad rotiert ein zylindrisches, bis zur Höhe h mit Wasser gefülltes Gefäß um seine lotrechte Achse unter Überwindung eines entgegenstehenden (von Lagerreibung usf. herrührenden) Momentes M. Am unteren Rand des Gefäßes befinden sich im Mantel kleine Ausflußöffnungen vom Gesamtquerschnitt F, an die kurze horizontale gekrümmte Röhrchen derart anschließen, daß das Wasser aus ihnen nur tangential zu einem Kreise vom Halbmesser a mit dem Mittelpunkt in der Achse austreten kann. Wie groß ist die Winkelgeschwindigkeit ω der stationären Bewegung, wenn der Wasserstand h im Gefäße durch langsames vertikales Nachfließen aus einem darüberstehenden Behälter unverändert erhalten wird und von aller inneren Reibung abgesehen wird?

In welchen Grenzen muß h liegen, damit die Drehbewegung zustande kommt?

15. Bei einem Peltonrade seien gegeben: Die absolute Geschwindigkeit c_1 des aus einer Düse austretenden Strahles, der die Menge Q m³/s führt und das Element des Rades trifft, das eine Umfangsgeschwindigkeit u besitzt (Abb. 109).

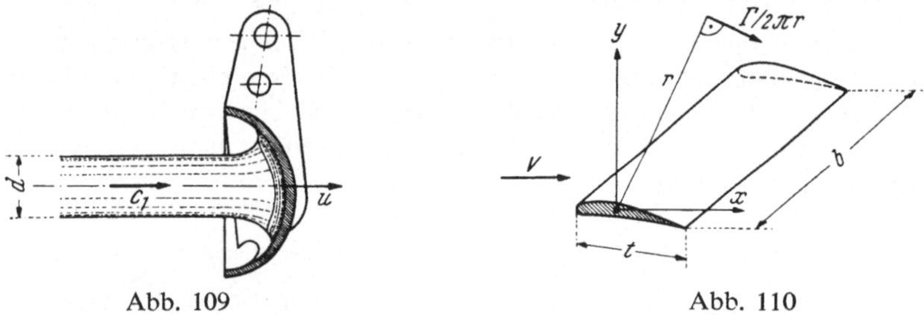

Abb. 109   Abb. 110

Durch die gekrümmte Becherform wird der Eintrittsstrahl um den Winkel φ abgelenkt. Welche Energie wird vom Strahl auf das Rad je Sekunde bei reibungsfreier Strömung abgegeben?

Bei welcher Umfangsgeschwindigkeit u erreicht diese Energie ihren Größtwert und wie groß ist dieser?

Bei Berücksichtigung der Reibung an der Becherwand sei die relative Austrittsgeschwindigkeit w_2 gleich $\varkappa w_1$, wo w_1 die relative Eintrittsgeschwindigkeit und $\varkappa < 1$; auf welchen Wert sinkt dann der maximale Wirkungsgrad?

16. Ein unter der Druckhöhe $H = 50$ m austretender Düsenstrahl entwickle am Peltonrade bei einer Drehzahl $270/\min$ eine Nutzleistung von 200 PS. Man berechne die sekundliche Wassermenge Q, den Durchmesser D des Rades und jenen des Düsenstrahles, der verlustfrei um 160^0 abgelenkt wird.

17. Ein ruhender, im Vergleiche zu seiner Tiefe t sehr breiter Tragflügel (Abb. 110) befinde sich in einer reibungs- und wirbelfreien stationären Strömung, deren Geschwindigkeitsfeld in großer Entfernung r vom Flügel sich zusammensetze aus der konstanten Anströmungsgeschwindigkeit V und der einer Zirkulation Γ entsprechenden Zusatzgeschwindigkeit $\dfrac{\Gamma}{2\pi r}$.

Man ermittle mit Hilfe des Impulssatzes den Flügelauftrieb A für die Breiteneinheit des Flügels.

18. In einer Parallelströmung mit der Geschwindigkeit v_0 und dem Drucke p_0 befinde sich eine Luftschraube mit großer Anzahl von Flügelblättern, so daß die Schraube ihrer Wirkung nach zu einer kreisförmigen Scheibe wird, deren Ebene senkrecht steht auf v_0. Wenn die Geschwindigkeit im endgültigen Schraubenstrom $v_0 + \Delta v$ beträgt, soll jene des Durchganges durch die Scheibe sowie der dort auftretende Drucksprung berechnet werden. Die ganze Strömung mit Ausnahme des Durchganges durch die Scheibe sei wirbelfrei und die Rotation des Schraubenstrahles infolge des Drehmomentes der Schraube werde vernachlässigt. Man beweise, daß der ideale Wirkungsgrad η der Luftschraube durch

$$\eta = \frac{1}{1 + \dfrac{\Delta v}{2 v_0}}$$ bestimmt ist.

19. Wenn in eine Luftschraube vom Durchmesser D eine Leistung N (PS) hineingesteckt wird, soll die Gleichung zur Berechnung des idealen Wirkungsgrades bei gegebenen Werten v_0, D, N entwickelt und graphisch dargestellt werden.

20. Zwischen zwei horizontalen Kreisscheiben mit der geringen Entfernung e fließe nach allen Seiten Wasser gleichförmig ab, das durch ein in der Mitte der unteren Scheibe angesetztes lotrechtes Rohr vom Halbmesser r mit der Geschwindigkeit v_0 zugeführt wird (Abb. 111). Wie groß ist der Wasserdruck im Rohr, wenn der Abfluß am Rande der Scheiben unter Atmosphärendruck p_a erfolgt. Man ermittle die Druckverteilung der Radialströmung zwischen den Scheiben und berechne den Gesamtdruck für die obere Scheibe.

Zahlenangaben: $R = 14$ cm, $r = 5$ cm, $e = 1$ cm, $v_0 = 5$ m/s.

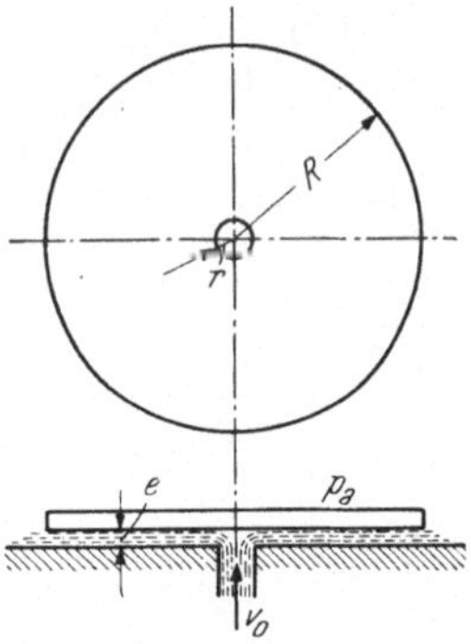

Abb. 111

21. Die Prandtlsche Tragflügeltheorie lehrt, daß mit dem Flügelauftrieb auch bei verschwindend kleiner Reibung der Luft ein sogenannter „induzierter Widerstand" W_i verknüpft ist, der davon herrührt, daß durch den Flügel eine Abwärtsbewegung der Luft hinter dem Flügel zurückbleibt.

Wenn ohne Eingehen in die genauere Theorie vereinfachend die Annahme zugelassen wird, daß sich diese Abwärtsbewegung auf ein Gebiet erstreckt, das quer zur Flugrichtung den Querschnitt F' hat und sich vom Hinterende des Flügels über die ganze Flugbahn erstreckt, während außerhalb dieses Gebietes die Luft in Ruhe sei, soll W_i in Abhängigkeit vom Auftriebe A und Staudrucke

$$q = \frac{\varrho\, v^2}{2}$$ ermittelt werden (L. Prandtl).

XII. Elemente der mathematischen Strömungslehre

1. Man berechne die komplexe Strömungsfunktion $w\,(z)$ der unter dem Winkel α gegen die X-Achse geneigten Parallelströmung mit der Geschwindigkeit v (Abb. 112).

2. Durch ein Loch im ebenen Boden eines sehr großen Gefäßes tritt Flüssigkeit mit der Ergiebigkeit $E\,[\mathrm{m^3/s}]$ ein, die gleichmäßig nach allen Richtungen radial nach außen abfließt.

Man zeige, daß für den stationären Zustand die Strömung wirbelfrei ist und ermittle die komplexe Strömungsfunktion sowie die Form der Linien gleichen Geschwindigkeitspotentials dieser Quellströmung.

3. Zwei Quellen mit verschiedenen Ergiebigkeiten E und $3\,E$ liegen im Abstande a voneinander auf der X-Achse.

Man berechne die Nullstromlinie, welche die aus den Quellen strömenden Flüssigkeitsmassen voneinander trennt und zeichne das Stromlinienbild.

4. In einer ebenen Strömung befinde sich senkrecht zur Strömungsebene eine linienförmige Senke mit dem Abflusse — $E\,[\mathrm{m^2/s}]$ in der Nähe einer unbegrenzten ebenen Wand W (Abb. 113).

Man ermittle die Stromlinien durch Rechnung und Konstruktion und berechne den Verlauf der Drücke p längs der Wand. In sehr großer Entfernung von W sei $p = p_0$.

5. Eine Schütztafel, hinter der das Wasser bis zur Höhe r_0 angestaut ist, werde um das Maß r_a angehoben, wobei die Spalthöhe r_a klein sei gegenüber r_0 (Abb. 114).

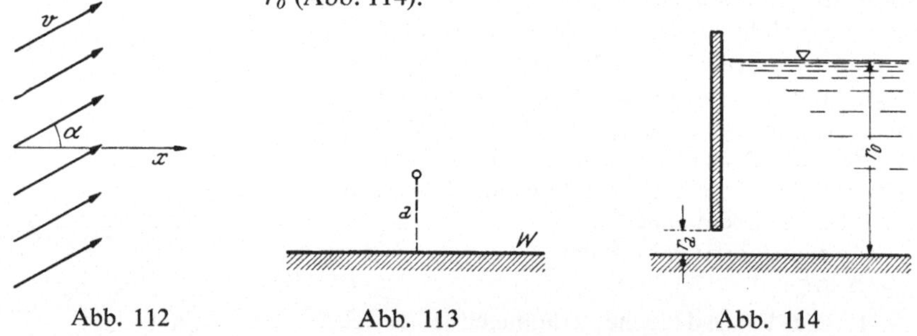

Abb. 112   Abb. 113   Abb. 114

Wenn die Strömung durch den kleinen Spalt genähert als Senkenströmung betrachtet wird, soll die auf die Schütztafel wirkende gesamte Druckkraft und ihr Verhältnis zur statischen Druckkraft berechnet werden (W. K a u f m a n n, Hydromechanik, Bd. 1, S. 136).

Zahlenangaben: $r_0 = 5$ m, $r_a = 0{,}25$ m; Breite der Tafel gleich 1 m.

6. Man ermittle das Stromlinienbild einer zur X-Achse parallelen Strömung mit der konstanten Geschwindigkeit — c_0, in der eine Quelle mit der Ergiebigkeit $E\,[\mathrm{m^2/s}]$ im Koordinatenursprung vorhanden ist. Es soll die Gleichung der Nullstromlinie bestimmt und gezeigt werden, daß die Strömung der Quelle vollständig innerhalb der Nullstromlinie liegt.

Welches ist der Ort aller Punkte, deren Geschwindigkeitskomponenten in der Y-Richtung den konstanten Wert k haben?

7. In einem Parallelstrom mit der Geschwindigkeit $- c_0$ befinden sich auf der X-Achse symmetrisch zum Ursprung O eine Quelle und Senke gleicher Menge E (Abb. 115).

Man beweise, daß hiedurch die Umströmung einer ovalen geschlossenen Kurve dargestellt wird, deren Halbachsen a, b in Abhängigkeit von dem Parameter $\dfrac{c_0\, s}{E}$ zu bestimmen sind.

Wie groß ist die Geschwindigkeit der resultierenden Strömung an den Endpunkten der Achse $2\,b$?

8. Wenn in Aufg. 7 die Entfernung $2\,s$ der Quelle und Senke auf Null abnimmt, während das Produkt aus Quellstärke und Abstand $2\,s$ einen konstanten endlichen Wert m behält, ergibt sich die Parallelströmung um einen Kreiszylinder mit dem Halbmesser $a = \sqrt{\dfrac{m}{2\,\pi\,c_0}}$.

Dies ist zu beweisen und die Verteilung der Geschwindigkeiten entlang des Kreisumfanges zu berechnen.

Welche resultierende Gesamtkraft wird auf den Zylinder ausgeübt?

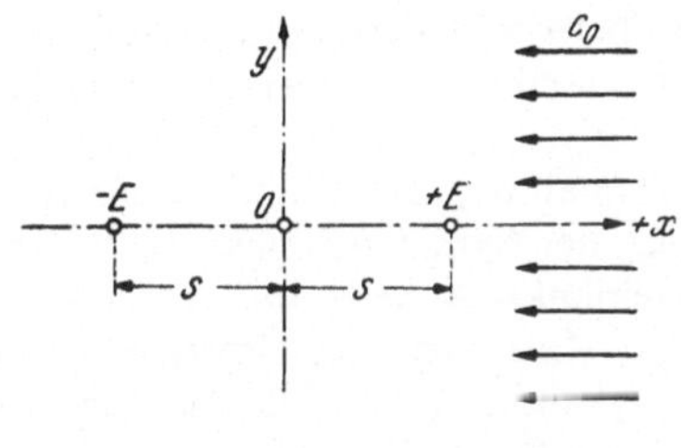

Abb. 115

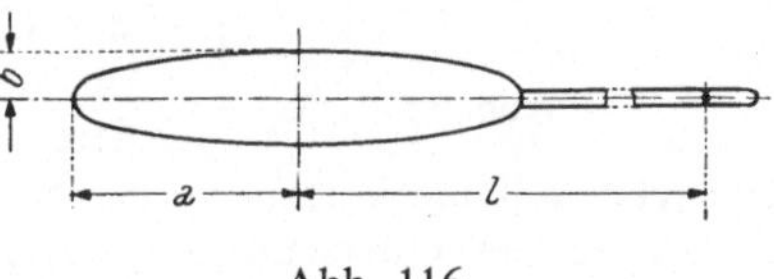

Abb. 116

9. In der Mitte einer langen ovalen Strebe (Abb. 116) mit den Halbachsen $a = 3$ cm, $b = a/5$ ist der Kopf eines Prandtlschen Staurohres befestigt; die statischen Anbohrungen des Staurohres sind von der Strebenmitte um $l = 7$ cm entfernt.

In der ungestörten Parallelströmung mit der Geschwindigkeit c_0 herrscht der Druck p_0, so daß an der vorderen Bohrung des Staurohres ein Gesamtdruck $p_{ges} = p_0 + \dfrac{\varrho}{2}\, c_0{}^2$ angezeigt wird.

Welcher Druck p wird dann an den statischen Bohrungen angezeigt? Man beweise, daß $c_0 \doteq 1{,}0308 \sqrt{\dfrac{2}{\varrho}\, (p_{ges} - p)}$ ist.

10. Eine homogene Flüssigkeit mit veränderlicher Dichte ϱ ströme so, daß der Geschwindigkeitsvektor jedes Teilchens proportional sei seinem Ortsvektor bezüglich des Koordinatenursprunges.

Nach welchem Gesetze muß sich dann die Dichte mit der Zeit ändern?

11. Bei der ebenen Bewegung einer reibungsfreien Flüssigkeit, auf die nur Potentialkräfte wirken, bleibt der Wirbelvektor jedes Teilchens konstant. Man beweise dies mit Benutzung der Helmholtzschen Sätze.

12. Eine Flüssigkeit bewege sich wie ein starres ebenes System in seiner Ebene. Man beweise, daß $div\ v = 0$ und daß der Wirbelvektor gleich ist dem Vektor der Winkelgeschwindigkeit, mit der sich das ebene System um den Drehpol dreht.

13. Bei der stationären Bewegung einer idealen unzusammendrückbaren Flüssigkeit ist die Strömungsenergie

$$E = \frac{\varrho\,c^2}{2} + p + U,$$

wo U das Potential der äußeren Kräfte, auf jeder Stromlinie konstant. Man beweise, daß die Strömungsenergie dann und nur dann im ganzen Flüssigkeitsgebiete denselben Wert hat, wenn die Bewegung entweder wirbelfrei erfolgt oder der Wirbel stets die Richtung der Geschwindigkeit hat.

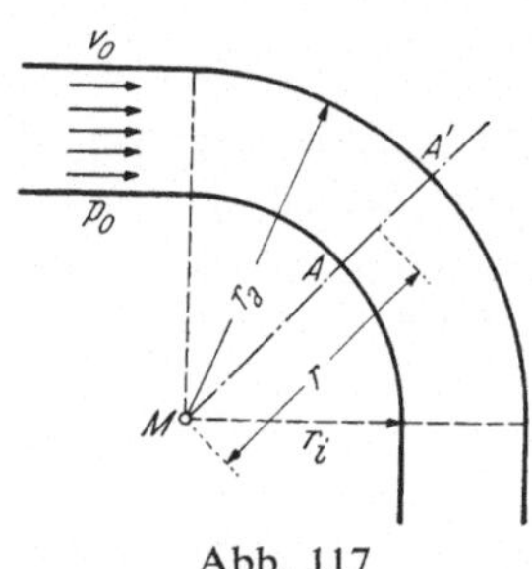

Abb. 117

14. In einen durch koaxiale Kreiszylinderwände begrenzten Krümmer (Abb. 117) vom Innenhalbmesser r_i, Außenhalbmesser r_a und rechteckigem Querschnitte ströme Wasser mit gleichförmig über den Querschnitt verteilter Geschwindigkeit v_0 reibungsfrei bei einem Drucke p_0 ein.

Mit der Annahme, daß die Stromlinien in der Umgebung der Symmetrieachse AA' Kreise mit dem Mittelpunkte M seien und daß dort die Strömung den Gesetzen des Potentialwirbels gehorche, soll die Verteilung der Geschwindigkeit v und des Druckes p längs der Breite des Querschnitts berechnet werden (H. Winter).

15. Wie erhält man aus der Kontinuitätsgleichung einer unzusammendrückbaren Flüssigkeit in kartesischen Koordinaten jene in Zylinderkoordinaten unmittelbar?

Welche Form nimmt sie an, wenn die Strömung wirbelfrei ist?

16. Eine Flüssigkeit ströme durch einen Rotationshohlraum mit der Z als Achse derart, daß die Flüssigkeitsteilchen aus ihren Meridianebenen nicht heraustreten. Mit den Zylinderkoordinaten r, z und der Konstanten a stelle $\Phi = a\,z\,\ln r/r_0$ das Geschwindigkeitspotential dar.

Erfüllt diese Funktion die Kontinuitätsgleichung?

Man bestimme die Geschwindigkeit an einer beliebigen Stelle und die Gleichung der Stromlinien.

17. Für die wirbelfreie Strömung einer unzusammendrückbaren Flüssigkeit durch einen Rotationsraum sollen für den Fall, daß die Flüssigkeitsteilchen sich nur in Meridianebenen bewegen, die Differentialgleichungen für das Potential Φ und für die Stromfunktion Ψ entwickelt werden.

Man untersuche, ob $\Phi\,(r,\,z) = a\,(2\,z^2 - r^2)$ eine mögliche Lösung darstellt und bestimme die Stromlinien sowie die Geschwindigkeit an einer beliebigen Stelle.

18. Welcher Beziehung müssen die Konstanten a, b, c genügen, damit $\Phi = \dfrac{1}{2}(a\,x^2 + b\,y^2 + c\,z^2)$ als Potentialfunktion einer räumlichen Potentialströmung betrachtet werden kann?

Man berechne die Geschwindigkeit und den Strömungsdruck für den Fall, daß $b = a$; wie sehen die Potentialflächen aus?

19. Die Wirbelquellströmung besitzt das komplexe Strömungspotential $w(z) = a\,(1 + i)\ln z$.

Man bestimme die Strom- und Niveaulinien dieser Strömung und beweise, daß a die Geschwindigkeit der Strömung für $|z| = \sqrt{2}$ angibt.

20. Das komplexe Strömungspotential $w(z)$ einer ebenen Potentialströmung genüge der Gleichung

$$z = x + i\,y = a\,(e^{cw} + e^{-cw}),$$

wo a und c reelle konstante Werte sind.

Man bestimme die Strom- und Niveaulinien dieser Strömung sowie die Geschwindigkeiten an den Stellen $z = \pm\,a$.

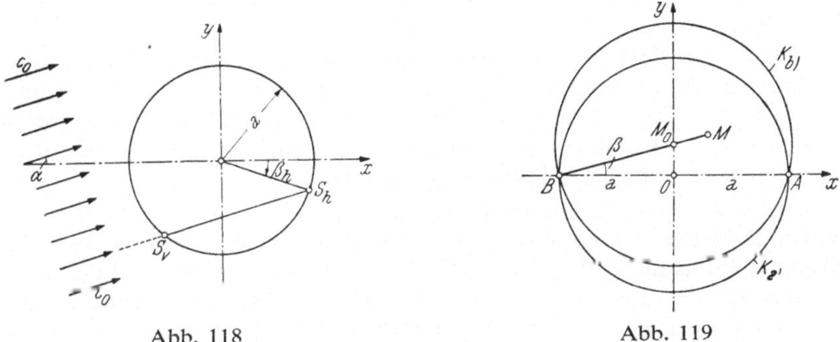

Abb. 118 Abb. 119

21. Gegeben ist die allgemeine komplexe Strömungsfunktion für die Strömung um einen Kreis vom Halbmesser a (Abb. 118):

$$w(z) = c_0\left[z\,e^{-i\alpha} + \frac{a^2}{z}\,e^{+i\alpha}\right] + \frac{\Gamma\,i}{2\,\pi}\ln z.$$

Bei welchem Werte der Zirkulationskonstanten Γ liegt der hintere Staupunkt S_h dieser Strömung an der durch den Winkel β_h festgelegten Stelle? Der vordere Staupunkt S_v liegt dann im Schnitte des Kreises mit dem durch S_h gezogenen Parallelstrahl zur Richtung c_0. Man beweise dies.

22. Auf einen Kreis K in der komplexen z-Ebene werde die konforme Abbildung $\zeta = z + \dfrac{a^2}{z}$ angewendet.

In welche Kurven wird hiebei der Kreis übergeführt, wenn sein Mittelpunkt (Abb. 119):
a) im Ursprung $z = 0$ liegt und sein Halbmesser gleich a ist;
b) auf der Y-Achse in M_0 liegt und der Kreis durch die beiden Punkte A, B geht;

c) auf der X-Achse liegt und sein Halbmesser $a_1 = a\,(1 + \varepsilon)$, wo $\varepsilon \ll 1$; der Kreis geht durch den Punkt B.

d) auf der Geraden BM_0 in M liegt, wobei $\overline{BM} = a_2$ ist und der Punkt B auf dem Kreise liegt.

XIII. Grundwasserströmung

1. Aus einem runden Schachtbrunnen mit durchlässiger Wandung und dem Halbmesser r_0, der bis zur undurchlässigen waagrechten Schichte eines aus-

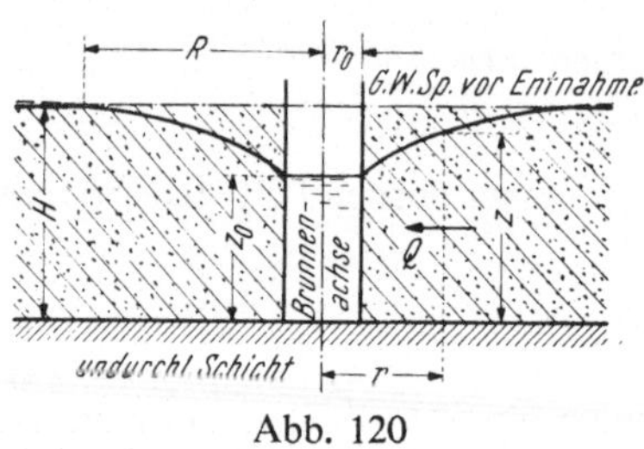

Abb. 120

gedehnten Grundwasserträgers von der Mächtigkeit H abgeteuft ist (Abb. 120), werde sekundlich eine Wassermenge Q entnommen; die Wasserspiegelhöhe im Brunnen sei dann z_0. Es soll die Gleichung des Meridianschnittes durch die Fläche des Grundwasserspiegels [Absenkungskurve $z = z\,(r)$] unter der Voraussetzung geringen Spiegelgefälles und konstanter waagrechter Komponente der Filtergeschwindigkeit in den Punkten einer Lotrechten ermittelt werden (J. Dupuit).

2. Wenn bei dem Brunnen der vorigen Aufgabe in der Entfernung r_1 von der Brunnenachse ein vertikales Bohrloch niedergebracht und hiebei gefunden wird, daß in ihm das Grundwasser um h höher stehe als im Brunnen, dessen Wasserstand z_0 bekannt sei, so soll berechnet werden, welche Wassermenge Q in der Sekunde dem Brunnen entnommen wird?

3. An zwei von der Brunnenachse um r_1 bzw. r_2 entfernten Bohrlöchern werden die Senkungen s_1 und s_2 des Grundwasserspiegels gemessen. Es soll bei bekannter Entnahmemenge Q und Durchlässigkeit des Bodens die Lage der undurchlässigen Schicht und des Wasserspiegels im Brunnen ermittelt werden (G. Thiem).

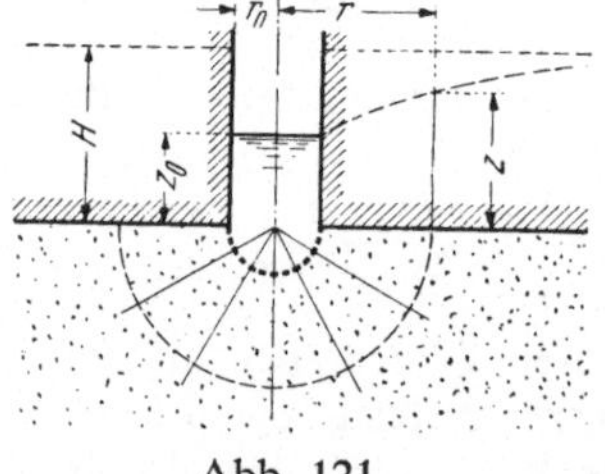

Abb. 121

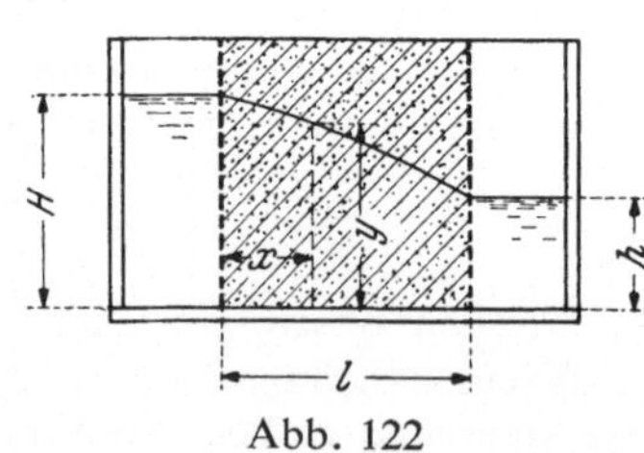

Abb. 122

4. Einem ausgedehnten Grundwasserträger, der oben von einer waagrechten undurchlässigen Deckschicht begrenzt ist, wird durch einen Schachtbrunnen die Wassermenge Q in der Sekunde entnommen. Wenn die Brunnensohle halbkugelförmig ausgebildet ist und außer der dem Ruhezustand des Grundwassers entsprechenden Standrohrspiegelhöhe H auch der Wasserstand z_0 im Brunnen bekannt ist (Abb. 121), soll die Bodendurchlässigkeit k berechnet werden.

5. Eine Bodenprobe sei zwischen zwei lotrechte um l voneinander entfernte Metallgewebe (Abb. 122) eingefüllt, und es werde während der Zeit t ein Durchfluß Q gemessen bei den Wasserspiegelhöhen H und h am Einlaufe und am Auslaufe; die Trogbreite betrage b. Man bestimme die Form der Spiegelkurve und die Bodendurchlässigkeit k (J. D u p u i t).

6. Über einer waagrechten undurchlässigen Schichte ströme das Grundwasser mit veränderlicher Höhe $z = z\,(x, y)$. Man beweise durch Ableitung der Kontinuitätsgleichung der Grundwasserströmung, daß für Beharrungszustand und bei Voraussetzung des D a r c y-Gesetzes die Differentialgleichung gilt:

$$\frac{\partial^2 (z^2)}{\partial x^2} + \frac{\partial^2 (z^2)}{\partial y^2} = 0$$

(Ph. F o r c h h e i m e r, 1886).

7. Beweise, daß vorstehende partielle Differentialgleichung durch die in Aufg. 1 erhaltene Lösung für den Grundwasserspiegel befriedigt wird.

8. Ist h die Höhe des Standrohrspiegels über einer waagrechten Vergleichsebene $x\,y$, so ist sie bei allgemeiner räumlicher Filterströmung von Punkt zu Punkt verschieden, also $h = h\,(x, y, z)$. Man zeige, daß dann h bei konstanter Bodendurchlässigkeit der L a p l a c e schen Differentialgleichung $\nabla^2 h = 0$ genügen muß (Ph. F o r c h h e i m e r).

9. Für die Strömung in lotrechten parallelen Ebenen mit x als waagrechten und y als lotrechten Koordinaten eines Punktes gilt nach Aufg. **8**:

$$\frac{\partial^2 h}{\partial x^2} + \frac{\partial^2 h}{\partial y^2} = 0.$$

Es soll auf Grund der hienach bestehenden formalen Analogie der ebenen Potentialströmung und der Grundwasserströmung nachgewiesen werden, daß durch die komplexe Abbildungsfunktion $w\,(z) = \sqrt{z}$, wo $z = x + i\,y$, die ebene Strömung in einer durchlässigen Sandschicht beschrieben wird, die auf einer undurchlässigen waagrechten Sohle ruht. Die Tiefen y_1, y_2 des Grundwasserstromes in den beiden durch A und B im Abstande l gelegten lotrechten Schnitten (Abb. 123) sind durch unmittelbare Messung bekannt.

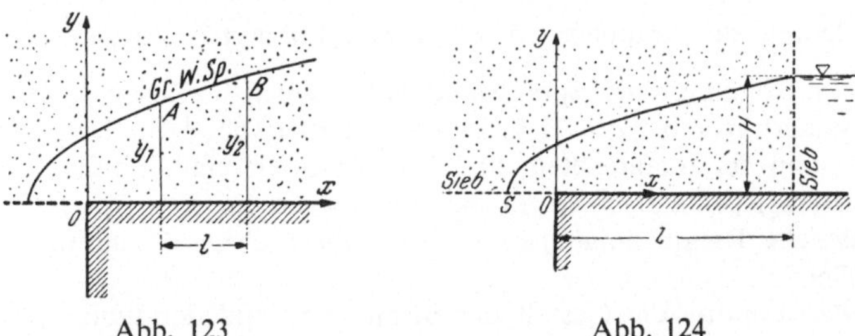

Abb. 123   Abb. 124

Es sind Strömungsbild und Durchfluß in diesem Bereiche zu ermitteln (J. K o z e n y, 1931, R. D a c h l e r, 1936).

10. Eine auf waagrechter undurchlässiger Sohle ruhende Sandschicht (Abb. 124) sei durch eine lotrechte Siebwand begrenzt, durch die Wasser bei einer Spiegelhöhe H über der Sohle einsickere.

In der Entfernung l vom lotrechten Siebe befindet sich in der Sohle ein waagrechtes Sieb.

1. In welchem Verhältnisse stehen die Sickerwassermengen q, wenn bei festem Werte $H = 2$ m die Länge l die Werte 10 m, 20 m, 30 m erhält?

2. Wie verhalten sich bei diesen drei Annahmen für H/l die Entfernungen $\overline{OS}$ zueinander? (J. K o z e n y, 1931.)

11. Die Strömung des Grundwassers in einer durchlässigen Sandschicht, die auf einer nach einer Parabel mit waagrechter Achse geformten undurchlässigen Sohle ruht (Abb. 125), kann durch die Abbildungsfunktion

$$2z = \frac{w^2}{2\,k\,q} + i\,\frac{w}{k}$$

dargestellt werden, worin q die Sickerwassermenge in der Zeiteinheit, k die Bodendurchlässigkeit und $i = \sqrt{-1}$ ist.

1. Man ermittle die Gleichungen des freien Grundwasserspiegels und der Sohle.

2. Wie groß ist die Standrohrspiegelhöhe in den Punkten der durch den Punkt A gelegten Niveaulinie?

3. Man gebe die Größe und Richtung der Geschwindigkeit im Grundwasserspiegel an den Stellen A und S an (J. K o z e n y, 1931).

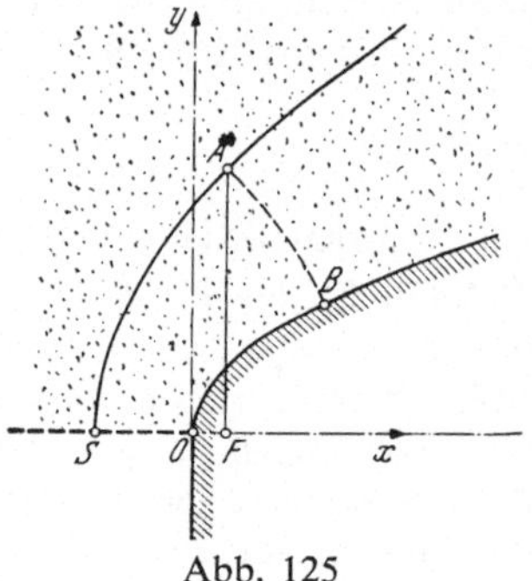

Abb. 125

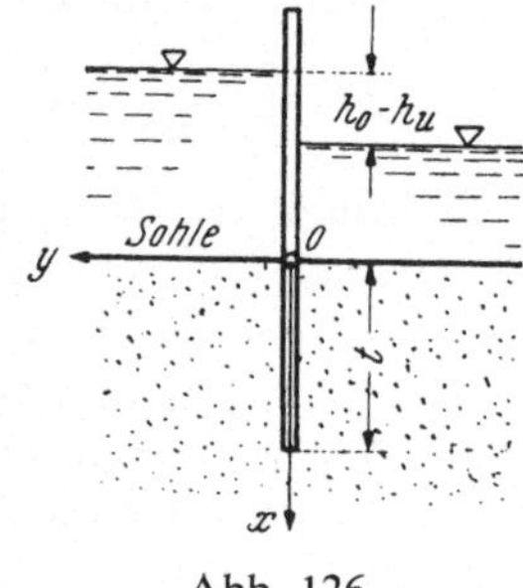

Abb. 126

12. Durch die komplexe Abbildungsfunktion $w = \mathrm{arc}\,\cos\dfrac{z}{t}$ wird die ebene Umströmung einer Spundwand beschrieben, die in einen ausgedehnten Grundwasserträger bis zur Tiefe t gerammt ist (Abb. 126). Das Grundwasser sei oben von der waagrechten durchlässigen Sohle eines Flußlaufes begrenzt, der Wasserspiegelunterschied an der Spundwand sei $h_0 - h_u$.

1. Welche Randbedingungen sind für diese ebene Grundwasserströmung zu erfüllen?

2. Man ermittle die Gestalt der Stromlinien und der Linien gleichen Geschwindigkeitspotentials.

3. Es ist der Verlauf der Eintrittsgeschwindigkeit längs der Flußsohle und längs der Spundwand zu bestimmen.

4. Bei welchem Werte $\dfrac{h_0 - h_u}{t}$ besteht Grundbruchgefahr, wenn angenommen wird, daß sie bei einem kritischen Gefälle $J_k = 1$ vorhanden ist? (R. D a c h l e r, 1936.)

XIV. Modellregeln

1. Auf welche Modellregeln hat man bei der Durchführung hydromechanischer Versuche zu achten?

2. Es soll der Widerstand eines bei einem Flugzeuge verwendeten Profildrahtes von 10 mm Durchmesser bei einer Geschwindigkeit von 150 km/h bestimmt werden.

Welcher Drahtdurchmesser ist beim Modellversuch in einem Wasserkanal bei einer Strömungsgeschwindigkeit von 20 cm/s zu wählen, wenn die kinematische Zähigkeit der Luft 14 mal größer als jene des Wassers ist?

3. Der Widerstand eines Schiffes, dessen geometrisch ähnliches Modell in der Verjüngung $1/_{30}$ hergestellt ist, soll durch einen Schleppversuch bestimmt werden. Mit welcher Geschwindigkeit muß sich das Modell im Versuchsgerinne bewegen, wenn für die Großausführung eine Höchstgeschwindigkeit von 37 km/h erwartet wird?

Wenn sich beim Versuche ein Schiffswiderstand W_m von 0,15 kp ergibt, wie groß ist dann jener für die Großausführung?

4. Der Widerstand einer getauchten Seemine in einer Strömung von 6 km/h soll in einem Windkanal an einem im Maßstabe 1:3 hergestellten Modell ermittelt werden. Welche Windgeschwindigkeit ist zu wählen, wenn für Seewasser $v = 0{,}13 \cdot 10^{-5}$ m²/s und für Luft $v_m = 0{,}14 \cdot 10^{-4}$ m²/s ist? Wie groß ist der Widerstand der Seemine, wenn jener des Modells 1,4 kp und wenn

$$\frac{\varrho}{\varrho_m} = 796 \text{ ist?}$$

5. Die durch Einbau mehrerer Brückenpfeiler in einem Flusse verursachte Wellenbildung soll durch einen Modellversuch bestimmt werden. Welche Geschwindigkeit ist im Versuchsgerinne zu wählen, wenn die Geschwindigkeit des Flusses 3 m/s und die Modellverjüngung $1/_{25}$ beträgt? Die zwischen zwei Pfeilern strömende Menge sei im Versuche mit 0,17 m³/s gemessen worden; wie groß ist die entsprechende Durchflußmenge in der Großausführung?

6. Ein Caisson von rechteckigem Grundrisse mit den Abmessungen $B_1 = 10$ m, $B_2 = 24$ m und der Höhe $H = 8$ m ist auf den Flußgrund abgesenkt bei einer Wassertiefe von $T = 7$ m und einer Flußgeschwindigkeit $V = 2$ m/s. Es soll der Wasserdruck auf die flußaufwärtige Wand des Caissons durch einen Versuch in einem Wassergerinne an einem Modell mit der Verjüngung $1/_{15}$ ermittelt werden.

Welche Abmessungen b_1, b_2 und welche Wassertiefe t und Geschwindigkeit v_m im Gerinne ist zu wählen, wenn das Froudesche Ähnlichkeitsgesetz maßgebend ist?

Beim Versuche ergebe sich auf die flußaufwärtige Wand ein Gesamtdruck W_m von 6,8 kp; wie groß ist die entsprechende Kraft W am Caisson?

7. Die Strömung und der Ausfluß von Öl mit der kinematischen Zähigkeit v aus einem großen Behälter, an den ein seitliches Ansatzrohr angeschlossen ist, sollen durch einen Modellversuch mit der Verjüngung $1:n$ untersucht werden.

Welche kinematische Zähigkeit v_m muß die Versuchsflüssigkeit haben, wenn die Wirkungen der inneren Reibung und der Schwere als gleich maßgebend angesehen werden?

Es sind die Umrechnungszahlen für die Geschwindigkeiten und Ausflußmengen vom Versuchsergebnisse zur Hauptausführung zu bestimmen mit $n = 4$.

8. Eine Luftschraube vom Durchmesser $d = 2$ m läuft mit der Tourenzahl $n = 1200/\text{min}$ und ist für eine Geschwindigkeit $v = 45$ m/s bestimmt.

1. Welche Werte v_m und n_m sind für einen Modellversuch im Windkanal zu wählen, wenn das Modell auf $^1/_4$ verjüngt ist?

2. Auf welche Werte ermäßigen sich v_m und n_m, wenn das gleiche Modell in einem Überdruckwindkanal bei 5 at Überdruck untersucht wird?

3. Welche Übertragungsmaßstäbe gelten in den Fällen 1 und 2 für die Zugkraft der Luftschraube und das Drehmoment?

Lösungen

I. Druck in schwerer und in gepreßter Flüssigkeit

1. Die physikalische Einheit des Druckes ist 1 dyn/cm² und heißt ein Mikrobar (1 μb).

10^6 dyn/cm² heißen ein Bar = 1 b.

Einer Quecksilbersäule von 76 cm entspricht bei 0^0 C ein Bodendruck je cm², der eine physikalische Atmosphäre (Atm) genannt wird. Die Druckeinheit 1 mm Quecksilbersäule (QS) wird aus meßtechnischen Gründen von den Physikern stark bevorzugt und heißt ein Torr (zu Ehren von Torricelli).

Die technische Einheit des Druckes ist 1 Kilopond je cm² [1 kp/cm²]; diese heißt technische Atmosphäre (at); dieser entsprechen 10 m Wassersäule (WS).

Demnach ist 1 mm WS $= 1 \dfrac{kp}{m^2} = 10^{-4}$ at.

Da 1 Newton (N) gleich 10^5 dyn, so ist

$$1\,b = 10^5 \frac{N}{m^2}.$$

Da ferner 1 kp = 9,80665 N, so folgt

$$1 \frac{kp}{m^2} = 0{,}980665 \cdot 10^{-4}\,b \quad \text{und} \quad 1\,at = 0{,}980665\,b.$$

Die Angabe des Überdruckes über die äußere Atmosphäre wird mit „atü", jene für den absoluten Druck mit „ata" bezeichnet.

2. Es entsprechen 10^4 mm WS einem Drucke von 0,980665 Bar, daher sind 132 mm WS gleichwertig mit 0,012945 Bar. Da Quecksilber rd. 13,6 mal schwerer als Wasser ist, so entsprechen

$$1 \text{ mm QS [1 Torr]} \ldots \ldots 13{,}6 \text{ mm WS,}$$

somit sind 132 mm WS gleichwertig mit $\dfrac{132}{13{,}6} = 9{,}708$ Torr.

3. Mit γ als Einheitsgewicht des Wassers, γ_1 jenem des Öls, verlangt die Druckgleichheit in der Berührungsebene von Wasser und Öl in beiden Rohrschenkeln

$$78\,\gamma_1 = (78 - 18)\,\gamma,$$

woraus

$$\gamma_1 = 0{,}769 \frac{kp}{dm^3}.$$

4. $p_\ddot{u} = 0{,}0035$ atü.

5. Da 1 mm QS = 1 Torr gleichwertig mit 0,00136 at, so ist der Überdruck 0,5032 atü.

Der absolute Druck beträgt (770 + 370) mm QS = 1140 Torr.

6. Ist γ das Einheitsgewicht des Wassers, γ_1 jenes des Quecksilbers, so gilt anfänglich $H\gamma = h\gamma_1$, nach Ansteigen des Wasserspiegels um ΔH:

$$(H + \Delta H + x)\,\gamma = (2x + h)\,\gamma_1,$$

wenn x das Verschiebungsmaß der QS in jedem Rohrschenkel bezeichnet. Aus beiden Gleichungen folgt durch Subtraktion

$$\Delta H + x = 2\,x\,\frac{\gamma_1}{\gamma} \quad \text{oder} \quad x = \Delta H\,\frac{\gamma}{2\,\gamma_1 - \gamma}.$$

Die Änderung Δh von h beträgt $2x$, also $\Delta h = 0,1144$ m. Die Spiegeldifferenz im Quecksilbermanometer ist dann $5,6$ cm $+ 11,44$ cm $= 17,04$ cm.

7. Mit $\gamma_2 = 13,6\,\dfrac{\text{kp}}{\text{dm}^3}$ als Einheitsgewicht des Quecksilbers und p_0 als Außendruck gilt

$$p_A + 2\,\gamma_1 h + \gamma_2 h = p_0,$$

woraus

$$p_A = p_0 - h\,(2\,\gamma_1 + \gamma_2).$$

Mit $p_0 = 1$ at wird $p_A = 1 - \dfrac{30,46}{10^3}\,(2 \cdot 1,594 + 13,6) = 0,489$ at.

8. Der Druck im Kondensator ist $(757 - 672)$ mm QS $= 85$ Torr. Da 1 Torr $= 13,6\,\dfrac{\text{kp}}{\text{m}^2}$, so ist der Druck $1156\left[\dfrac{\text{kp}}{\text{m}^2}\right]$ oder $0,1156$ ata.

9. In der Längsrichtung ergeben sich Zugspannungen

$$\sigma_l = \text{Kraft}:\text{Fläche} = p\,\frac{D^2\,\pi}{4} : D\,\pi\,t = \frac{p\,D}{4\,t},$$

in der Umfangsrichtung des Kreisringes (sofern $l \gg D$), Zugspannungen

$$\sigma_u = p\,Dl : 2\,t\,l = p\,\frac{D}{2\,t} = 2\,\sigma_l.$$

10. Mit σ als Wandspannung gilt $\dfrac{\pi\,D^2}{4}\,p = \pi\,(D + t)\,t\,\sigma$,

somit $\sigma = p\,\dfrac{D^2}{4\,t\,(D + t)}$ oder für $t \ll D$: $\quad \sigma = p\,\dfrac{D}{4\,t}.$

11. In der Berührungsfläche $D\,\pi\,s$ des in der Breite h dicht anliegenden Stulpes entsteht die Reibungskraft $R = f \cdot p\,D\,\pi\,h$.

Aus $\dfrac{D^2\,\pi}{4}\,p = P - R$ folgt $p = \dfrac{P}{\pi\,D\left(\dfrac{D}{4} + f \cdot h\right)}.$

12. Mit $p = \dfrac{4\,Q}{\pi\,d^2}$ als Preßdruck beträgt die Reibung im Abdichtungsbereiche $R = f\,p\,d\,\pi\,h$; sie liefert das Reibungsmoment $R\,\dfrac{d}{2} = 2\,f\,Q\,h = 150$ mkp.

Somit wird das Antriebsmoment 2650 mkp.

13. Bei Verschiebung des Kolbens um die Strecke x nach links steigt der Flüssigkeitsspiegel im linken Behälter um $y = \dfrac{F}{F_1}\, x$; um ebensoviel sinkt der Spiegel im rechten Behälter. Auf den Kolben wirkt dann die Differenz der Kräfte $\gamma\,(H + y)\,F$ und $\gamma\,(H - y)\,F$, also die Kraft $P = 2\,\gamma\,\dfrac{F^2}{F_1}\,x$.

Aus $A = \displaystyle\int_0^l P\,dx$ berechnet sich die Verschiebungsarbeit zu $A = \gamma\,\dfrac{F^2}{F_1}\,l^2$.

14. Die Kolbenkräfte sind unabhängig von der Form des Abschlußorgans und in allen drei Fällen gleich $\dfrac{\pi\,d^2}{4}\,p_{\ddot{u}}$.

15. Die Kraft $(13 - 8)$ kp hat die Masse $\dfrac{13 + 8}{g}$ zu bewegen, daher ist die Beschleunigung $b = \dfrac{5}{21}\,g = \text{konst.}$ Im sinkenden Eimer ist der Bodendruck $13\left(1 - \dfrac{b}{g}\right) = 9{,}91$ kp, im steigenden Eimer $8\left(1 + \dfrac{b}{g}\right) = 9{,}91$ kp.

Die Gleichheit der beiden Bodendrücke D folgt auch unmittelbar aus der Gleichheit der Kräfte im linken und rechten Seiltrum. Der kleinere Eimer hat eine Bodenfläche $F_1 = \dfrac{8}{2} = 4\ \text{dm}^2$, der größere $F_2 = \dfrac{13}{3}\ \text{dm}^2$.

Daher ist der Wasserdruck $p_1 = \dfrac{D}{F_1} = \dfrac{9{,}91}{F_1}\ \dfrac{\text{kp}}{\text{dm}^2} = 24{,}8\ \text{cm WS}.$

und $\qquad\qquad p_2 = \dfrac{D}{F_2} = \dfrac{9{,}91}{F_2}\ \dfrac{\text{kp}}{\text{dm}^2} = 22{,}9\ \text{cm WS}.$

16. Da der Atmosphärendruck in der Arbeitskammer gleich dem auf dem Wasserspiegel lastenden Druck p_0 gesetzt werden kann, muß der Preßluftdruck p, also der Überdruck über den Atmosphärendruck, gleich H [m] Wassersäule sein. Somit $p = \gamma\,H = 1{,}2$ atü.

Das Manometer im Arbeitsraum des Senkkastens muß also mindestens 2,2 at Gesamtdruck anzeigen.

Entsprechend dem Belastungsschema des Trägers BC (Abb. 127) ergibt sich mit der Annahme frei verschieblicher Schneide des Senkkastens

$$M_{max} = \frac{\gamma\,h^3}{6} = 972\ \text{mkp}$$

als Einspannmoment bei B. Bei festgehaltener Schneide wird

$$M_B = M_{max} = \frac{\gamma\,h^3}{15} = 389\ \text{mkp}.$$

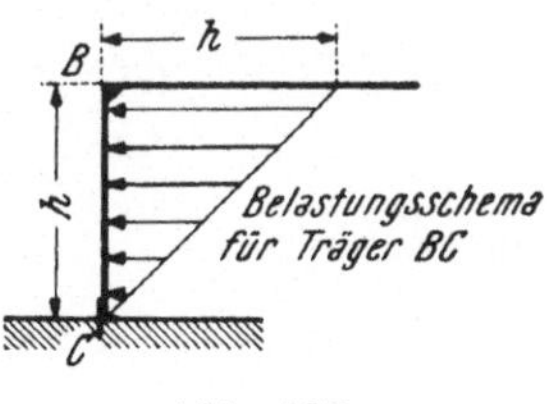

Abb. 127

17. Die senkrecht auf beide Deckel wirkenden gleichgroßen Druckkräfte vom Betrage $\pi r^2 p_{\ddot{u}}$ geben eine in der Bogensymmetrale wirkende Mittelkraft $2 \pi r^2 p_{\ddot{u}} \sin \alpha$. Diese muß durch die gesuchte Differenz der Gesamtdrücke auf den äußeren und inneren gekrümmten Teil des Rohres aus Gleichgewichtsgründen getilgt werden.

18. Im horizontalen Rohr wirkt als Massenkraft je Masseneinheit die Trägheitskraft $-b$, daher ist das Druckgefälle in der Waagrechten

$$\frac{\partial p}{\partial s} = -\varrho b.$$

Sind p_1, p_2 die Drücke an den Enden von l, so ergibt die Integration

$$p_2 - p_1 = \varrho\, b\, l$$

oder wegen

$$\frac{p_2 - p_1}{\gamma} = h :$$

$$b = g \frac{h}{l} = \frac{1}{4} g.$$

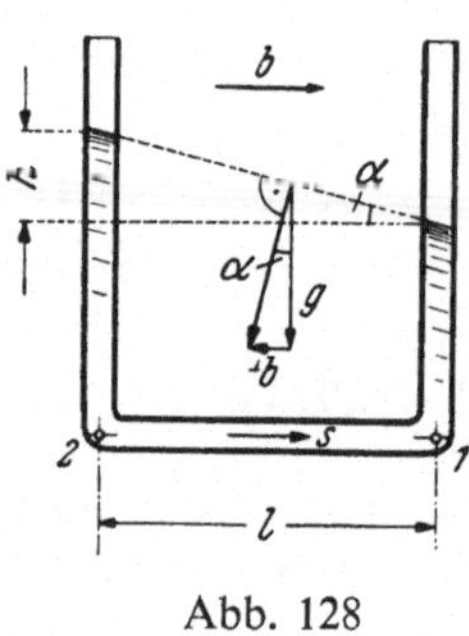

Abb. 128

Da die beiden Wasserspiegel in den lotrechten Schenkeln ein und derselben Niveaufläche angehören, die mit der waagrechten Ebene den Winkel α einschließt, für den nach Abb. 128:

$$\operatorname{tg} \alpha = \frac{b}{g} = \frac{h}{l},$$

so ergibt sich wie oben:

$$b = g \frac{h}{l}.$$

II. Niveauflächen

1. Jeder Punkt der Flüssigkeit hat eine Beschleunigung in der Bewegungsrichtung von der Größe $b = g \sin \alpha$. Die ihr entsprechende Trägheitskraft je Masseneinheit ist $-b$, sie gibt zusammengesetzt mit der Schwerebeschleunigung eine Kraft $\mathfrak{P}$ je Masseneinheit, die auf der schiefen Ebene senkrecht steht. Die Niveauflächen sind daher zu dieser parallele Ebenen.

Für das in Abb. 129 eingetragene x-, y-System gilt die Zerlegung

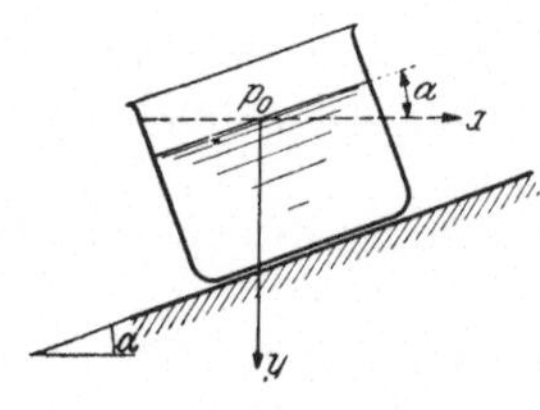

Abb. 129

$$\mathfrak{P} = \begin{cases} g \cos \alpha \sin \alpha \\ g \cos^2 \alpha \end{cases}.$$

Aus $\varrho \mathfrak{P} = \bigtriangledown p$ folgt mit $\varrho g = \gamma$:

$$\frac{\partial p}{\partial x} = \gamma \cos \alpha \sin \alpha, \qquad \frac{\partial p}{\partial y} = \gamma \cos^2 \alpha,$$

somit wegen

$$dp = \frac{\partial p}{\partial x}\, dx + \frac{\partial p}{\partial y}\, dy$$

durch Integration $p\,(x, y) = \gamma \cos \alpha\, (x \sin \alpha + y \cos \alpha) + p_0.$

Hieraus ergibt sich für die Druckverteilung entlang der lotrechten y-Achse

$$p(o, y) = \gamma\, y \cos^2 \alpha + p_0.$$

Für den ruhenden Schiffstrog gilt dagegen $p(o, y) = \gamma\, y + p_0$.

2. Mit $f = \operatorname{tg} \varrho$ als Reibungsziffer ist $b = g\,(\sin \alpha - f \cos \alpha)$. Die Kraft $\mathfrak{P}$ (Abb. 130) schließt mit der Normalen zur schiefen Ebene den Reibungswinkel ϱ ein. Die Niveauflächen sind daher Ebenen, die unter ϱ gegen die Gleitfläche geneigt sind.

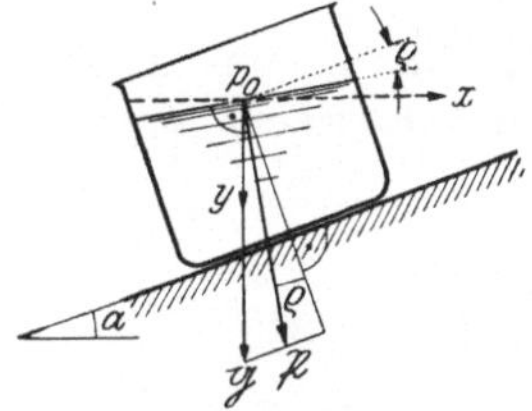

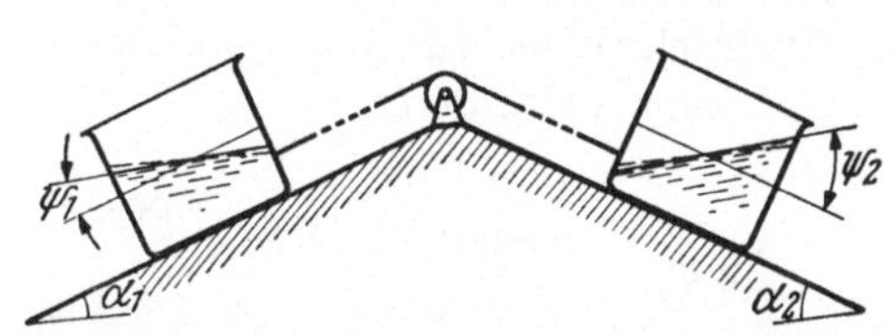

Abb. 130   Abb. 131

Am Orte x, y wird $p(x, y) = \gamma\,\dfrac{\cos \alpha}{\cos \varrho}\left[x \sin(\alpha - \varrho) + y \cos(\alpha - \varrho)\right] + p_0,$

daher entlang der lotrechten y-Achse die Druckverteilung

$$p(o, y) = \gamma\, y\, \frac{\cos \alpha}{\cos \varrho} \cos(\alpha - \varrho) + p_0.$$

3. Sei $\alpha_2 > \alpha_1$ (Abb. 131). Für die durch einen Impuls eingeleitete Bewegung mit der Beschleunigung b ergibt sich aus der Gleichsetzung der Spannkräfte in den Seilen links und rechts von der Rolle mit f als Reibungszahl

$$b = \frac{g}{2}\left[\sin \alpha_2 - \sin \alpha_1 - f(\cos \alpha_2 + \cos \alpha_1)\right].$$

Zur Einleitung der Bewegung ist ein Impuls dann nötig, wenn $b < 0$.

Dies fordert demnach $f = \operatorname{tg} \varrho > \dfrac{\sin \alpha_2 - \sin \alpha_1}{\cos \alpha_2 + \cos \alpha_1}$

oder $\operatorname{tg} \varrho > \operatorname{tg} \dfrac{\alpha_2 - \alpha_1}{2}$, also $\varrho > \dfrac{\alpha_2 - \alpha_1}{2}$.

Für $\varrho = \dfrac{\alpha_2 - \alpha_1}{2}$ ist die Bewegung wegen $b = 0$ gleichförmig, die Niveauflächen sind dann horizontale Ebenen wie im Ruhezustande, das Seil ist mit

$$S = G\,\frac{\sin \dfrac{\alpha_2 + \alpha_1}{2}}{\cos \dfrac{\alpha_2 - \alpha_1}{2}}\ \text{gespannt,}$$

wenn G das Gewicht eines Behälters samt Füllung ist.

Für $\varrho > \dfrac{\alpha_2 - \alpha_1}{2}$ wird

$$|b| = \frac{g}{2}\left[f(\cos \alpha_2 + \cos \alpha_1) - (\sin \alpha_2 - \sin \alpha_1)\right] =$$

$$= g\,\frac{\cos \dfrac{\alpha_1 + \alpha_2}{2}}{\cos \varrho}\,\sin\left(\varrho - \frac{\alpha_2 - \alpha_1}{2}\right).$$

Da b konstant, so sind die Niveauflächen Ebenen, die im linken Behälter zur Gleitfläche unter dem Winkel ψ_1, im rechten unter ψ_2 geneigt sind, wobei ψ_1, ψ_2 bestimmt sind durch

$$\operatorname{tg}\psi_1 = \frac{g\sin\alpha_1 - |b|}{g\cos\alpha_1} = \frac{\cos\dfrac{\alpha_2 - \alpha_1}{2}}{\cos\alpha_1 \cos\varrho}\,\sin\left(\frac{\alpha_1 + \alpha_2}{2} - \varrho\right),$$

$$\operatorname{tg}\psi_2 = \frac{g\sin\alpha_2 + |b|}{g\cos\alpha_2} = \frac{\cos\dfrac{\alpha_2 - \alpha_1}{2}}{\cos\alpha_2 \cos\varrho}\,\sin\left(\frac{\alpha_1 + \alpha_2}{2} + \varrho\right).$$

4. Die Masseneinheit der Flüssigkeit am Orte x, z (Abb. 132) ist der Schwerkraft g und der Trägheitskraft $-\omega^2\sqrt{x^2 + z^2}$ ausgesetzt, ihre Komponenten X, Z sind $X = x\,\omega^2$, $Z = z\,\omega^2 - g$; aus $X\,dx + Z\,dz = 0$ folgt nach Integration

$$x^2 + \left(z - \frac{g}{\omega^2}\right)^2 = \text{konst.}$$

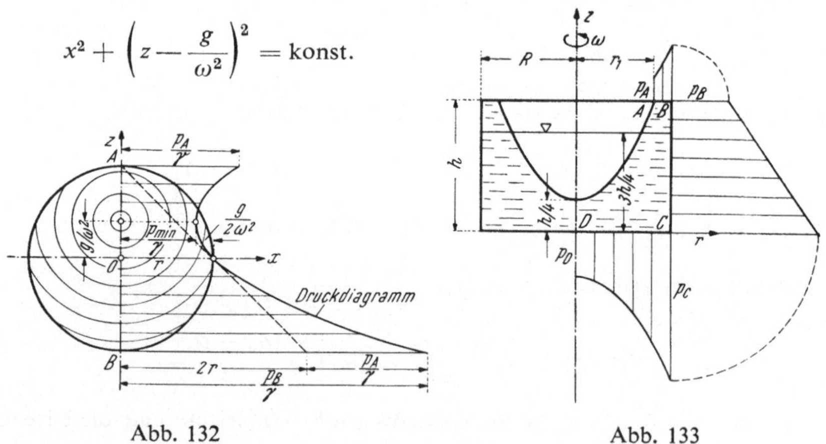

Abb. 132   Abb. 133

Die Niveauflächen sind eine Schar konzentrischer Kreiszylinder mit waagrechter Achse im Abstande $\dfrac{g}{\omega^2}$ über der Drehachse O.

Der Druck berechnet sich aus $dp = \varrho\,(X\,dx + Z\,dz)$

zu $\qquad\qquad p = p_0 + \varrho\left[(x^2 + z^2)\,\frac{\omega^2}{2} - g\,z\right],$ \hfill (1) wo p_o den von ω unabhängigen Druck in O, daher $p_o = \gamma\, r$ bedeutet. Für $x = 0$ ergibt sich aus (1) der Druckverlauf entlang des lotrechten Durchmessers:

$$\frac{p}{\gamma} = r - \frac{g}{2\,\omega^2} + \frac{\omega^2}{2\,g}\left(z - \frac{g}{\omega^2}\right)^2.$$

Der Scheitel der parabolischen Druckverteilung (Abb. 132) liegt bei

$$z = \frac{g}{\omega^2}, \quad \text{wo} \quad \frac{p_{min}}{\gamma} = r - \frac{g}{2\,\omega^2}.$$

Am oberen Ende A des Durchmessers ($z = + r$) ist $\dfrac{p_A}{\gamma} = \dfrac{r^2\,\omega^2}{2\,g}$,

am unteren Ende (wo $z = -r$) ist $\dfrac{p_B}{\gamma} = 2\,r + \dfrac{r^2\,\omega^2}{2\,g}$.

Die strichlierte Linie entspricht dem Druckdiagramm für die ruhende schwere Flüssigkeit.

5. Für die Niveaufläche einer schweren tropfbaren Flüssigkeit, die sich um eine vertikale Achse dreht (Abb. 133), gilt die Gleichung des Rotationsparaboloides

$$r^2 = \frac{2\,g}{\omega^2}\,(z - z_0),$$

somit für Punkt A, wo $r = r_1$, $z = h$, und mit $z_0 = \dfrac{h}{4}$:

$$r_1^2 = \frac{3}{2}\,\frac{g\,h}{\omega^2}.$$

Die Gleichheit der von der ruhenden und rotierenden Flüssigkeit eingenommenen Räume ist ausgedrückt durch $R^2\,\pi \cdot \dfrac{3}{4}\,h = (R^2\,\pi\,h)$ — Paraboloid; da letzteres den halben Rauminhalt des umschriebenen Zylinders hat, also

$$\frac{1}{2}\,r_1^2\,\pi \cdot \frac{3}{4}\,h, \quad \text{so wird} \quad r_1 = R\,\sqrt{\frac{2}{3}}$$

und hiemit $$\omega = \frac{3}{2\,R}\,\sqrt{g\,h}. \qquad\text{(a)}$$

Der Druck an beliebiger Stelle r, z beträgt $p = p_0 + \varrho\left[\dfrac{\omega^2\,r^2}{2} - g\left(z - \dfrac{h}{4}\right)\right]$,

oder wegen Gl. (a): $p = p_0 + \gamma\left[\left(1 + \dfrac{9}{2}\,\dfrac{r^2}{R^2}\right)\dfrac{h}{4} - z\right]$.

Hiernach berechnen sich die Drücke an den Stellen A, B, C, D zu

$$p_A = p_0, \quad p_B = p_0 + \frac{3}{8}\,\gamma\,h, \quad p_C = p_0 + \frac{11}{8}\,\gamma\,h, \quad p_D = p_0 + \frac{1}{4}\,\gamma\,h.$$

6. Nach Aufg. **5** ist der neue Wasserspiegel ein Paraboloid, das den Kegelmantel berühren soll; dann muß der Scheitel die Höhe des Kegels halbieren (Abb. 134). Aus

$$r^2 = \frac{2\,g}{\omega^2}\,(z - z_0)$$

folgt daher mit $r = a$, $z = h$, $z_0 = \dfrac{h}{2}$: $\omega = \dfrac{1}{a}\sqrt{g\,h}$.

Die ausgeflossene Wassermenge beträgt $\dfrac{\pi\,a^2\,h}{4}$, d. i. $^3/_4$ des ursprünglichen Inhalts.

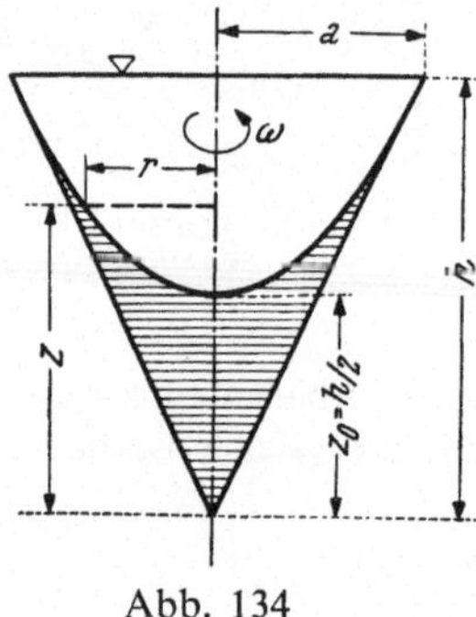

Abb. 134   Abb. 135

7. Da der ursprüngliche Inhalt gleich ist $a^3\,\pi$, so soll die Menge $\dfrac{a^3\,\pi}{2}$ ausfließen.

Mithin gilt $\dfrac{a^3\,\pi}{2} = \dfrac{a^2\,\pi}{2}\,t$ oder $t = a$ (Abb. 135).

Aus $r^2 = \dfrac{2\,g}{\omega^2}\,(z - z_0)$ folgt mit $r = a$, $z = 2\,a$, $z_0 = a$: $\omega = \sqrt{\dfrac{2\,g}{a}}$.

8.
$$\omega_{max} = 0{,}8070\,\sqrt{\dfrac{g}{a}} .$$

9. Aus $X\,dx + Z\,dz = 0$ folgt wegen $X = \dfrac{v^2}{x}$, $Z = -g$:

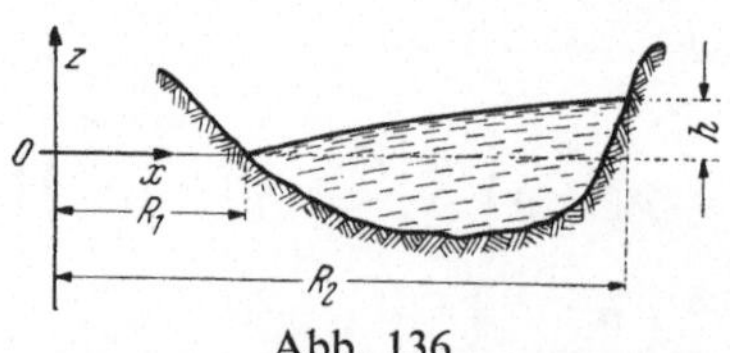

Abb. 136

$$g\,dz = v^2\,\frac{dx}{x},$$

somit für die Spiegelkurve (Abb. 136)

$$g\,z = v^2 \ln \frac{x}{R_1} .$$

Mit $z = h$, $x = R_2$ ergibt sich für die Geschwindigkeit

$$v = \sqrt{\dfrac{g\,h}{\ln \dfrac{R_2}{R_1}}} .$$

10. Es stehen mit den Bezeichnungen in Abb. 137 folgende Gleichungen zur Verfügung

$$\frac{\omega^2 r^2}{2 g} = z_1 - z_0,$$

$$\frac{\omega^2 R^2}{2 g} = h_1 + \Delta h - z_0,$$

$$h_1 r^2 \pi = z_1 r^2 \pi - (z_1 - z_0) \frac{r^2 \pi}{2} + f \Delta h.$$

Aus diesen ergibt sich als Maß Δh des Ansteigens der Flüssigkeit im lotrechten Rohr

$$\Delta h = \frac{\omega^2 R^2}{4 g} \cdot \frac{2 - \left(\dfrac{r}{R}\right)^2}{1 + \dfrac{f}{r^2 \pi}} .$$

Für den Druck bei B gilt $p_B = p_0 + \gamma (h_2 + \Delta h)$.

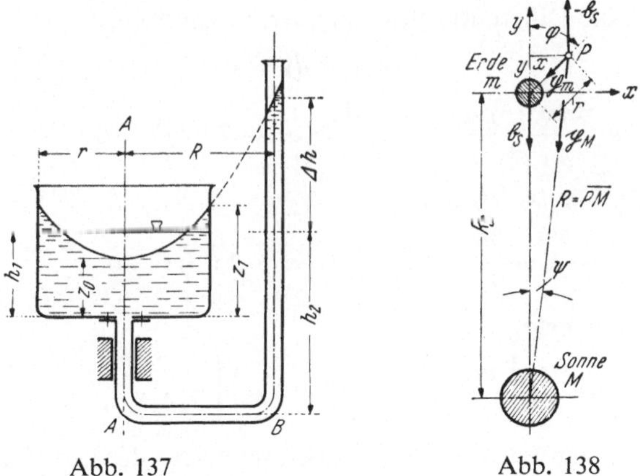

Abb. 137   Abb. 138

11. Die Zeichenebene (Abb. 138) sei die Ebene der elliptischen Bahn der Erde um die Sonne. Das Koordinatensystem x, y bewegt sich mit der Erde. Die auf die Masseneinheit der Flüssigkeit bezogene absolute Beschleunigungskraft $\mathfrak{p}_a$ (Dimension „Beschleunigung") setzt sich zusammen aus der Anziehungskraft $\mathfrak{p}_m$ der Erde und jener p_M der Sonne, also

$$\mathfrak{p}_a = \mathfrak{p}_m + \mathfrak{p}_M. \tag{1}$$

Hiebei ist für die Lage $P\,(x, y)$ mit k als Gravitationskonstante

$$|\,\mathfrak{p}_m\,| = \frac{k\,m}{r^2}, \quad |\,\mathfrak{p}_M\,| = \frac{k\,M}{R^2}.$$

Da die Erde eine elliptische Translationsbewegung um die Sonne ausführt mit der zur Sonne gerichteten Beschleunigung $\left|\,\mathfrak{b}_s\,\right| = \dfrac{k\,M}{R_s^2}$, so fügt man im Punkte P die Trägheitskraft $-\mathfrak{b}_s$ (bezogen auf die Masseneinheit) zu $\mathfrak{p}_a$ hinzu, um die relative Beschleunigungskraft $\mathfrak{p}_r$ zu erhalten.

Es ist somit $\mathfrak{p}_r = \mathfrak{p}_a - \mathfrak{b}_s = \mathfrak{p}_m + \mathfrak{p}_M - \mathfrak{b}_s.$ (2)

In einem Bereiche um die Erde, der gegenüber R_s klein ist (also $R \gg r$), ist wegen $R^2 = R_s^2 + r^2 + 2\,R_s\,r\cos\varphi = R_s^2 + r^2 + 2\,R_s y$:

$$\frac{1}{R^2} = \frac{1}{R_s^2\left[1 + 2\,\dfrac{y}{R_s} + \dfrac{r^2}{R_s^2}\right]} \doteq \frac{1}{R_s^2}\left(1 - 2\,\frac{y}{R_s}\right).$$

Die relative Beschleunigungskraft $\mathfrak{p}_r$ hat daher gemäß (2) folgende X, Y-Komponenten

$$\mathfrak{p}_r = \begin{cases} X_{rel} = -p_m\,\dfrac{x}{r} - p_M\,\dfrac{x}{r} \doteq -k\,m\,\dfrac{x}{r^3} - k\,M\,\dfrac{x}{R_s^3}\,, \\[3mm] Y_{rel} = -p_m\,\dfrac{y}{r} - p_M\,\dfrac{y + R_s}{R} + \dfrac{k\,M}{R^2} \doteq -k\,m\,\dfrac{y}{r^3} + 2\,k\,M\,\dfrac{y}{R_s^3}. \end{cases}$$

Eingesetzt in die Differentialgleichung der Niveauflächen

$$X\,dx + Y\,dy = 0$$

folgt also $\;-k\,m\,\dfrac{x\,dx + y\,dy}{r^3} - \dfrac{k\,M}{R_s^3}\,(x\,dx - 2\,y\,dy) = 0,$

oder wegen $r\,dr = x\,dx + y\,dy$:

$$-k\,m\,\frac{dr}{r^2} - \frac{k\,M}{R_s^3}\,(x\,dx - 2\,y\,dy) = 0.$$

Die Integration liefert

$$k\left[\frac{m}{r} + \frac{M}{R_s^3}\left(y^2 - \frac{x^2}{2}\right)\right] = C, \tag{3}$$

wobei C gleich ist dem Potential V_{rel} des Schwerefeldes der Erde für einen Beobachter auf der Erdoberfläche.

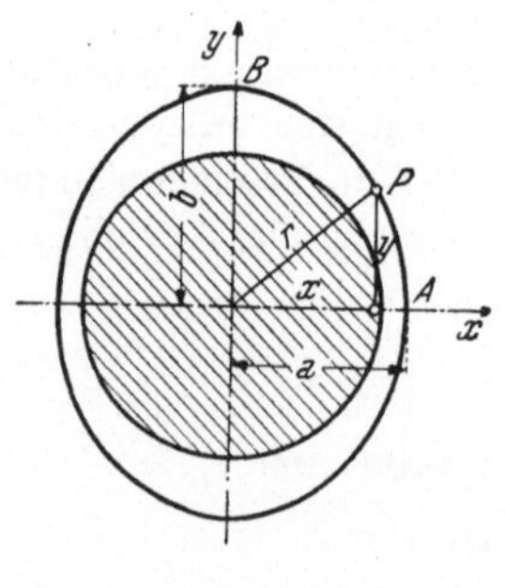

Abb. 139

Da $r = \sqrt{x^2 + y^2}$, so lassen sich die Niveauflächen für angenommene Werte V_{rel} leicht punktweise zeichnen. Sie sind Drehflächen, deren Meridianlinien durch obige Gleichung gegeben sind. Seien a, b die Entfernungen der Scheitelpunkte A, B vom Erdmittelpunkte (Abb. 139), so ist für Punkt A, wo $y = 0$, $r = x = a$:

$$k\left[\frac{m}{a} - \frac{M}{R_s^3}\,\frac{a^2}{2}\right] = V_{rel}$$

und für Punkt B, wo $x = 0$, $r = y = b$:

$$k\left[\frac{m}{b} + \frac{M}{R_s{}^3} b^2\right] = V_{rel}.$$

Mithin besteht zwischen a und b der Zusammenhang

$$m\left(\frac{1}{a} - \frac{1}{b}\right) - \frac{M}{R_s{}^3}\left(\frac{a^2}{2} + b^2\right) = 0.$$

Setzt man $\dfrac{b}{a} = \nu$, so ergibt sich $\dfrac{a}{R_s} = \sqrt[3]{2\,\dfrac{m}{M}\,\dfrac{\nu - 1}{\nu(1 + 2\,\nu^2)}}$

Wenn $R_s = \infty$, dann fällt der Einfluß der Sonne weg, es wird $\dfrac{a}{R_s} = 0$, d. h. $\nu = 1$ (Kugelflächen $b = a$).

Das Potential des Schwerefeldes der dann ruhenden Erde wird aus (3)

$$V = k\,\frac{m}{r}.$$

Anmerkung: Dreht sich die Erde um eine durch ihren Mittelpunkt gehende Achse, die **nicht** mit R_s zusammenfällt (Eigendrehung der Erde), dann ist die Tiefe des Wassers über einem Punkte der Kugeloberfläche periodisch veränderlich. In dieser Weise erklärt das Beispiel in strenger Weise die Erscheinung von Ebbe und Flut.

12. Für die in Abb. 140 eingetragenen Koordinaten x und r gilt

$$x = \frac{R}{H}y, \qquad r^2 = 2\,\frac{g}{\omega^2}\,z \quad \text{und} \quad z_0 = \frac{R^2\,\omega^2}{2\,g}.$$

Die kinetische Energie T beträgt mit ϱ als Dichte der Flüssigkeit

$$T = \frac{\omega^2}{2}\left[\int\limits_{y=0}^{H} \varrho\,\frac{\pi\,x^4}{2}\,dy - \int\limits_{z=0}^{z_0} \varrho\,\frac{\pi\,r^4}{2}\,dz\right],$$

somit

$$T = \pi\gamma\,\frac{\omega^2}{2g}\left(\frac{R^4 H}{5} - \frac{R^6}{3}\,\frac{\omega^2}{2g}\right).$$

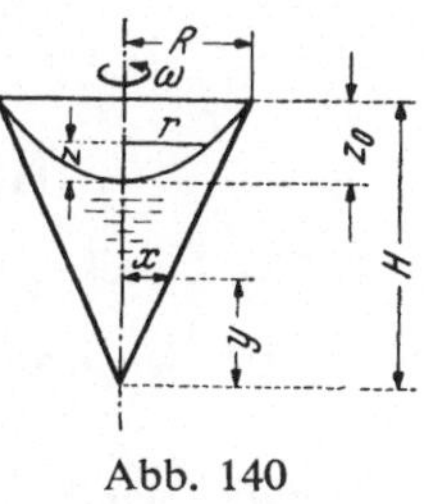

Abb. 140

Setzt man $\dfrac{\omega^2}{2g} = \xi$, so ist $T(\xi) = \pi\gamma\,\xi\left(\dfrac{R^4 H}{5} - \dfrac{R^6}{3}\,\xi\right)$

und es liefert $\dfrac{dT}{d\xi} = 0$; $\qquad \xi = \dfrac{3}{10}\,\dfrac{H}{R^2}$,

somit

$$\omega = \frac{1}{R}\sqrt{\frac{3}{5}\,gH}.$$

Der Scheitel des Flüssigkeitsspiegels liegt dann um

$$z_0 = \frac{R^2 \omega^2}{2\,g} = \frac{3}{10}\,H$$

unter dem oberen Rande.

Ausgeflossen ist daher die Menge

$$R^2 \pi \, \frac{z_0}{2} = \frac{3}{20}\,R^2 \pi H,$$

somit befindet sich noch im Gefäße eine Flüssigkeitsmenge $\dfrac{11}{20}\,\dfrac{R^2 \pi H}{3}$, also $\dfrac{11}{20}$

der ursprünglichen Menge.

13. Für den Flüssigkeitsspiegel (Abb. 141) gilt bei Drehung des Gefäßes mit ω:

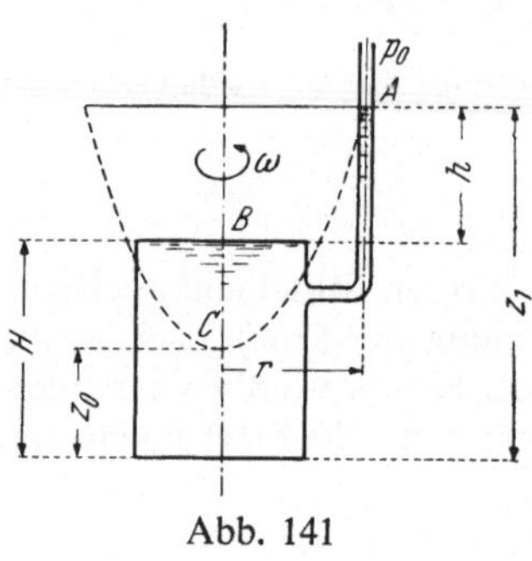

$$z_1 - z_0 = \frac{r^2 \omega^2}{2\,g}, \tag{a}$$

worin $\qquad z_1 = H + h,$

$$z_0 = H - \overline{BC}.$$

Bei einem Außendrucke p_o in A ist der Druck p_c im Scheitel C gleich p_0; jener in B beträgt $p_B = p_c - \gamma \cdot \overline{BC}$.

Da an der Stelle B der Drehachse der kleinste Druck auftritt, so setzt hier Cavitation ein, sobald $p_B = p_d$ ist.

Abb. 141

Hiemit wird

$$z_1 - z_0 = h + \overline{BC} = h + \frac{p_o - p_d}{\gamma},$$

somit aus (a):

$$\omega = \frac{1}{r}\,\sqrt{2\,g\left(h + \frac{p_o - p_d}{\gamma}\right)}.$$

III. Druck auf ebene Flächen

1. Der Druck auf das Quadrat von der Seitenlänge t (Abb. 142) beträgt $D = \dfrac{1}{2}\,\gamma\,t^3$, jener auf das Dreieck BCE: $\dfrac{D}{2} = \gamma\,\dfrac{b\,t^2}{3}$, wo $b = \overline{CE}$.

Hieraus folgt $b = \dfrac{3}{4}\,t$.

Die Tiefenlage ζ_1 des Druckmittelpunktes M_1 dieses Dreiecks berechnet sich aus

$$\zeta_1 \frac{D}{2} = \int_0^t \gamma\,x\,z^2\,dz = \gamma\,\frac{b}{t}\int_0^t z^3\,dz = \gamma\,\frac{b\,t^3}{4}$$

zu

$$\zeta_1 = \frac{3}{4}\,t.$$

Der Druckmittelpunkt M des Quadrates liegt in der Tiefe $^2/_3\,t$. Da die Drucke auf beide Teilflächen gleich sind, so liegen deren Druckmittelpunkte M_1 und M_2 symmetrisch zu M. Ihre Entfernung ergibt sich wegen $\overline{MF}=\dfrac{t}{12}$,

$$\overline{M_1 F}=\frac{7\,t}{32}\ \text{zu}\ \overline{M_1 M_2}=0{,}468\,t.$$

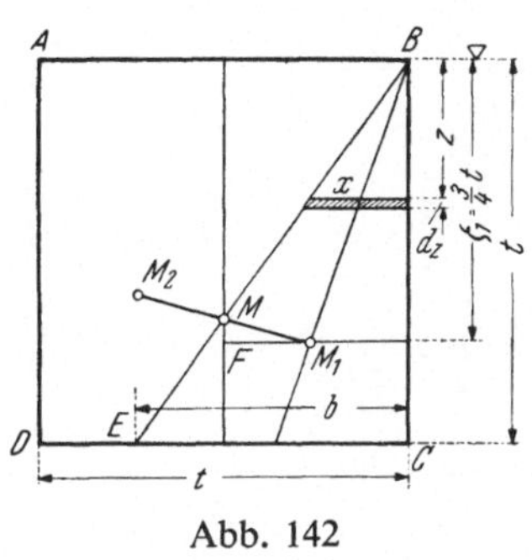

Abb. 142

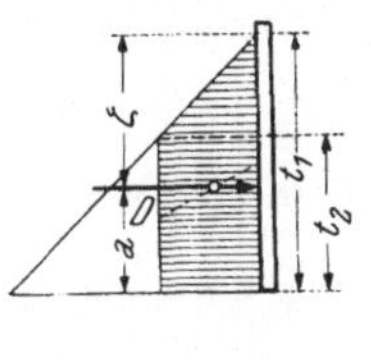

Abb. 143

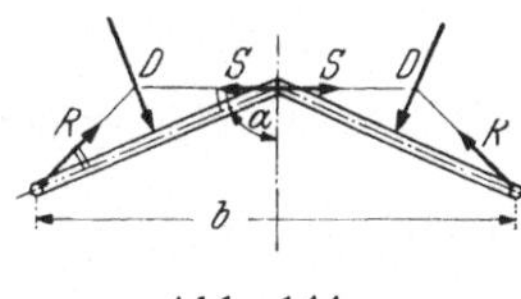

Abb. 144

2. Auf einem Torflügel von der Breite $\dfrac{b}{2\sin\alpha}$ wirkt der mit der Fläche des Drucktrapezes (Abb. 143) proportionale Gesamtdruck

$$D=\frac{\gamma\,b}{4\sin\alpha}\,(t_1{}^2-t_2{}^2),$$

dessen Wirkungslinie durch den Schwerpunkt des Drucktrapezes geht. Sie hat nach Aufg. **8** vom Schleußenboden die Entfernung

$$a=\frac{1}{3}\,\Big(t_1+t_2-\frac{t_1\,t_2}{t_1+t_2}\Big).$$

Aus dem Gleichgewichte der Kräfte D, R und S (Abb. 144) folgt

$$R=S=\frac{D}{2\cos\alpha}=\frac{\gamma\,b}{4\sin 2\alpha}\,(t_1{}^2-t_2{}^2).$$

3. Bestimmt man für die in der Tiefe z gelegte waagrechte Schnittebene AA_1 die Mittelkraft R aus Gewicht G und Wasserdruck W (Abb. 145), so schneidet ihre Wirkungslinie die Ebene AA_1 im Punkte D der Drucklinie.

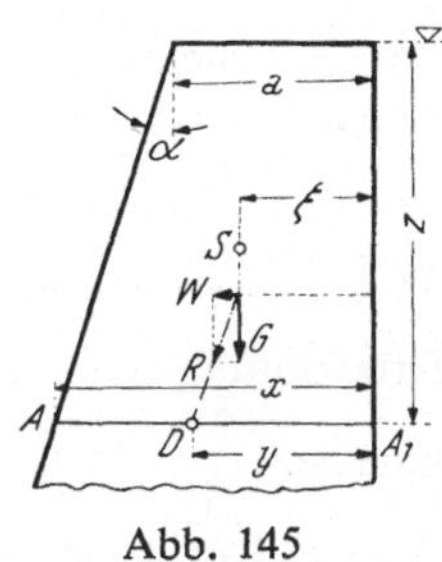

Abb. 145

Sei $\overline{DA_1}=y$, so ist y als Funktion von z darzustellen.

Die Kräfte auf den Mauerkörper werden für den lfd. m senkrecht zur Zeichnung ermittelt.

$$\text{Mit }\ \overline{AA_1}=x\ \text{ ist }\ G=\gamma_1\,\frac{a+x}{2}\,z.$$

Der Abstand η des Trapezschwerpunktes S von der Basis AA_1 beträgt $\eta=\dfrac{z}{3}\,\dfrac{x+2a}{x+a}$. Da S auf der Verbindungslinie der Mitten der Parallelseiten liegt, so ergibt sich der senkrechte Abstand ξ des Schwerpunkts S von der lotrechten Trapezseite zu

$$\xi = \frac{x}{2} - \eta\,\mathrm{tg}\,\beta \quad \text{oder wegen} \quad \mathrm{tg}\,\beta = \frac{x-a}{2\,z} \quad \text{zu}$$

$$\xi = \frac{1}{3}\left(x + a - \frac{a\,x}{x+a}\right).$$

Der Wasserdruck $W = \dfrac{\gamma z^2}{2}$ wirkt im Abstande $\dfrac{z}{3}$ von der Ebene AA_1.

Momentenbildung um D liefert $\dfrac{1}{6}\,\gamma\,z^3 = \gamma_1\dfrac{a+x}{2}\,z\,(y-\xi)$,

woraus mit $x = a + z\,\mathrm{tg}\,\alpha$ die Gl. der Drucklinie folgt:

$$y\,(2a + z\,\mathrm{tg}\,\alpha) = \left(\frac{\gamma}{\gamma_1} + \mathrm{tg}^2\,\alpha\right)\frac{z^2}{3} + a\,(a + z\,\mathrm{tg}\,\alpha). \tag{1}$$

Da bei leerem Becken nur die Gewichtswirkung zu berücksichtigen ist, so vereinfacht sich Gl. (1) in diesem Falle in

$$y\,(2\,a + z\,\mathrm{tg}\,\alpha) = \frac{z^2}{3}\,\mathrm{tg}^2\,\alpha + a\,(a + z\,\mathrm{tg}\,\alpha). \tag{2}$$

Die durch die Gln. (1) und (2) bestimmten Drucklinien sind — solange $\alpha \neq 0$ — Hyperbeln mit den Mittelpunktskoordinaten

$$y_M = -\frac{a}{3}\left(1 + 4\,\frac{\gamma_1}{\gamma}\,\mathrm{ctg}^2\,\alpha\right),$$

$$z_M = -2\,a\,\mathrm{ctg}\,\alpha.$$

Beide Drucklinien gehen durch die Mitte der Mauerkrone mit der Neigung

$$\left(\frac{dy}{dz}\right)_{z=0} = \frac{1}{4}\,\mathrm{tg}\,\alpha.$$

Im Sonderfalle $\alpha = 0$ (Rechteckprofil) ist die Drucklinie bei vollem Becken eine Parabel, bei leerem Becken die Lotrechte durch Kronenmitte.

4. Für die beliebige Lage φ (Abb. 146) ist $\overline{CM} = \dfrac{2}{3}\,\overline{AC} = \dfrac{4\,r}{3}\,\cos\varphi$; demnach ist der Ort aller Druckmittelpunkte M ein Halbkreis vom Halbmesser $\dfrac{2\,r}{3}$ mit dem Mittelpunkte O_1. Die tiefste Lage von M ergibt sich somit für $\varphi = 45^0$.

Der Druck beträgt dann $\dfrac{\gamma\,b\,r^2}{\sqrt{2}}$.

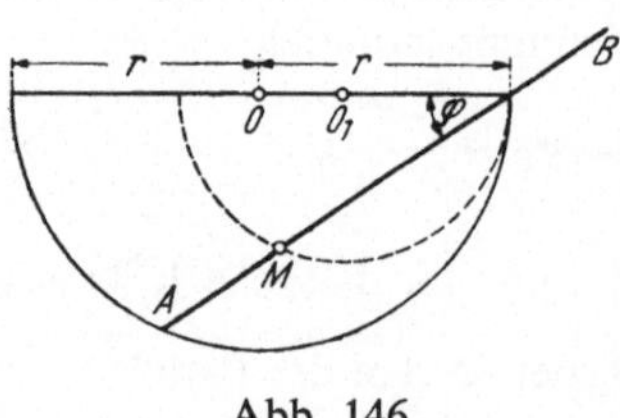

Abb. 146

5. Aus $D = \gamma F z_s$ folgt mit $F = 2\,b\,r\cos\varphi$ und $z_s = r\cos\varphi\sin\varphi$:

$$D = 2\,\gamma\,b\,r^2\cos^2\varphi\,\sin\varphi.$$

$$\frac{dD}{d\varphi} = 0 \text{ liefert } \operatorname{tg}\varphi = \frac{1}{\sqrt{2}}, \text{ somit } \varphi = 35^0\,16'$$

und

$$D_{max} = \frac{4\gamma\,b\,r^2}{3\,\sqrt{3}}.$$

6. Auf das Flächenelement $d\,F$ in der Tiefe z unter dem Flüssigkeitsspiegel (Abb. 147) wirkt mit γ als Einheitsgewicht der Flüssigkeit eine elementare Druckkraft $d\,D = \gamma\,z\,d\,F$ und es beträgt die gesamte Druckkraft $D = \gamma\,F z_s = \gamma\,F y_s\sin\alpha$, wo α die Neigung der gedrückten Fläche F gegen den Flüssigkeitsspiegel bedeutet. Werden die Koordinaten des Druckmittelpunktes M auf die Zentralachsen ξ, η der gedrückten Fläche bezogen, dann ergeben sie sich aus dem Momentensatze zu

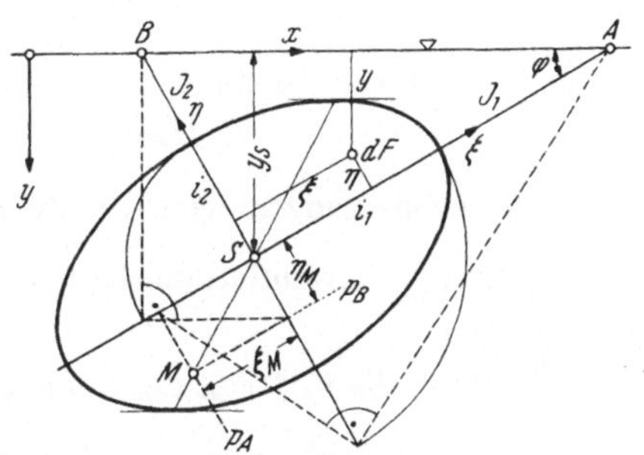

$$\xi_M = \frac{\int \xi\,dD}{D}, \quad \eta_M = \frac{\int \eta\,dD}{D}.$$

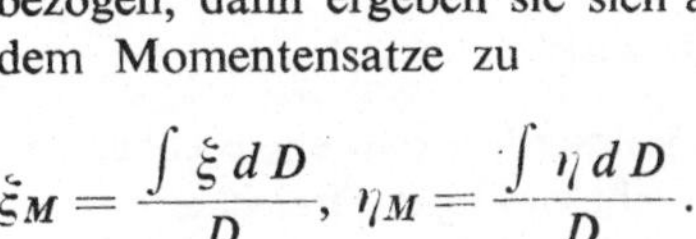

Abb. 147

Entsprechend den Eigenschaften der Zentralachsen ξ, η ist

$$\int \xi\,dF = \int \eta\,dF = 0, \quad \int \xi\,\eta\,dF = 0, \quad \int \xi^2\,dF = F i_1{}^2, \quad \int \eta^2\,dF = F i_2{}^2,$$

wo i_1, i_2 die Hauptträgheitshalbmesser der Fläche F bedeuten.

Mit φ als Neigungswinkel der Hauptachse ξ gegen die waagrechte x-Achse ist

$$y = y_s - \xi\sin\varphi - \eta\cos\varphi$$

und es führt die Auswertung der Gleichungen für ξ_M und η_M zu den Formeln

$$\xi_M = -\frac{i_2{}^2\sin\varphi}{y_s}, \quad \eta_M = -\frac{i_1{}^2\cos\varphi}{y_s}.$$

Sind A, B die Schnittpunkte der Zentralachsen mit der x-Achse, so gilt nach Abb. 147

$$\overline{S\,A} = \frac{y_s}{\sin\varphi}, \quad \overline{S\,B} = \frac{y_s}{\cos\varphi},$$

womit schließlich folgt

$$\xi_M = -\frac{i_2{}^2}{\overline{S\,A}}, \quad \eta_M = -\frac{i_1{}^2}{\overline{S\,B}}.$$

Das sind aber die Koordinaten des Antipoles der Linie $A\,B$ bezüglich der Zentralellipse.

7. Mit den Hauptträgheitshalbmessern

$$i_1 = \frac{h}{2\sqrt{3}} = 0,462 \text{ m}, \quad i_2 = \frac{1,4\,h}{2\sqrt{3}} = 0,647 \text{ m}$$

ist die Konstruktion aus Aufg. **6** durchzuführen.

M ist der Schnittpunkt der Antipolaren p_A und p_B der Punkte A und B. Die Rechnung liefert die Koordinaten

$$\xi_M = -\frac{i_2^{\,2} \sin \alpha}{z_s} = -0,242 \text{ m},$$

$$\eta_M = -\frac{i_1^{\,2} \sin \alpha}{z_s} = -0,071 \text{ m}.$$

Der Gesamtdruck beträgt

$$D = \gamma\, F\, z_s = 5376 \text{ kp}.$$

8. Auf jeden Längenmeter der Wand wirkt von links die Druckkraft $D_1 = \dfrac{h_1^{\,2}}{2}$ [Mp] in der Entfernung $h_1/3$ von der Sohle entfernt, von rechts die Kraft

$D_2 = \dfrac{h_2^{\,2}}{2}$ [Mp], die $h_2/3$ von der Sohle entfernt wirkt.

Den mit der Tiefe linear zunehmenden Wasserdrucken entsprechen die in Abb. 148 eingetragenen gleichschenkligen rechtwinkligen Dreiecke.

$$\text{Resultierender Druck } D = D_2 - D_1 = \frac{h_2^{\,2} - h_1^{\,2}}{2};$$

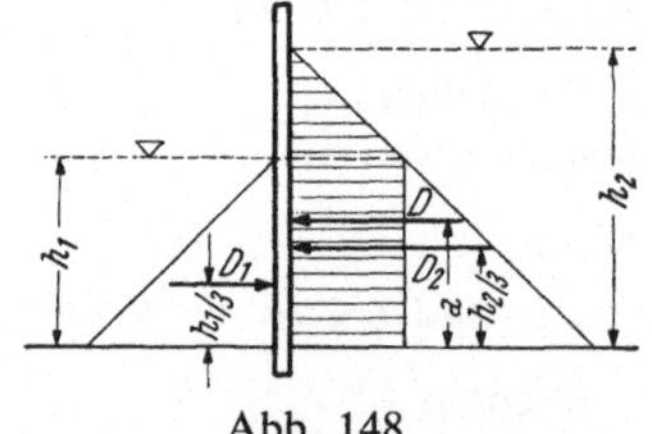

Abb. 148

sein Abstand a von der Sohle ergibt sich aus

$$D\,a = D_2\frac{h_2}{3} - D_1\frac{h_1}{3}$$

$$\text{zu} \quad a = \frac{1}{3}\left(h_2 + h_1 - \frac{h_2\,h_1}{h_2 + h_1}\right).$$

9. In der Drehachse muß der Druckmittelpunkt der Klappe liegen.

$$\text{Somit } x = z_s + \frac{i_s^{\,2}}{z_s} = \frac{14}{9}\,h.$$

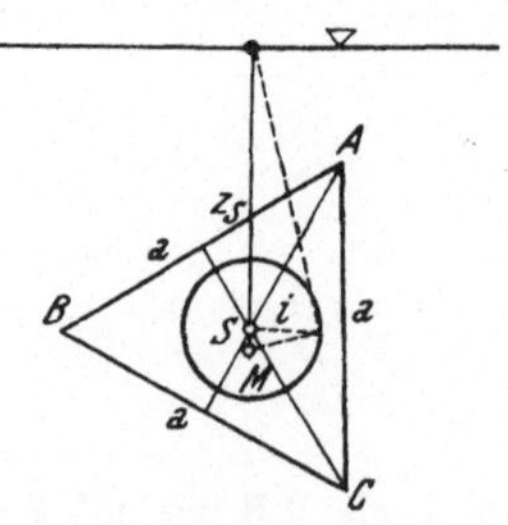

Abb. 149

10. Für das gleichseitige Dreieck ist die Zentralellipse ein Kreis vom Halbmesser

$$i = \frac{a}{2\sqrt{6}}.$$

Der Druckmittelpunkt M liegt daher lotrecht unter S (Abb. 149), wie auch das Dreieck gegenüber der Wasserlinie orientiert sein mag.

11. Der Gesamtdruck D_1, der ursprünglich gleich $\frac{2}{3}\,\gamma \cdot r^3$ ist, nimmt um

$\gamma\,r^3\left(1 + \dfrac{\pi}{2}\right)$ zu und beträgt daher

$$D_2 = \gamma\,r^3\,\frac{10 + 3\pi}{6}\,.$$

Der Druckmittelpunkt liegt ursprünglich in der Tiefe $\zeta_1 = \left(1 + \dfrac{3\pi}{16}\right) r =$

$= 1{,}589\,r$ unter AB.

Bei voller Füllung ist seine Tiefe unter AB durch

$$\zeta_2 = \frac{3r}{4}\,\frac{16 + 5\pi}{10 + 3\pi} = 1{,}224\,r$$

bestimmt. Demnach hat er eine Verschiebung um $0{,}365\,r$ nach aufwärts erfahren.

12. Aus $h - \dfrac{p}{2} = \dfrac{J_0}{F z_s}$ folgt mit $J_0 = \dfrac{8}{35}\,F h^2$ und $z_s = \dfrac{2}{5}\,h$:

$$h = a\,\sqrt{\frac{7}{12}} = 0{,}764\,a\,.$$

13. Ist b die Breite des Balkens, so ist der Gesamtdruck $D = \dfrac{\gamma\,b\,t^2}{2 \sin\alpha}\,;$

er wirkt senkrecht zum Balken in dessen unterem Drittelpunkt und liefert daher die Auflagerdrücke:

$$A = \frac{2}{3}\,D\,. \quad B = \frac{1}{3}\,D\,.$$

An der Stelle x entsteht das Biegungsmoment $M_x = B_x - \dfrac{q_o\,x^3}{6\,l}$, wo $q_o = \gamma\,b\,t$.

$$\frac{dM}{dx} = 0 \ \text{liefert} \ x_1 = \frac{1}{\sqrt{3}}\,\frac{t}{\sin\alpha}\,,$$

wonach

$$M_{max} = \frac{\gamma\,b\,t^3}{9\,\sqrt{3}\,\sin^2\alpha}\,.$$

14. Da der Druck auf die obere Seitenfläche $D_o = \dfrac{\gamma\,s^3}{4}\,\sqrt{2}$, jener auf die

untere $D_u = \dfrac{3\,\gamma\,s^3}{4}\,\sqrt{2}$, so ist $\dfrac{D_o}{D_u} = \dfrac{1}{3}$.

Der gesamte Horizontaldruck auf ABC beträgt $H = \gamma\,s^3$ mit dem Hebelarme

$\dfrac{s\sqrt{2}}{3}$ bezüglich C, der Vertikaldruck V ist gleich dem Flüssigkeitsgewichte

$\dfrac{\gamma\,s^3}{2}$ mit dem Hebelarme $\dfrac{s\sqrt{2}}{6}$ bezüglich C, daher

$$M_C = \frac{5}{12}\,\gamma\,s^4\,\sqrt{2}\,.$$

15. Zerlege den Gesamtdruck auf das Stemmtor $D = \gamma\,F\,z_s = 15{,}12$ [Mp], der im Druckmittelpunkte M ($\zeta_M = 4{,}314$ m) angreift, in die drei Parallelkräfte A, B, C:

$$A = 2{,}835 \text{ Mp}, \qquad B = 4{,}725 \text{ Mp}, \qquad C = 7{,}56 \text{ Mp}.$$

16. Wenn der Gesamtdruck D im Punkte A angreift, tritt Kippen ein. Dies gibt mit t als Wassertiefe die Bedingung $a \sin \alpha = \dfrac{t}{3}$ oder $t = 3\,a \sin \alpha = 2{,}34$ m.

Dieser Tiefe entspricht eine Druckkraft $D = \dfrac{9}{2}\,\gamma\,a^2\,t \sin \alpha = 12{,}63$ Mp. Da sie in A angreift, so entsteht in C kein Auflagerdruck und es ergibt sich das maximale Biegungsmoment bei A mit

$$M_{max} = \frac{4}{81}\,\frac{\gamma\,b\,t^3}{\sin^2 \alpha} = \frac{108}{81}\,\gamma\,a^3\,b \sin \alpha = 3{,}367\,[\text{Mpm}].$$

17. Ist A die Ankerkraft und bezeichnet y den Ort des größten Biegungsmomentes im Felde $A\,B$, so ist die Bedingung zu erfüllen

$$A\,(y - z) - \frac{1}{6}\,\gamma\,b\,y^3 = \frac{1}{6}\,\gamma\,b\,z^3, \quad \text{wo}\ b = \frac{B}{n}\,. \tag{1}$$

y ist bestimmt durch

$$Q_y = A - \frac{1}{2}\,\gamma\,b\,y^2 = 0, \tag{2}$$

hiezu tritt noch die Gleichung

$$M_B = 0 = A\,(h - z) - \frac{\gamma\,b\,h^3}{6}\,. \tag{3}$$

Eliminierung von A liefert für z und y die Gleichungen

$$3\,y^2\,(y - z) - y^3 = z^3, \tag{4}$$

$$3\,y^2\,(h - z) - h^3 = 0. \tag{5}$$

Mit $\dfrac{y}{z} = u$ geht (4) über in $u^2\,(2\,u - 3) = 1$, woraus $u = 1{,}678$.

Damit entsteht aus (5): $8{,}45\,z^2\,(h - z) = h^3$ mit der Lösung $z = 0{,}475\,h$. Hiemit wird $y = z\,u = 0{,}797\,h$.

Aus (3) folgt $A = 0{,}635\,\dfrac{\gamma\,b\,h^2}{2}$ und daher $M_y = M_A = 0{,}1072\,\dfrac{\gamma\,b\,h^3}{6}\,.$

Ohne Anker müßte der Bodenwinkel bei B ein Einspannmoment $\dfrac{\gamma\,b\,h^3}{6}$ aufnehmen.

18. Sind n Querriegel (Abb. 150) so angeordnet, daß auf jedes der $n + 1$ Felder der gleiche Druck $D_1 = \dfrac{D}{n + 1}$ wirke, so gelten die Gleichungen

$$D_1 = \gamma\, b\, \frac{z_1^2}{2},$$

$$2\, D_1 = \gamma\, b\, \frac{z_2^2}{2},$$
$$\vdots \qquad \vdots$$
$$(n + 1)\, D_1 = \gamma\, b\, \frac{h^2}{2},$$

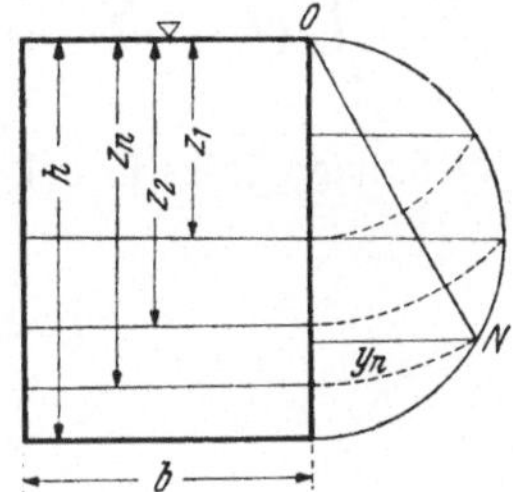

Abb. 150

aus denen die Entfernungen $z_1, z_2 \ldots z_n$ der Riegel vom Wasserspiegel zu berechnen sind. Sie ergeben sich zu

$$z_1 = \frac{h}{\sqrt{n + 1}}, \qquad z_2 = \frac{h}{\sqrt{n + 1}}\sqrt{2}, \qquad z_n = \frac{h}{\sqrt{n + 1}}\sqrt{n}.$$

Konstruktion (Abb. 150): Teile h in $n + 1$ gleiche Teile, ziehe durch die Teilungspunkte Waagrechte bis zum Schnitte mit dem über h geschlagenen Halbkreise. Dann geben die von O gemessenen Sehnen zu diesen Schnittpunkten die Längen $z_1, z_2 \ldots z_n$.

Beweis: Laut Konstruktion gilt für die Ordinate y_n:

$$y_n^2 = \frac{n\,h}{n + 1}\left(h - \frac{n\,h}{n + 1}\right) = \frac{n}{(n + 1)^2}\,h^2,$$

daher ist
$$\overline{O\,N}^2 = \left(\frac{n\,h}{n + 1}\right)^2 + \frac{n\,h^2}{(n + 1)^2} = \frac{n}{n + 1}\,h^2$$

oder
$$\overline{O\,N} = \frac{\sqrt{n}}{\sqrt{n + 1}}\,h = z_n.$$

19. Druckkraft D_1 rechts von der Klappe $= \dfrac{2}{3}\,\gamma\, r^3$ im Abstande $\dfrac{3\,\pi}{16}\,r$ von Klappenmitte O; Druckkraft D_2 links von der Klappe $= \gamma\, r^3\,\pi$ im Abstande $\dfrac{r}{4}$ von O. Somit beträgt das notwendige rechtsdrehende Moment

$$M = \frac{\gamma\, r^4\,\pi}{8}.$$

20. In der Tiefe z ist die Dichte $\varrho = \varrho_0 + 2\,k\,z$ ($k =$ konstant), somit folgt aus $dp = \varrho\, g\, dz = g\,(\varrho_0 + 2\,k\,z)\,dz$:

$$p = p_0 + g\,\varrho_0\,z + k\,g\,z^2,$$

wenn p_0 den Druck auf den Spiegel bedeutet.

Der Überdruck ist daher $p_{\ddot{u}} = g\,\varrho_0\,z + k\,g\,z^2$.
Der gesamte Seitendruck berechnet sich aus

$$D = \int\limits_0^{a/2} p_{\ddot{u}}\,2\,x\,dz \quad \text{zu} \quad D = \frac{2}{105}\,g\,a^3\,(7\,\varrho_0 + 2\,k\,a).$$

Für die Tiefenlage ζ des Druckmittelpunktes gilt die Gleichung

$$\zeta\,D = \int\limits_0^{a/2} p_{\ddot{u}}\,2\,x\,z\,dz,$$

woraus
$$\zeta = \frac{2}{3}\,a\,\frac{3\,\varrho_0 + k\,a}{7\,\varrho_0 + 2\,k\,a}.$$

Für $k = 0$ (also $\varrho =$ konst.) entsteht $\zeta = \dfrac{2}{7}\,a$.

Die direkte Rechnung aus $\zeta = \dfrac{J_0}{z_s\,F}$ liefert mit den in Aufg. **12** gegebenen
Werten das gleiche Ergebnis.

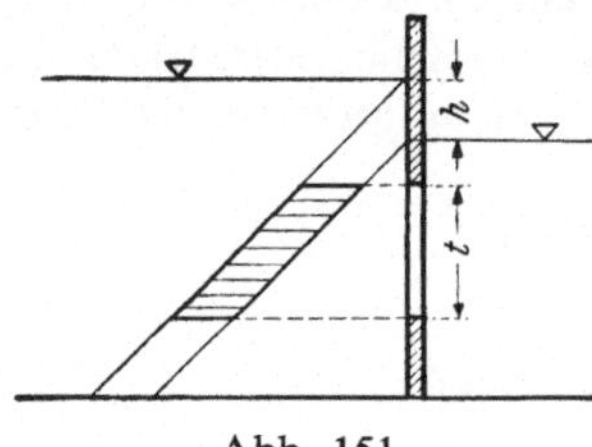

Abb. 151

21. Aus den Druckdreiecken für die Belastung der beiden Wandseiten (Abb. 151) ist zu entnehmen, daß die Belastungsfläche für die Schütze ein Parallelogramm ist mit der Fläche $h \cdot t$. Der Deckeldruck hat daher die Größe $D = \gamma \cdot b \cdot h \cdot t$ oder wegen $b \cdot t = F$:

$$D = \gamma\,F\,h.$$

Die Wirkungslinie von D muß durch den Schwerpunkt des Parallelogramms gehen; sie geht daher auch durch den Schwerpunkt S der Fläche F.

IV. Druck auf krumme Flächen

1. Man zerlegt den Gesamtdruck auf die zylindrische Wand (Abb. 152) in eine horizontale und vertikale Komponente H und V.

Es ist
$$H = \gamma\,F\,z_s, \tag{1}$$

wenn F die Projektion der gekrümmten Fläche normal zur Richtung von H darstellt und z_s den Abstand des Schwerpunktes S dieser projizierten Fläche F vom Wasserspiegel bedeutet. Die Wirkungslinie von H geht durch den Druckmittelpunkt von F.

Die Vertikalkraft V beträgt

$$V = \gamma\,\mathfrak{B}, \tag{2}$$

wo $\mathfrak{B}$ den Rauminhalt über der gedrückten Fläche bis zum Wasserspiegel bedeutet. Der Angriffspunkt liegt im Schwerpunkte S von $\mathfrak{B}$.

Bei beliebiger Form einer gekrümmten Fläche kann man die Komponenten H_x, H_y nach Gleichung (1) für die waagrechten x, y-Richtungen und V nach (2) für die z-Richtung ermitteln, die sich i. a. nicht zu einer Einzelkraft zusammensetzen lassen, sondern eine Druckdyname ergeben. Eine Ausnahme hievon bildet außer der beliebigen Zylinderfläche die Kugelfläche.

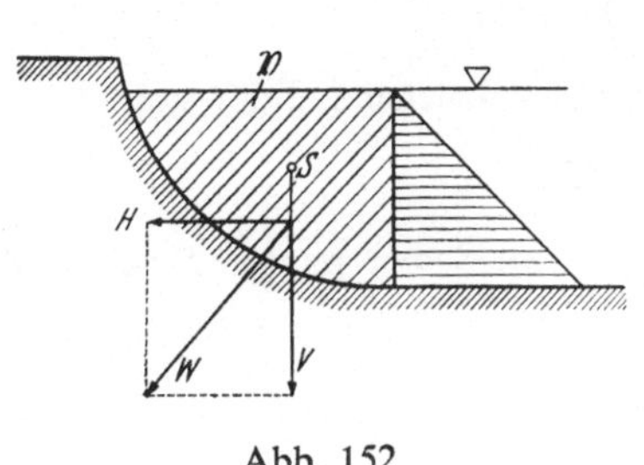

Abb. 152   Abb. 153

2. Der Vertikaldruck V erfährt eine Zunahme um $\dfrac{\gamma\, r^2\, l}{12}\,(2\,\pi + 3\,\sqrt{3})$.

3. Der gesamte Horizontaldruck ist gleich Null. Der Vertikaldruck V ist zu berechnen aus $V = \gamma\,\mathfrak{B}$, wo $\mathfrak{B}$ den Raum über dem gedrückten Kegelmantel bis zum Wasserspiegel reichend bedeutet (Abb. 153). Dieser setzt sich zusammen aus dem Hohlzylinder $\dfrac{3}{4}\,R^2\pi\left(H - \dfrac{h}{2}\right)$ und aus dem durch Drehung des rechtwinkligen Dreieckes mit den Katheten $R - R/2$ und $h/2$ entstehenden Raumes, der sich nach der Guldinschen Regel zu $\dfrac{\pi\,R^2\,h}{6}$ berechnet.

Damit wird $\qquad\qquad \mathfrak{B} = \dfrac{\pi\,R^2}{4}\,\left(3\,H - \dfrac{5}{6}\,h\right)$

und der gesamte Manteldruck $V = \gamma\,\mathfrak{B}$.

Nach abwärts wirkt das Gewicht G des Ventils und der Bodendruck D auf die Basis des Kegels, vermindert um V, sohin wird das Ventil mit der Kraft

$$G + \gamma\,\frac{\pi\,R^2}{4}\left(H - \frac{7}{6}\,h\right)$$

an den Rand der Bodenöffnung gepreßt.

4. Sind x_0, y_0 (Abb. 154) die Koordinaten des Randpunktes P der Spiegelfläche, so befindet sich über der gedrückten Fläche bis zum Spiegel reichend der Raum

$$\mathfrak{B} = \pi\left[\frac{a^2\,h}{2} - \frac{x_0^2\,y_0}{2} - (a^2 - x_0^2)\,y_0\right],$$

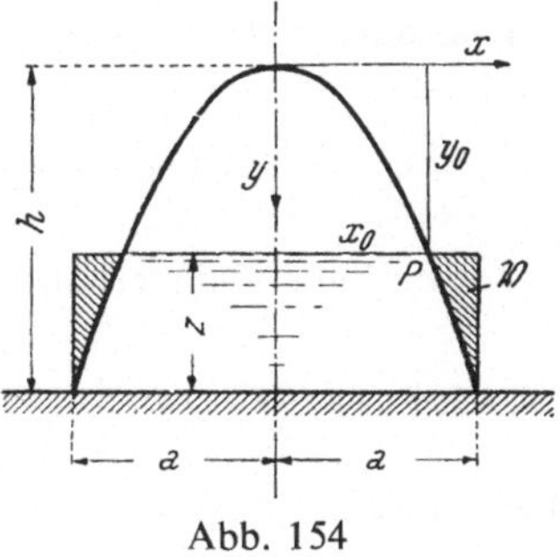

Abb. 154

oder wegen $x_0{}^2 = \dfrac{a^2}{h}\, y_0$:

$$\mathfrak{B} = \frac{\pi\, a^2}{2\, h}\, (h - y_0)^2 = \frac{\pi\, a^2}{2\, h}\, z^2.$$

Aus $V = \gamma\,\mathfrak{B} = G$ ergibt sich $z = \sqrt{\dfrac{2\,G\,h}{\pi\,\gamma\,a^2}}$.

5. Für die Tiefe „Eins" senkrecht zur Zeichenebene ergibt sich $H = \gamma\,\dfrac{9}{2}\,r^2$. Der Druckmittelpunkt liegt in O (Abb. 155).

Vertikaldruck $V = \gamma\,\dfrac{r^2\,\pi}{2}$, angreifend im Schwerpunkte S der Halbkreisfläche $\left(\overline{O\,S} = \dfrac{4}{3}\,\dfrac{r}{\pi}\right)$.

Gesamter Wasserdruck $R = \dfrac{\gamma\,r^2}{2}\,\sqrt{81 + \pi^2}$ mit dem Neigungswinkel α,

wo $\operatorname{tg}\alpha = \dfrac{\pi}{9}$.

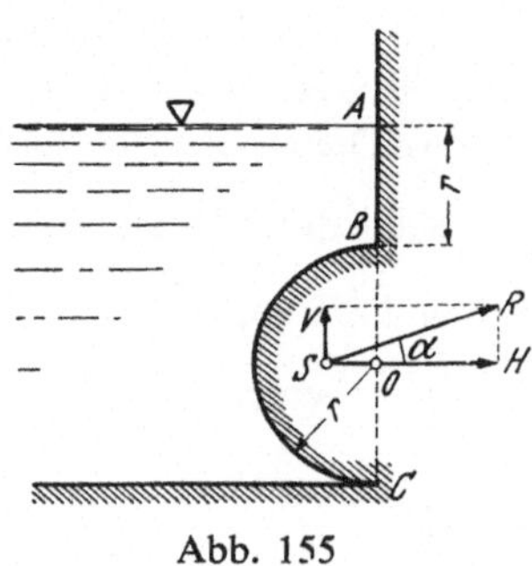

Abb. 155

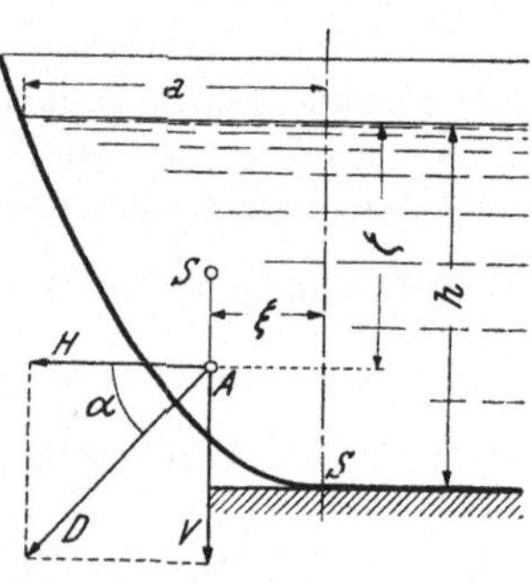

Abb. 156

6. Gesamtdruck der Wasserfüllung auf eine Seitenwand (Abb. 156)

$$D = \frac{\gamma\,h^2}{6}\,\sqrt{9 + 16\left(\frac{a}{h}\right)^2}.$$

Koordinaten des Punktes A: $\xi = \dfrac{3}{8}\,a$, $\zeta = \dfrac{2}{3}\,h$.

$$\operatorname{tg}\alpha = \frac{4}{3}\,\frac{a}{h}\,; \quad M_s = \frac{\gamma\,h}{12}\,(2\,h^2 + 3\,a^2).$$

7. Die linke Zylinderhälfte erfährt den Horizontaldruck $H_1 = \gamma\,\dfrac{l}{2}\,h^2$ und den nach aufwärts gerichteten Vertikaldruck $V_1 = \gamma\,\dfrac{l}{2}\,r^2\,\pi$, auf die rechte Hälfte wirken $H_2 = \gamma\,\dfrac{l\,h^2}{8}$ und $V_2 = \gamma\,l\,\dfrac{r^2\,\pi}{4}$.

Somit ist $H = H_1 - H_2 = \dfrac{3}{8}\,\gamma\,l\,h^2$, $V = V_1 + V_2 = \dfrac{3}{4}\,\gamma\,l\,r^2\,\pi$,

womit $R = \sqrt{H^2 + V^2} = \dfrac{3}{8}\,\gamma\,l\,h^2\,\sqrt{1 + \dfrac{\pi^2}{4}} = 0{,}698\,\gamma\,l\,h^2$.

Da die Elementardrücke normal zur Zylinderwand gerichtet sind, so schneidet die Wirkungslinie von R die Zylinderachse, und zwar unter dem Winkel α gegen die Waagrechte geneigt, wobei $\operatorname{tg}\alpha = \dfrac{V}{H} = \dfrac{\pi}{2}$, somit $\alpha = 57^0\,31'$.

8. Nach Gl. (1) Aufg. **1** ist die Horizontalkraft $H = \gamma\left(t + \dfrac{h}{2}\right)b\,h$.

Die Wirkungslinie von H (Abb. 157) liegt um das Maß $\dfrac{i_s{}^2}{z_s} = \dfrac{h^2}{12\left(t + \dfrac{h}{2}\right)}$

tiefer als der Schwerpunkt S.

Der Vertikaldruck V hat die Größe $\gamma\,\mathfrak{B}$, wo $\mathfrak{B}$ das schraffierte Volumen über der gedrückten Fläche bedeutet. V wirkt nach oben. Der Gesamtdruck wird

$$D = \sqrt{H^2 + V^2}\,.$$

Seine Wirkungslinie schließt mit der Horizontalebene den Winkel α ein, wo $\operatorname{tg}\alpha = \dfrac{V}{H}$. Sie muß, da alle Elementardrücke nach O gerichtet sind, die Zylinderachse O schneiden, so daß die Ermittlung des Schwerpunktes S_1 von $\mathfrak{B}$ überflüssig ist.

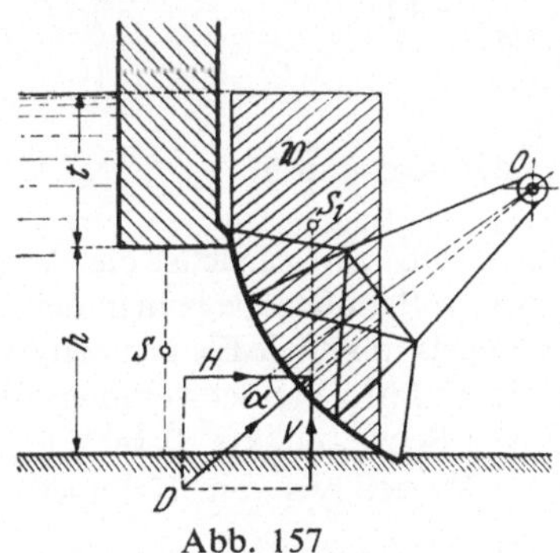

Abb. 157

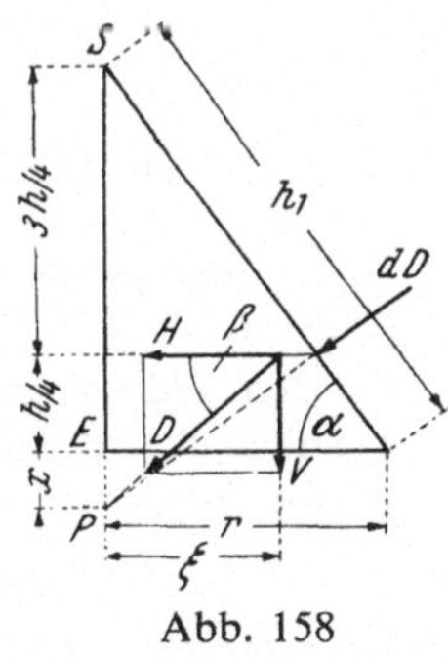

Abb. 158

9. Der Vertikaldruck auf die Mantelfläche ist

$$V = \gamma\,\mathfrak{B} = \gamma\,\dfrac{r^2\pi}{4}\left(h - \dfrac{h}{3}\right) = \gamma\,\dfrac{\pi\,h\,r^2}{6}\,.$$

Der Horizontaldruck senkrecht zur Zeichnung (Abb. 158) beträgt

$$H_1 = \gamma\,\dfrac{h\,r}{2}\cdot\dfrac{2\,h}{3} = \gamma\,\dfrac{h^2\,r}{3},$$

ebenso groß ist jener (H_2) parallel zur Zeichnung. Somit $H = H_1\sqrt{2}$ und der

Gesamtdruck
$$D = \sqrt{V^2 + 2\,H_1{}^2} = \gamma\,\frac{h^2\,r}{6}\,\sqrt{8 + \pi^2\,\mathrm{ctg}^2\,\alpha}\,,$$

worin $\mathrm{ctg}\,\alpha = \dfrac{r}{h}\,.$

Für die Neigung β des Druckes gegen die Horizontale gilt $\mathrm{tg}\,\beta = \dfrac{V}{H_1\,\sqrt{2}} = \dfrac{\pi\,\mathrm{ctg}\,\alpha}{2\,\sqrt{2}}$. Zur Bestimmung der Lage des Schnittpunktes des Druckes mit der Kegelachse greife man einen schmalen Flächenstreifen zwischen zwei Kegelerzeugenden heraus, also ein Dreieck mit der Basis $r\,d\varphi$ und der Höhe $h_1 = \dfrac{h}{\sin\alpha}$.

Sein Druckmittelpunkt M hat von der Spitze S die Entfernung $\zeta = \dfrac{3}{4}\,h_1$.

Denn es ist $\zeta = \dfrac{J}{F z_s}$, wo $J = \dfrac{F h_1{}^2}{2}$ und $z_s = \dfrac{2}{3}\,h_1$.

Alle Elementardrücke dD schneiden die Kegelachse im gleichen Punkte P, somit ist dies auch ein Punkt der Wirkungslinie des Gesamtdruckes D. Ist x seine Entfernung vom Boden, so rechnet sich dieser Abstand aus

$$(h + x)\sin\alpha = \zeta = \frac{3}{4}\,\frac{h}{\sin\alpha}$$

zu

$$x = h\left(\frac{3}{4\sin^2\alpha} - 1\right).$$

Für $x = 0$, also

$$\sin\alpha = \frac{1}{2}\,\sqrt{3}\,, \quad \alpha = 60^0 \text{ liegt } P \text{ in } E.$$

Man kann x auch in der Art bestimmen, daß man zunächst die Wirkungslinie des Vertikaldruckes V ermittelt. Zu diesem Behufe zerlege man den Rauminhalt $\mathfrak{V}$ über dem gedrückten Mantel des Kegels in schiefe Elementarpyramiden $d\mathfrak{V}$ mit der Spitze S und Basis $r\,d\varphi \cdot h$, deren lotrechte Schwerlinien die Entfernung $^3/_4\,r$ von der Kegelachse haben. Alle Schwerpunkte dieser Elementarkörper erfüllen einen schweren waagrechten Viertelkreis vom Halbmesser $^3/_4\,r$, dessen Schwerpunkt vom Mittelpunkt um $\xi = \dfrac{c}{a}$ entfernt ist, wo c die Sehnenlänge, a den Zentriwinkel bedeuten. Da $c = \dfrac{3}{4}\,r\,\sqrt{2}$, $a = \dfrac{\pi}{2}$, so wird

$\xi = \dfrac{3\,r\,\sqrt{2}}{2\,\pi}$. Der Gesamtdruck D wirkt in der Symmetrieebene des Kegels; die Wirkungslinien von H_1 und H_2 liegen $\dfrac{3}{4}\,h$ unter dem Wasserspiegel, V in der Entfernung ξ parallel zur Kegelachse.

Aus Abb. 158 folgt dann

$$x + \frac{h}{4} = \xi\,\mathrm{tg}\,\beta = \frac{3\,r\,\sqrt{2}}{2\,\pi} \cdot \frac{\pi\,\mathrm{ctg}\,\alpha}{2\sqrt{2}} = \frac{3}{4}\,h\,\mathrm{ctg}^2\,\alpha,$$

woraus

$$x = \frac{h}{4}\,(3\,\mathrm{ctg}^2\,\alpha - 1) = h\left(\frac{3}{4\sin^2\alpha} - 1\right)$$

übereinstimmend mit obigem Werte folgt.

10. Der nach oben gerichtete Vertikaldruck auf die Mantelfläche berechnet sich aus $V = \gamma\,\mathfrak{B}$ zu $\dfrac{19\,\pi}{8}\,\gamma\,r^3$, der Bodendruck auf die Basis $r^2\,\pi$ beträgt $\dfrac{5}{2}\,\gamma\,\pi\,r^3$, das Ventilgewicht $\gamma_1\,\pi\,r^3$; somit die erforderliche Anhebekraft $\pi\,r^3\left(\gamma_1 + \dfrac{\gamma}{8}\right)$.

11. Die Wirkung der Kolbenkraft P wird dadurch berücksichtigt, daß man die Flüssigkeitshöhe h um $\dfrac{P}{\gamma\,\pi\,R^2}$ vergrößert, demnach mit $H = h + \dfrac{P}{\gamma\,\pi\,R^2}$ rechnet. Der Vertikaldruck auf den konischen Ring (Abb. 159), der dem Winkel $d\varphi$ zugehört, beträgt $-\gamma\,2\,\pi\,r\sin\varphi\,r\,d\varphi\,(H - r\cos\alpha + r\cos\varphi)\cos\varphi$, daher der Gesamtdruck auf die benetzte Kugelfläche

$$V = -\gamma\,2\,\pi\,r^2 \int\limits_{\varphi=\alpha}^{\pi}\left[(H - r\cos\alpha)\,\frac{\sin 2\varphi}{4}\,d(2\varphi) - r\cos^2\varphi\,d(\cos\varphi)\right]$$

oder

$$V = \gamma\,\pi\,r^2\left[H\sin^2\alpha + \frac{r}{3}\,(\cos^3\alpha - 3\cos\alpha - 2)\right].$$

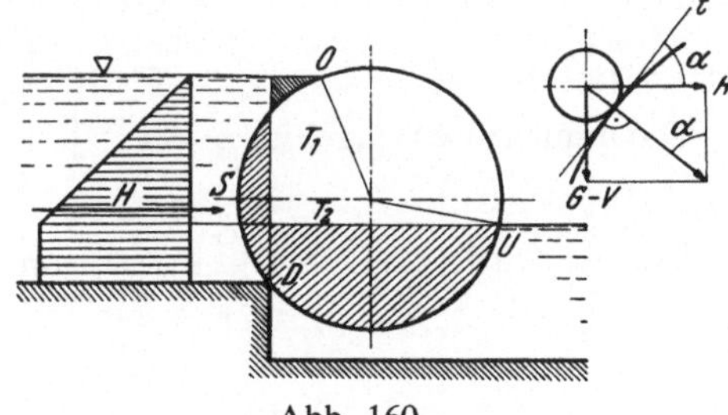

Abb. 159   Abb. 160

Da $G = \dfrac{4}{3}\,r^3\,\pi\,\gamma_1$ das Gewicht der Kugel angibt, so wird letztere an den Rand der Bodenöffnung mit der Kraft

$$D = G + V = \gamma\,\pi\,r^2\left[\left(h + \frac{P}{\gamma\,\pi\,R^2}\right)\sin^2\alpha + \frac{r}{3}\left(4\,\frac{\gamma_1}{\gamma} + \cos^3\alpha - 3\cos\alpha - 2\right)\right]$$

gepreßt.

12. Die Größe des Horizontaldruckes H ist je lfd. Meter Zylinderfläche mit $\gamma = 1\ \mathrm{Mp/m^3}$, dargestellt durch die Fläche des Drucktrapezes (Abb. 160). Die

Wirkungslinie von H geht durch den Schwerpunkt dieses Trapezes. Die Größe des nach aufwärts wirkenden Vertikaldruckes ist zu berechnen aus $V = \gamma \mathfrak{B}$, wo $\mathfrak{B}$ die in (Abb. 160) schraffierte Fläche in Quadratmetern bedeutet und der Flächenteil bei O negativ zu zählen ist;

somit $\mathfrak{B}$ = Sektor $O\,S\,D\,U$ — Trapez T_1 — Trapez T_2.

Da alle Elementardrücke die Walzenachse schneiden, so tut dies auch der resultierende Wasserdruck $D = \sqrt{H^2 + V^2}$, dessen Winkel ϑ mit der Waagrechten durch $\operatorname{tg} \vartheta = \dfrac{V}{H}$ bestimmt ist. Dadurch ist auch die Lage der Wirkungslinie von V ohne vorherige Bestimmung des Schwerpunktes der Fläche $\mathfrak{B}$ festgelegt.

Für Gleichgewicht steht die Mittelkraft aus $G - V$ und H senkrecht auf der Rollbahntangente t, woraus folgt $\operatorname{ctg} \alpha = \dfrac{G - V}{H}$.

V. Auftrieb und Schwimmen

1. Ist l die Länge, l' die mittlere benetzte Länge des Stabes vom Querschnitte F (Abb. 161), so liefert die Momentengleichung für das Gelenk mit $G = \gamma_1 F l$ und $A = \gamma F l'$:

$$\frac{\gamma_1}{\gamma} = \frac{l'}{l}\left(2 - \frac{l'}{l}\right)$$

oder mit $\dfrac{l'}{l} = \lambda$: $\qquad \lambda^2 - 2\lambda + \dfrac{\gamma_1}{\gamma} = 0.$

Die brauchbare Wurzel ist $\lambda = 1 - \sqrt{1 - \dfrac{\gamma_1}{\gamma}}$.

Hiemit wird $A = \dfrac{G}{1 + \sqrt{1 - \dfrac{\gamma_1}{\gamma}}}$ und daher der Gelenkdruck

$$D = G - A = G\,\frac{\sqrt{1 - \dfrac{\gamma_1}{\gamma}}}{1 + \sqrt{1 - \dfrac{\gamma_1}{\gamma}}} = 8,3 \text{ kp} \quad \text{bei einem Stabgewichte G} = 20 \text{ kp}.$$

Der Gelenkdruck ist unabhängig von der Höhenlage a des Gelenkes.

2. Dem Gewichte P und dem Balkengewichte $G = \gamma_1 h^2 l$ muß der Auftrieb $A = \gamma \dfrac{l}{2}(a + h)\,h$ das Gleichgewicht halten, wo a die Tauchtiefe am linken

Balkenende ist (Abb. 162). Daraus folgt

$$P + G = A \qquad (1)$$

und mit der Annahme, daß die Neigung der Balkenachse gegen den Wasserspiegel klein sei, $Pe - A\,\xi + G\,\dfrac{l}{2} = 0$ (Momente um die Ecke E gleich 0).

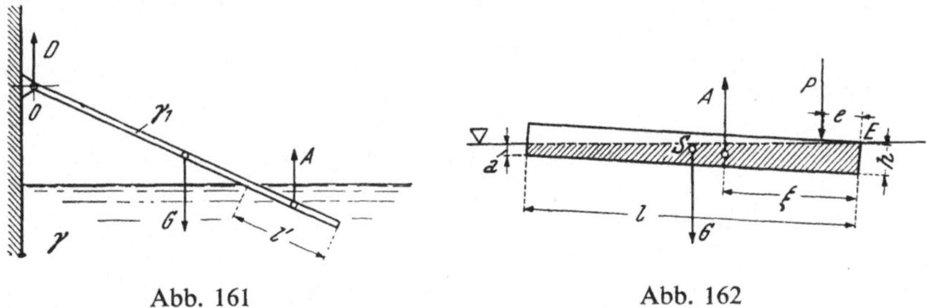

Abb. 161   Abb. 162

Für die Schwerpunktskoordinate ξ des verdrängten Volumens gilt aber

$$\xi = \frac{l}{3}\,\frac{h + 2\,a}{h + a}.$$

Eliminiert man aus obigen Gleichungen ξ und a, so ergibt sich für die gesuchte Balkenlänge l die quadratische Gleichung

$$l^2 - \frac{4\,P}{h^2\,(\gamma - \gamma_1)}\,l + \frac{6\,Pe}{h^2\,(\gamma - \gamma_1)} = 0 \qquad (2)$$

mit den Wurzeln $l_{1,2} = \dfrac{1}{h^2\,(\gamma - \gamma_1)}\left[2\,P \pm \sqrt{4\,P^2 - 6\,Pe\,h^2\,(\gamma - \gamma_1)}\,\right].$

Mit $\gamma = 1\,\dfrac{\mathrm{kp}}{\mathrm{dm}^3}$ und $\dfrac{\gamma_1}{\gamma} = 0{,}5$ ergibt sich als einzige brauchbare Lösung $l_1 = 5{,}13$ m.

Hiemit berechnet sich die Einsenktiefe a am linken Balkenende aus Gl. (1) zu:

$$a = 2\left(\frac{P}{\gamma\,l\,h} + \frac{\gamma_1}{\gamma}\,h\right) - h = 0{,}91 \text{ dm}.$$

Die Neigung φ der Balkenachse gegen den Wasserspiegel ist zu rechnen aus

$$\operatorname{tg}\varphi = h - \frac{a}{l} = 0{,}04074.$$

Demnach ist $\varphi = 2^0 19' 58''$; die Annahme eines kleinen Winkels φ ist daher berechtigt.

Zum gleichen Ergebnisse für l gelangt man auch durch folgende Überlegung: Würde die waagrechte Schwimmfläche mit der Oberfläche des Balkens zusammenfallen, dann wäre der Auftrieb $A_1 = \gamma\,h^2 l$, angreifend im Schwerpunkte S des

— 77 —

Balkens. Durch die geringe Schiefstellung des Balkens verliert der aus dem Wasser austretende keilförmige Körper seinen Auftrieb A_2, er ist daher — wenn A_1 weiterhin in voller Größe wirksam bleibt — negativ im Schwerpunkt S_1 des Keils wirkend, also in der Entfernung $\dfrac{l}{6}$ von S, in Rechnung zu stellen.

Das Gleichgewicht der 4 Kräfte G, P, A_1, A_2 liefert die beiden Gleichungen

$$A_1 - P - G = A_2.$$

Momente um S:

$$A_2\frac{l}{6} = P\left(\frac{l}{2} - e\right),$$

woraus wieder die quadratische Gl. (2) für l folgt.

3. Mit l als Länge des Heizrohres muß der Auftrieb $A = \gamma\,\dfrac{\pi d^2}{4}\,l$ gleich sein dem Gewicht $G = \gamma_1\,\pi\,dl\,s$,

woraus $\qquad\qquad\qquad d = 4\,\dfrac{\gamma_1}{\gamma}\,s = 250\,\text{mm}.$

4. Der nach oben gerichtete Vertikaldruck auf die halbzylindrische Sandfläche des Oberkastens ist $V = \gamma_1\,\mathfrak{V}$, wo $\mathfrak{V} = Dlh - \dfrac{1}{2}\,\dfrac{D^2\pi}{4}\,l$; hiemit wird $V = 925\,\text{kp}$.

Der Kern erfährt einen Auftrieb $A = \gamma_1\,\dfrac{\pi d^2}{4}\,l$, der durch die Kernenden auf den Oberkasten übertragen wird; er wird vermindert um das Gewicht $G = \gamma_2\,\dfrac{\pi d^2}{4}\,l$ des Kerns.

Die erforderliche Mindestbelastung des Oberkastens beträgt daher

$$V + A - G = 1458\,\text{kp}.$$

5. Da der Schwimmer am Boden des Gefäßes dicht aufruht, so ist vom Auftriebe A, den die von Flüssigkeit umgebene Kugelkappe erfährt, der Druck auf die nicht benetzte Bodenfläche $\pi\,\dfrac{\overline{(AB)^2}}{4}$ abzuziehen.

Es ist $A = \gamma\left[\dfrac{2}{3}\,r^3\pi - \dfrac{h^2\pi}{3}\,(3r - h)\right]$ oder wegen $h = \dfrac{r}{3}$:

$A = \gamma\,\dfrac{46}{81}\,\pi r^3$, daher wirkt nach aufwärts die Kraft $P = A - \gamma\,\pi\,\dfrac{\overline{(AB)^2}}{4}\cdot\dfrac{2r}{3}$.

Mit $\overline{AB} = \dfrac{2r}{3}\,\sqrt{5}$ ergibt sich $P = \gamma\,\dfrac{16\,\pi\,r^3}{81}$ gleich dem erforderlichen Gewichte des Schwimmers.

6. Die Tauchtiefe t_1 des Pontons bei leerem Tank ist $t_1 = \dfrac{G_1}{\gamma_1 F_1}$ ($\gamma_1 =$ spez. Gewicht des Wassers) und es beträgt die metazentrische Höhe

$$m_1 = \frac{\gamma_1 J_1}{G_1} - \left(z_1 - \frac{t_1}{2}\right),$$

demnach das Stabilitätsmoment $M_1 = \varphi\, G_1 \cdot m_1$. $\hspace{2cm}$ (a)

Durch Füllung des Tanks bis zur Höhe h und die dadurch entstandene Erhöhung des Gesamtgewichtes auf $G_2 = G_1 + \gamma_2 F_2 h$ ändert sich die Tauchtiefe in $t_2 = \dfrac{G_2}{\gamma_1 F_1}$, wonach sich mit $\lambda = \dfrac{\gamma_2 F_2}{\gamma_1 F_1}$ ergibt: $t_2 = t_1 + \lambda h$.

Die vom Boden gemessene Koordinate z_2 des Schwerpunktes S_2 von G_2 ist durch $z_2 G_2 = z_1 G_1 + \gamma_2 F_2 \dfrac{h^2}{2}$ bestimmt.

Da der Schwerpunkt T_2 der Wasserverdrängung vom Boden um $\dfrac{t_2}{2}$ entfernt ist, so beträgt die Strecke $\overline{S_2 T_2} = d_2 = z_2 - \dfrac{t_2}{2}$; mit Benutzung der für z_2 und t_2 geltenden Werte wird

$$d_2 G_2 = G_1 \left(z_1 - \frac{t_1}{2} - \lambda h\right) + \gamma_2 F_2 \frac{h^2}{2}\,(1 - \lambda). \hspace{1.5cm} (b)$$

Bei Ermittlung des Einflusses der Tankfüllung auf die neue metazentrische Höhe m_2 ist zu bedenken, daß bei Drehung des Schiffes um den kleinen Winkel φ der Spiegel der Tankflüssigkeit (Abb. 163) horizontal bleibt. Der Wasserkörper $o\,a\,a_1$ links hat sich nach rechts verschoben. Dem entspricht das rechtsdrehende Kraftmoment $M = \int x\,dG$, wo $dG = \gamma_2\,dF \cdot x \cdot \varphi$; somit ist

$$M = \gamma_2 \varphi \int\limits^{F_2} x^2\,dF = \gamma_2 \varphi\, J_2,$$

wenn J_2 das Trägheitsmoment der Fläche F_2 bedeutet.

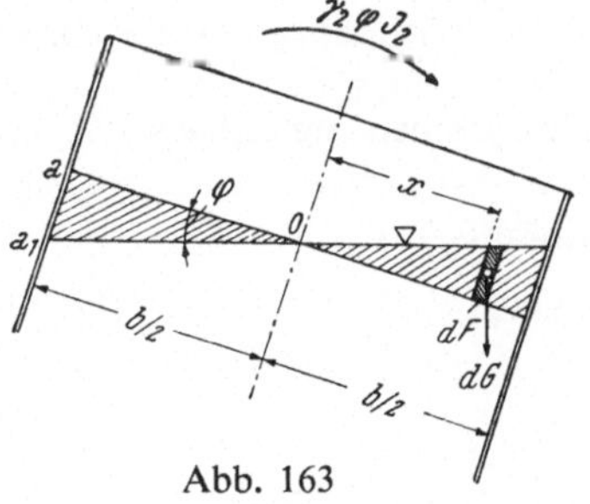

Abb. 163

Das aufrichtende Moment $\gamma_1 \varphi J_1$ wird daher um M verringert, womit sich für die metazentrische Höhe m_2 ergibt

$$m_2 = \frac{1}{G_2}\,(\gamma_1 J_1 - \gamma_2 J_2) - d_2\,;$$

das Stabilitätsmoment M_2 bei gefülltem Tank beträgt daher

$$M_2 = \varphi\, G_2\, m_2 = \varphi\,(\gamma_1 J_1 - \gamma_2 J_2 - G_2 d_2)$$

oder bei Beachtung von (a) und (b)

$$M_2 = M_1 - \varphi\left[\gamma_2 J_2 + \gamma_2 F_2 \frac{h^2}{2}\,(1 - \lambda) - G_1 \lambda h\right].$$

Das Stabilitätsmoment erfährt somit eine Änderung

$$\Delta M = M_1 - M_2 = \varphi \left[\gamma_2 J_2 + \gamma_2 F_2 \frac{h^2}{2}(1-\lambda) - G_1 \lambda h \right]$$

oder mit $J_2 = \dfrac{l\,b^3}{12} = \dfrac{F_2\,b^2}{12}$:

$$\Delta M = \varphi\,\gamma_2 F_2 h \left[\frac{b^2}{12\,h} + \frac{h}{2}(1-\lambda) - t_1 \right]. \tag{c}$$

Mit Einführung der Dimensionslosen: $v = \dfrac{h}{t_1}$, $\beta = \dfrac{b}{t_1 \sqrt{6}}$ geht (c) über in

$$\frac{\Delta M}{\varphi\,G_1\,t_1} = \lambda \left[\frac{\beta^2}{2} + \frac{v^2}{2}(1-\lambda) - v \right]. \tag{d}$$

Eine Abnahme der Stabilität tritt ein, wenn $\Delta M > 0$, d. h.:

$$\beta^2 + v^2(1-\lambda) > 2\,v.$$

7. Ist α der Krängungswinkel des Schiffes, so gilt für die gekrängte Lage angenähert $G\,m\,\alpha = Q\,a$, also $\alpha = \dfrac{Q\,a}{G\,m}$.

Da $m = (1{,}4 - 0{,}8)\,\text{m} = 0{,}6\,\text{m}$ gegeben ist, so wird $\alpha = \dfrac{1}{30}$ oder $\alpha^0 = 1{,}91^0$.

8. Der Auftrieb des Schwimmers ist $A = \dfrac{1}{2}\dfrac{\pi D^2}{4}\gamma\,l$, jener des Winkelhebels kann als geringfügig vernachlässigt werden. Der Druck auf die Klappe ist $D = \gamma\,b\,h\,z_s$, er greift im Druckmittelpunkt in der Tiefe $\zeta = z_s + \dfrac{h^2}{12\,z_s}$ an.

Das Momentengleichgewicht um O liefert mit $\overline{O\,O_1} = x$:

$$(A - G)\,x = D\,\zeta,$$

woraus

$$x = \frac{D\,\zeta}{A - G} = \frac{b\,h\left(z_s^2 + \dfrac{h^2}{12}\right)}{\dfrac{\pi D^2}{8}\,l - \dfrac{G}{\gamma}} = 85\ \text{cm}.$$

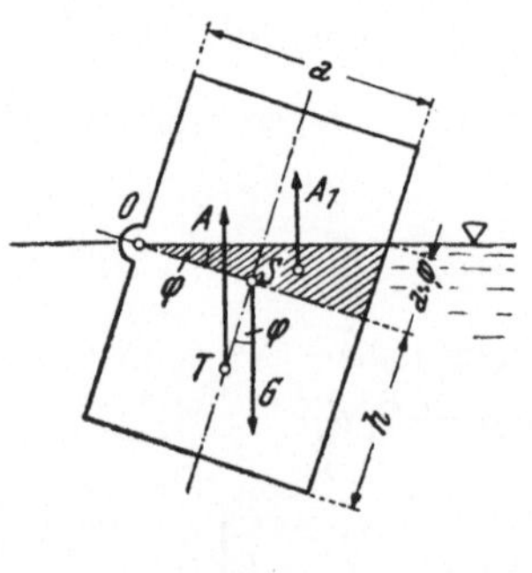

Abb. 164

9. Für eine kleine Auslenkung φ aus der Gleichgewichtslage (Abb. 164) ergibt der neueingetauchte Plattenteil den Auftrieb

$A_1 = \gamma\,\dfrac{a^2}{2}\,\varphi$, der in bezug auf O ein rücktreibendes Moment $A_1 \cdot \dfrac{2}{3}\,a = \gamma\,\dfrac{a^3}{3}\,\varphi$ liefert,

dem das Kraftpaar $A \cdot \overline{T\,S} \cdot \varphi$ entgegenwirkt. Letzteres ergibt sich wegen $A = \gamma\,a\,h$ und $\overline{T\,S} = \dfrac{h}{2}$ zu $\gamma\,\dfrac{a\,h^2}{2}\,\varphi$.

Für stabiles Schwimmen muß $\gamma \dfrac{a^3}{3}\,\varphi > \gamma \dfrac{a\,h^2}{2}\,\varphi$ sein, woraus folgt

$$\frac{a}{h} > \sqrt{\frac{3}{2}} \quad \text{oder} \quad \frac{a}{h} > 1{,}225\,.$$

10. In aufrechter Stellung ist die Tauchtiefe $t = l\,\dfrac{\gamma_1}{\gamma}$; die metazentrische

Höhe m ergibt sich aus $m = \dfrac{J}{\mathfrak{B}} - d$ wegen $J = \dfrac{F\,r^2}{4}$, $\mathfrak{B} = F\,t$, $d = \dfrac{1}{2}\,(l - t)$

zu $\dfrac{r^2}{4\,l\,\dfrac{\gamma_1}{\gamma}} - \dfrac{l}{2}\left(1 - \dfrac{\gamma_1}{\gamma}\right)$. Die Stabilitätsbedingung $m > 0$ ist erfüllt, wenn

$$\frac{l}{r} \leqq \frac{1}{\sqrt{2\,\dfrac{\gamma_1}{\gamma}\left(1 - \dfrac{\gamma_1}{\gamma}\right)}}\,. \tag{1}$$

Da der Größtwert des Nenners der rechten Seite gleich ist $\dfrac{1}{\sqrt{2}}\left(\text{für}\,\dfrac{\gamma_1}{\gamma} = \dfrac{1}{2}\right)$,

so ist Gl. (1) sicher erfüllt, wenn $\dfrac{l}{r} \leqq \sqrt{2}$.

In liegender Stellung tauche der Zylinder mit einem Kreissegmente vom

Zentriwinkel α, der Sehne b und der Fläche $F = \dfrac{r^2}{2}\,(\alpha - \sin\alpha)$ ein. Der Auf-

trieb je Längeneinheit des Zylinders ist $\gamma\,F$, das Gewicht $\gamma_1\,r^2\,\pi$, somit

$$\gamma\,(\alpha - \sin\alpha) = 2\pi\,\gamma_1\,, \tag{2}$$

woraus α zu berechnen ist. Die metazentrische Höhe wird, da

$$d = \frac{b^3}{12\,F}\,, \quad \frac{J}{\mathfrak{B}} = \frac{b\,l^3}{12\,F\,l}:$$

$$m = \frac{b}{12\,F}\,(l^2 - b^2)\,.$$

Positives m verlangt, daß $l \geqq b$ sei, womit sich wegen $b = 2r\sin\dfrac{\alpha}{2}$ folgende

Stabilitätsbedingung ergibt:

$$\frac{l}{r} \geqq 2\sin\frac{\alpha}{2}\,, \tag{3}$$

mit α aus Gl. (2). Gl. (3) ist bei jedem α sicher erfüllt, wenn $\dfrac{l}{r} \geqq 2$ ist.

Die Aufzeichnung der den Gln. (1) und (2) entsprechenden Grenzkurven

für $\dfrac{l}{r}$ in Abb. 165 als Funktion von $x = \dfrac{\gamma_1}{\gamma}$ (bzw. von α für den liegenden Zy-

linder) zeigt, daß für den Bereich der Werte $\dfrac{l}{r}$ zwischen den Grenzen 2 und $\sqrt{2}$

keine der beiden Stellungen stabil sein kann.

11. Ist $F = R^2\pi$ die Basis des Kegels (Abb. 166), H seine Höhe, $f = r^2\pi$ die Schwimmfläche, so lautet die Schwimmbedingung:

$$\frac{FH}{3}\,\gamma_E = \gamma\left(\frac{FH}{3} - \frac{fh}{3}\right);$$

daraus ergibt sich für die Höhe des Kegels $H = \dfrac{h}{\sqrt[3]{1 - \dfrac{\gamma_E}{\gamma}}} = 2{,}039\,h = 50{,}97\,\text{m}.$

Die Tiefenlage z_T des Schwerpunktes T der Verdrängung $\mathfrak{B}$ unter der Kegelspitze berechnet sich aus

$$z_T \frac{FH - fh}{3} = \frac{3}{4}\left(\frac{FH}{3}H - f\frac{h^2}{3}\right) \quad \text{zu} \quad z_T = \frac{3}{4}\frac{H^4 - h^4}{H^3 - h^3}.$$

Daher beträgt die Entfernung d von T bis zum Schwerpunkte des Kegels

$$d = \overline{TS} = \frac{3}{4}h\,\frac{\dfrac{H}{h} - 1}{\left(\dfrac{H}{h}\right)^3 - 1}.$$

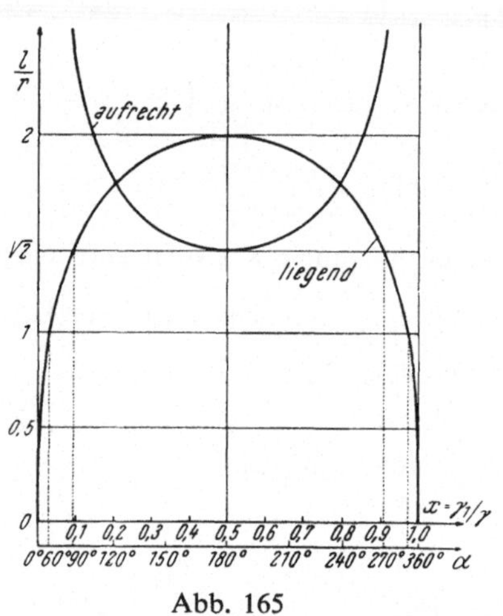

Abb. 165

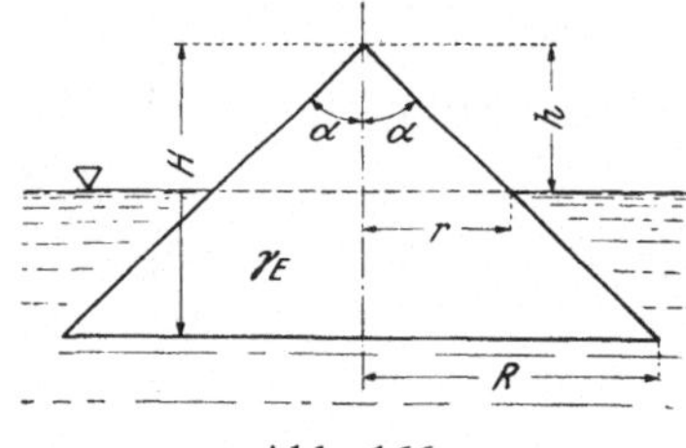

Abb. 166

Die metazentrische Höhe rechnet sich aus $m = \dfrac{J}{\mathfrak{B}} - d$ wegen

$$J = \frac{fr^2}{4} \quad \text{und} \quad \mathfrak{B} = f\,\frac{H^3 - h^3}{3h^2}$$

$$\text{zu} \quad m = \frac{3}{4}\,\frac{h}{\left(\dfrac{H}{h}\right)^3 - 1}\left[\left(\frac{r}{h}\right)^2 - \frac{H}{h} + 1\right].$$

Für stabiles Schwimmen $(m > 0)$ muß $\dfrac{r}{h} > \sqrt{\dfrac{H}{h} - 1}$ sein,

somit $\operatorname{tg}^2\alpha \geqq \dfrac{H}{h} - 1 = 1{,}039,$ oder $\alpha_{min} = 45^0\,32'\,43''.$

12. Vor Aufbringen der Zusatzlast ergibt sich eine Tauchtiefe

$$t_0 = \frac{4\,G}{\pi\,\gamma\,D^2} = 0,432 \text{ m und eine metazentrische Höhe}$$

$$m = \frac{\dfrac{\pi\,D^4}{64}}{\dfrac{\pi\,D^2}{4}\,t_0} - \left(x_s - \frac{t_0}{2}\right) = +\,0,225 \text{ [m], also stabiles Schwimmen.}$$

Durch Aufbringung der Zusatzlast G' vergrößert sich die Tauchtiefe auf

$$t_1 = \frac{4\,(G + G')}{\pi\,\gamma\,D^2} = 0,521 \text{ m und die Verdrängung beträgt}$$

$$\mathfrak{B} = \frac{G + G'}{\gamma} = 1,327 \text{ m}^3.$$

Bezeichnet ξ die zu suchende Höhenlage des Schwerpunktes S_1 über dem Boden, x_1 jene des Schwerpunktes der Gesamtlast $G + G'$, so gilt

$$x_1\,(G + G') = G\,x_s + G'\,\xi. \tag{a}$$

Die Bedingung stabilen Schwimmens verlangt, daß $\dfrac{J}{\mathfrak{B}} \geqq d$ sei, worin

$$d = x_1 - \frac{t_1}{2} \text{ und } \frac{J}{\mathfrak{B}} = \frac{\pi\,D^4}{4 \cdot 1,327} = 0,388 \text{ m.}$$

Somit $\qquad\qquad\qquad 0,388 \geqq x_1 - 0,261$

oder $\qquad\qquad\qquad\quad x_1 \leqq 0,649 \text{ m.}$

Hiemit ergibt Gl. (a): $\quad \xi \leqq 1,56 \text{ m.}$

13. Nach Konstruktion (Abb. 167) ist $\overline{M\sigma} = \overline{B\sigma}\,\mathrm{tg}\,\alpha.$

Mit ϱ als Halbmesser der Schwimmfläche, t als Tauchtiefe, ist $\overline{C\sigma} = \dfrac{3}{4}\,t$, da-

her $\overline{B\sigma} = \dfrac{3}{4}\,t\,\mathrm{tg}\,\alpha = \dfrac{3}{4}\,\varrho$. Da $\overline{M\sigma} = \dfrac{J}{\mathfrak{B}}$ sein muß, wo $J = \dfrac{F\,\varrho^2}{4}$,

Verdrängung $\mathfrak{B} = \dfrac{1}{3}\,F\,t$ (F = Schwimmfläche),

so wird

$$\overline{M\sigma} = \frac{3}{4}\,\varrho\,\mathrm{tg}\,\alpha = \overline{B\sigma}\,\mathrm{tg}\,\alpha \text{ übereinstimmend mit}$$

dem konstruierten Werte.

Für indifferentes Schwimmen fällt das Metazentrum in den Schwerpunkt des Kegels und dieser teilt seine Höhe im Verhältnis 1:3.

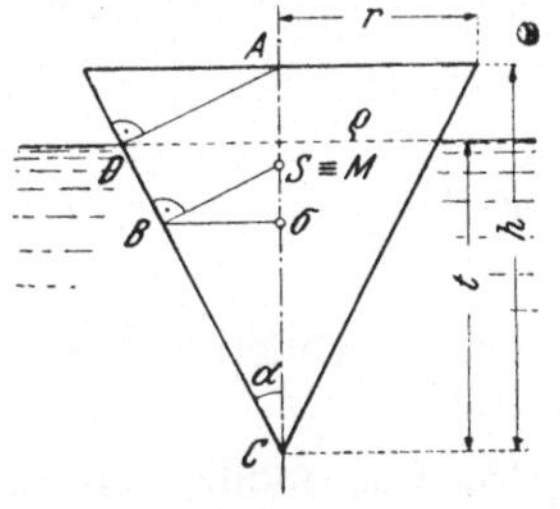

Abb. 167

Nun ist $\qquad\qquad \overline{S\sigma} = \dfrac{3}{4}\,(h - t).$ \hfill (a)

Wegen $S \equiv M$ ist auch $\overline{S\sigma} = \overline{M\sigma} = \overline{B\sigma}\,\mathrm{tg}\,\alpha$ oder wegen $\overline{B\sigma} = \dfrac{3}{4}\,t \cdot \mathrm{tg}\,\alpha$

$$\overline{S\sigma} = \frac{3}{4}\,t \cdot \mathrm{tg}^2\,\alpha. \tag{b}$$

Aus (a) und (b) ergibt sich die Tauchtiefe $t = h \cos^2 \alpha$. （c）

Ist D der Fußpunkt der aus A gezogenen Normalen zur Kegelerzeugenden und E dessen Projektion auf die Kegelachse, so ist die Tauchtiefe nach Gl. (c) gleich $\overline{EC}$.

Aus $G = \dfrac{1}{3}\,\gamma_1 r^2 \pi\, h$ und Auftrieb $A = \dfrac{1}{3}\,\gamma\,\varrho^2 \pi\, t$ folgt mit $\varrho = t\,\dfrac{r}{h}$:

$$\frac{\gamma_1}{\gamma} = \left(\frac{t}{h}\right)^3 \text{ oder wegen (c):}$$

$$\frac{\gamma_1}{\gamma} = \cos^6 \alpha.$$

14. Nach Aufg. **10** muß für stabiles Schwimmen des Zylinders in aufrechter Stellung $l : \dfrac{D}{2} \leqq \sqrt{2}$ sein. Im vorliegenden Falle ist aber $l : \dfrac{D}{2} = 2,\dot{6}$. Die meta-

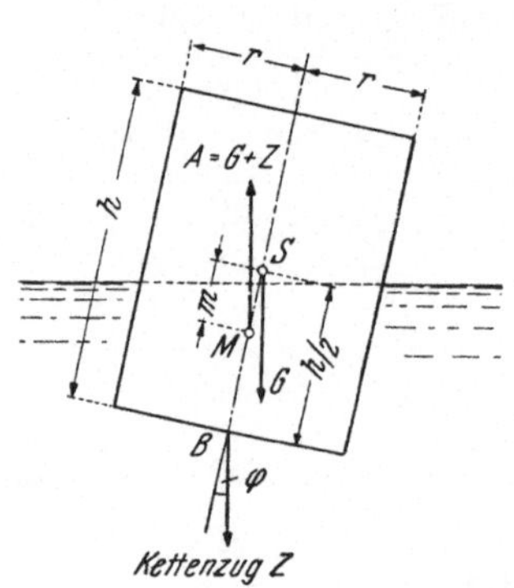

Abb. 168

zentrische Höhe berechnet sich zu
$$\overline{SM_0} = m_0 = -\,0{,}562 \text{ [m], also labil.}$$

Für die geankerte Boje (Abb. 168) bestehen mit t als Tauchtiefe und Z als Ankerzug die Gleichgewichtsgleichungen

$$G + Z = A = \gamma F t,$$

$$G\,m = Z\left(\frac{h}{2} - m\right),$$

worin die negative metazentrische Höhe

$$\overline{SM} = m = \frac{h - t}{2} - \frac{J}{F t}.$$

Die Beseitigung von t und m ergibt für die Ankerzugkraft

$$Z_{min} = \sqrt{\gamma F\,(G h - 2 J \gamma)} - G$$

oder mit $J = \dfrac{F r^2}{4}$: $\quad Z_{min} = \gamma F h \sqrt{\dfrac{G}{\gamma F h} - \dfrac{r^2}{2 h^2}} - G = 1{,}12 \text{ Mp.}$

Die Tauchtiefe beträgt dann $t = \dfrac{G + Z}{\gamma F} = 1{,}12 \text{ m.}$

15. Für indifferentes Schwimmen muß das Metazentrum M mit dem Schwerpunkt S des Körpers zusammenfallen.

Da sich alle auf die Oberfläche der Halbkugel wirkenden Elementardrücke im Mittelpunkte O schneiden, so fällt M nach O; der Schwerpunkt S liegt daher in O.

Diese Bedingung ist mit x als Höhe des Kegels durch die Gleichung ausgedrückt

$$\frac{r^2 \pi x}{3} \cdot \frac{x}{4} = \frac{2}{3} r^3 \pi \cdot \frac{3}{8} r,$$

woraus folgt $x = r\,\sqrt{3}$; der Kegel ist somit ein gleichseitiger.

Da der Auftrieb $A = \gamma\,\dfrac{2}{3}\,r^3\pi$, das Gewicht $G = \gamma_1\,\dfrac{r^3\pi}{3}\left(2 + \sqrt{3}\right)$,

so ergibt sich aus $A = G$ für $\dfrac{\gamma_1}{\gamma}$ der Wert $\dfrac{2}{2 + \sqrt{3}} = 0{,}536$.

16. 1. Die ursprüngliche Tauchtiefe beträgt $t = l\,\dfrac{\gamma_s}{\gamma_1} = 11{,}47$ cm (Abb. 169).

Bei Wasserfüllung auf die Höhe $l - t$ ergibt sich bei festgehaltenem Zylinder eine Auftriebszunahme $\gamma_2 f\,(l - t)$, daher ist zur Erhaltung der ursprünglichen Schwimmlage eine nach abwärts wirkende Kraft

$$P = \gamma_2 f l \left(1 - \frac{\gamma_s}{\gamma_1}\right) = 0{,}43 \text{ kp}$$

nötig.

2. Mit plötzlichem Fortfall dieser Kraft beginnt der Zylinder zu steigen. Sei x der Weg dieser Aufwärtsbewegung zur Zeit t, so ist sowohl der Wasser- als auch Quecksilberspiegel um $u = \dfrac{f x}{F - f}$ gesunken und es liegt letzterer nur mehr um

$$y = t - u - x = t - \frac{F}{F - f}\,x$$

über dem unteren Zylinderende.

In dieser Lage beträgt der Auftrieb $A = \gamma_1 f\,y + \gamma_2 f\,(l - t)$, daher die Beschleunigung b der Aufwärtsbewegung $b = g\,\dfrac{A - G}{G}$, wo $G = \gamma_s f l$ das Gewicht des Zylinders bedeutet.

Hiemit wird $\quad b = g\left[\gamma_2\left(\dfrac{1}{\gamma_s} - \dfrac{1}{\gamma_1}\right) - \gamma_1\,\dfrac{F}{F - f}\,\dfrac{x}{l}\right].$

Aus $b\,dx = d\left(\dfrac{v^2}{2}\right)$ folgt daher für die Geschwindigkeit v der Aufwärtsbewegung bei Beachtung der Anfangsbedingung $v = 0$ für $x = 0$:

$$\frac{v^2}{2g} = \gamma_2\left(\frac{1}{\gamma_s} - \frac{1}{\gamma_1}\right)x - \frac{\gamma_1}{\gamma_s}\,\frac{F}{F - f}\,\frac{x^2}{2l}\,.$$

Mit der Endgeschwindigkeit $v = 0$ ergibt sich daraus

$$x_{max} = 2l\,\frac{F - f}{F}\,\frac{\gamma_2}{\gamma_1}\left(1 - \frac{\gamma_s}{\gamma_1}\right).$$

Wenn der Zylinder um x steigt, dann liegt sein oberes Ende um $z = x + u =$ $= x\,\dfrac{F}{F - f}$ höher als der Wasserspiegel. Er ragt daher maximal um

$$z_{max} = 2\, l\, \frac{\gamma_2}{\gamma_1} \left(1 - \frac{\gamma_s}{\gamma_1}\right) = 1{,}25 \text{ cm} \tag{a}$$

aus dem Wasser heraus; es ist z_{max} unabhängig vom Flächenverhältnisse $\dfrac{F}{f}$.

Damit der Zylinder das Quecksilberbad nicht verlasse, wie es die obige Rechnung voraussetzt, muß $y \geqq 0$ sein.

$$\text{Da} \qquad\qquad y = t - \frac{F}{F-f}\, x = t - z,$$

so muß die Bedingung $\qquad z_{max} \leqq t$

oder $\qquad\qquad z_{max} \leqq l\, \dfrac{\gamma_s}{\gamma_1}$

erfüllt sein. Dies liefert wegen (a)

$$2 \frac{\gamma_2}{\gamma_1} \left(1 - \frac{\gamma_s}{\gamma_1}\right) \leqq \frac{\gamma_s}{\gamma_1}$$

und diese Bedingung ist mit den Zahlenangaben für die Einheitsgewichte befriedigt.

17. Im Ruhestande ist die Tauchtiefe des Schwimmers $t_0 = l\, \dfrac{\gamma_1}{\gamma}$.

Aus der Gleichung $x^2 = \dfrac{2g}{\omega^2}\,(z - z_0)$ folgt $z_1 - z_0 = \dfrac{R^2 \omega^2}{2g}$

$$\text{und } z_2 - z_0 = \frac{r^2 \omega^2}{2g}.$$

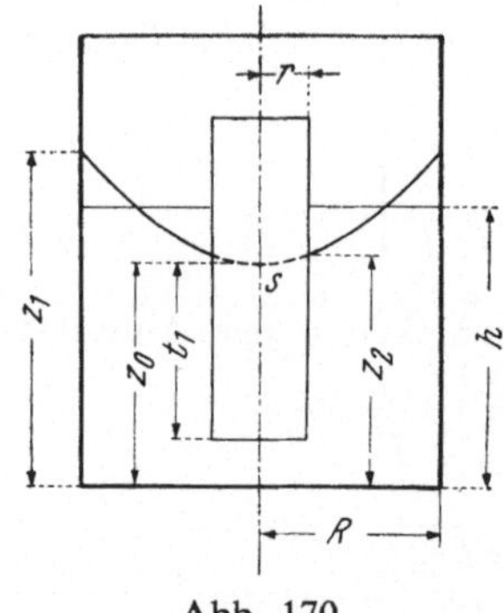

Abb. 170

Der Bodendruck auf die Basis $r^2 \pi$ des Schwimmers (Abb. 170) muß gleich sein seinem Gewichte. Ersterer stimmt aber überein mit dem Gewichte der verdrängten Flüssigkeit, woraus folgt

$$\gamma \left[t_1 r^2 \pi + \frac{1}{2}(z_2 - z_0) r^2 \pi \right] = \gamma_1 r^2 \pi l$$

oder $\qquad t_1 = t_0 - \dfrac{r^2 \omega^2}{4g}. \tag{1}$

Die Gleichheit der Flüssigkeitsvolumina vor und während der Drehung des Gefäßes liefert

$$z_0 - t_1 = h - t_0 - \frac{r^2 \omega^2}{4g}\left[\left(\frac{R}{r}\right)^2 - 1\right]. \tag{2}$$

Der Schwimmer senkt sich um $(h - t_0) - (z_0 - t_1)$

oder wegen (2) um $\dfrac{r^2 \omega^2}{4g}\left[\left(\dfrac{R}{r}\right)^2 - 1\right].$

Der Schwimmer sitzt am Boden auf, wenn die Senkung gleich $h - t_0$; damit wird

$$\omega = \sqrt{\frac{4g\,(h - t_0)}{R^2 - r^2}}\,.$$

18. Mit V als Volumen der Flüssigkeit und $\mathfrak{B}$ als jenem der Verdrängung beträgt die ursprüngliche Spiegelhöhe $h_0 = \dfrac{V + \mathfrak{B}}{F}$; ist der Hohlkörper vom Volumen V_k bis zum Boden gesunken, so beträgt die neue Spiegelhöhe $h_1 = \dfrac{V + V_k}{F}\,.$

Daher ergibt sich für die Spiegelsenkung $\Delta h = h_0 - h_1 = \dfrac{\mathfrak{B} - V_k}{F}\,.$

Da aber $D = G - \gamma V_k$ und $G = \gamma \mathfrak{B}$, so folgt

$$\Delta h = \frac{D}{\gamma F}\,.$$

VI. Ausfluß aus Behältern

In den Beispielen dieses Abschnittes handelt es sich fast durchwegs um nichtstationäre Flüssigkeitsbewegungen. Sobald der Behälterquerschnitt groß ist gegenüber der Ausflußöffnung, hat aber, wie aus Aufg. 2 hervorgeht, die Beschleunigung der nichtstationären Bewegung keinen wesentlichen Einfluß auf den Ausflußvorgang, so daß die Ausflußgeschwindigkeit ohne Rücksicht auf den nichtstationären Charakter der Strömung nach dem Theorem von Torricelli mit $v = \sqrt{2gh}$ angesetzt werden kann.

1. Ist z die Spiegelhöhe zur Zeit t, demnach $\sqrt{2gz}$ die Ausflußgeschwindigkeit, so beträgt die im Zeitelement dt austretende Wassermenge

$$dQ = \mu F \sqrt{2gz}\,dt = -\frac{d^2 \pi}{4}\,dz\,,$$

woraus folgt

$$t = \frac{d^2 \pi}{4\mu F \sqrt{2g}} \int\limits_z^h \frac{dz}{\sqrt{z}} = \frac{d^2 \pi}{2\mu F \sqrt{2g}}\,\left(\sqrt{h} - \sqrt{z}\right).$$

Mit $t = 3600$ sec ergibt sich die Spiegelhöhe $z = 1{,}40$ m und daher eine Ausflußmenge

$$Q = (h - z)\,\frac{d^2 \pi}{4} = 10{,}7 \text{ m}^3.$$

2. Nach Ablauf der Zeit t sei der Spiegel aus der Lage h (Abb. 171) in die Lage z_1 gesunken; die mittlere Spiegelgeschwindigkeit ist dann $v_1 = -\dfrac{dz_1}{dt}\,.$

Mit v_2 als Ausflußgeschwindigkeit gilt nach dem Kontinuitätsgesetz

$$\mu F_2 v_2 = F_0 v_1. \qquad (1)$$

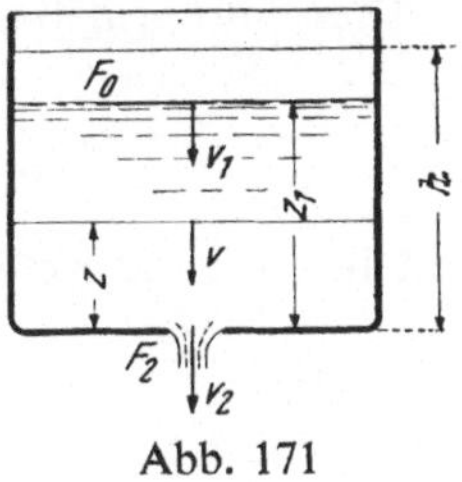

Abb. 171

Bei Vernachlässigung von Strömungsverlusten und mit der Annahme gleichmäßiger Verteilung der Geschwindigkeit über den Querschnitt F_o und gleicher Drucke auf den Flüssigkeitsspiegel und an der Ausflußstelle lautet die Bernoulli-Gleichung bei instationärer Strömung

$$\frac{v_1^2}{2g} + z_1 = \frac{v_2^2}{2g} + \frac{1}{g} \int_{z=o}^{z_1} \frac{\partial v}{\partial t} \, dz,$$

oder wegen $v = v_1$ und Gl. (1):

$$\frac{v_1^2}{2g} \left[\frac{F_o^2}{\mu^2 F_2^2} - 1 \right] - z_1 + \frac{1}{g} \frac{dv_1}{dt} z_1 = 0.$$

Mit
$$\frac{dv_1}{dt} = \frac{dv_1}{dz_1} \cdot \frac{dz_1}{dt} = -\frac{1}{2} \frac{dv_1^2}{dz_1}$$

und $\dfrac{F_o^2}{\mu^2 F_2^2} - 1 = A$ geht sie über in

$$\frac{d(v_1^2)}{dz_1} - \frac{A}{z_1} v_1^2 + 2g = 0. \tag{2}$$

Ihr Integral ist $v_1^2 = z_1^A \left[C + \dfrac{2g}{A-1} \dfrac{1}{z_1^{A-1}} \right].$

Die Integrationskonstante C folgt daraus, daß in der anfänglichen Spiegellage $z_1 = h$ die Sinkgeschwindigkeit $v_1 = 0$ ist.

Somit
$$C = -\frac{2g}{A-1} \frac{1}{h^{A-1}}$$

und daher
$$v_1^2 = z_1^A \frac{2g}{A-1} \left(\frac{1}{z_1^{A-1}} - \frac{1}{h^{A-1}} \right)$$

oder
$$v_1^2 = \frac{2g z_1}{A-1} \left[1 - \frac{1}{\left(\dfrac{h}{z_1} \right)^{A-1}} \right]. \tag{3}$$

Die Maximalgeschwindigkeit wird erreicht für $\dfrac{dv_1^2}{dz_1} = 0$,

woraus im Hinblicke auf (2) folgt: $v_1^2{}_{max} = \dfrac{2g z_1}{A}.$ \tag{4}

Dies führt gemäß (3) auf eine Spiegelhöhe

$$z_1 = h \left(\frac{1}{A} \right)^{\frac{1}{A-1}}. \tag{5}$$

Die dieser Spiegelhöhe entsprechende Spiegelsenkung Δz beträgt

$$\frac{\Delta z}{h} = \frac{h - z_1}{h} = 1 - \frac{z_1}{h} = 1 - \left(\frac{1}{A} \right)^{\frac{1}{A-1}}.$$

Für $F_0 \gg F_2$ — was praktisch fast immer der Fall ist — ist $A \gg 1$, so daß sich Δz umformen läßt in

$$\frac{\Delta z}{h} = 1 - \left(1 - \frac{A-1}{A}\right)^{\frac{1}{A}} \cong 1 - \left(1 - \frac{A-1}{A^2}\right) \cong \frac{1}{A}\,.$$

Aus $\Delta z = \dfrac{h}{A}$ folgt wegen $A \gg 1$, daß die Maximalgeschwindigkeit schon nach einer sehr kleinen Spiegelsenkung erreicht wird und daß demnach die Dauer der anfänglichen Beschleunigungsperiode außerordentlich klein ist. Für die nach Überschreiten der Spiegelsenkung $\Delta z = \dfrac{h}{A}$ folgende Verzögerungsperiode wird der Wert $\dfrac{z_1}{h}$ merklich kleiner als Eins; damit nimmt das zweite Glied in Gl. (3) sehr rasch ab, so daß es während der Verzögerungsperiode überhaupt vernachlässigt werden kann. Dann ist

$$v_1{}^2 = \frac{2\,g\,z_1}{A} \cong \frac{2\,g\,z_1}{F_0{}^2/\mu^2 F_2{}^2}\,, \quad \text{daher} \quad v_1 = \frac{\mu\,F_2}{F_0}\,\sqrt{2\,g\,z_1}\,.$$

Diesem v_1 entspricht nach Gl. (1) die Ausflußgeschwindigkeit

$$v_2 = \sqrt{2\,g\,z_1}\,.$$

Es ist somit die Anwendung des Theorems von Torricelli trotz des instationären Charakters der Strömung zulässig.

Ist beispielsweise $\dfrac{F_0}{F_2} = 100$, $h = 1$ m, $\mu = 0{,}7$, so folgt $A = 14285$ und eine der Maximalgeschwindigkeit entsprechende Spiegelsenkung

$$\Delta z = \frac{1}{14285} = 0{,}00007 \text{ m.}$$

Nimmt man in der Beschleunigungsperiode mit der sehr kleinen Dauer t_1 angenähert die Hälfte der maximalen Geschwindigkeit (Gl. 4) als mittlere Geschwindigkeit an, so ist

$$\Delta z = t_1 \cdot \frac{1}{2}\,v_{1,\,max} = \frac{h}{A}\,,$$

woraus wegen (4) und (5) folgt

$$t_1 = \sqrt{\frac{2\,h}{g\,A}} = \frac{1}{264} \text{ sec.}$$

Die gesamte Entleerungszeit beträgt

$$T = \frac{F_0}{\mu\,F_2}\,\sqrt{\frac{2\,h}{g}} = 64{,}6 \text{ sec.}$$

Man ersieht, daß die Beschleunigungsperiode bei Ausflußerscheinungen in Wirklichkeit gar keine Rolle spielen kann.

3. Aus

$$\mu F \sqrt{\frac{2 g z}{1 - n^2}}\, dt = - F_0\, dz$$

ergibt sich

$$t_1 = \frac{F_0}{\mu F \sqrt{\dfrac{2 g}{1 - n^2}}} \int\limits_{h_1}^{h} \frac{dz}{\sqrt{z}} = \frac{2 \sqrt{h (1 - n^2)}}{\mu\, n \sqrt{2 g}} \left(1 - \sqrt{\beta}\right).$$

Mit $\beta = 0$ folgt hieraus die Entleerungszeit $T = \dfrac{1}{\mu\, n} \sqrt{\dfrac{2 h}{g} (1 - n^2)}$.

Bei der Spiegelhöhe z zur Zeit t befindet sich im Gefäße die Flüssigkeitsmasse $M = \dfrac{\gamma}{g} F_0\, z$ mit der Beschleunigung $\dfrac{d^2}{dt^2} (h - z)$.

Da sich Gewicht, Bodendruck D und Trägheitskraft nach dem **Prinzipe** d'Alemberts Gleichgewicht halten, so wird

$$D = M \left(g + \frac{d^2 z}{dt^2}\right).$$

Die Ausflußgeschwindigkeit beträgt $v = \varphi \sqrt{\dfrac{2 g z}{1 - n^2}}$,

die Sinkgeschwindigkeit des Spiegels $v_o = - \dfrac{dz}{dt} = n\, v$,

womit $\dfrac{d^2 z}{dt^2} = g\, \dfrac{n^2 \varphi^2}{1 - n^2}$ und $D = \gamma\, F_0\, z \left(1 + \varphi^2\, \dfrac{n^2}{1 - n^2}\right)$.

Der anfängliche Bodendruck $D_o = \gamma\, F_0\, h$ hat sich daher verringert um

$$D_o - D_1 = \gamma\, F_0\, h - \gamma\, F_0\, h_1 \left(1 + \varphi^2\, \frac{n^2}{1 - n^2}\right) = \gamma\, F_0\, h \left[1 - \beta - \beta\, \varphi^2\, \frac{n^2}{1 - n^2}\right].$$

4. Ist z die Höhe des Flüssigkeitsspiegels vom Durchmesser ϱ zur Zeit t, demnach $z = \varrho\, \dfrac{\sqrt{3}}{2}$, so verlangt die Kontinuität des Ausflusses

$$d Q = - \frac{\varrho^2 \pi}{4}\, dz = \mu F \sqrt{2 g z}\, dt,$$

woraus $t = \dfrac{\pi}{3 \mu F \sqrt{2 g}} \int\limits_{z}^{\frac{s}{2}\sqrt{3}} \frac{z^2\, dz}{\sqrt{z}} = \dfrac{2 \pi}{15 \mu F \sqrt{2 g}} \left[\left(\frac{s}{2}\sqrt{3}\right)^{\frac{5}{2}} - z^{\frac{5}{2}}\right].$ (a)

Mit $z = 0$ folgt als Entleerungszeit

$$T = \frac{\pi \sqrt[4]{3}}{10 \mu F \sqrt{4 g}}\, s^2 \sqrt{s}.$$

Ist der Flüssigkeitsspiegel in der Zeit t_1 auf die halbe Höhe gesunken, so liefert Gl. (a) mit $z = \dfrac{s}{4}\sqrt{3}$

$$t_1 = \frac{2\,\pi}{15\,\mu F\sqrt{2g}}\left(\frac{s}{2}\sqrt{3}\right)^{\frac{5}{2}}\left[1 - \left(\frac{1}{2}\right)^{\frac{5}{2}}\right] = T\left(1 - \frac{\sqrt{2}}{8}\right) = 0{,}823\,T.$$

5. Sind ϱ, z die Koordinaten eines Punktes der Parabel, so gilt $\varrho^2 = r^2\,\dfrac{z}{h}$.

Laut Angabe ist $\mu F\sqrt{2gz}\;dt = -\varrho^2\pi\,dz + \dfrac{1}{4}\,\mu F\sqrt{2g\,z}\;dt$,

woraus sich die Entleerungszeit zu $T = \dfrac{8\,r^2\pi\sqrt{h}}{9\,\mu F\sqrt{2g}}$ berechnet.

6. Mit z als Höhenlage des Flüssigkeitsspiegels über der Ausflußöffnung zur Zeit t berechnet sich die Zeit t_1, nach der der Spiegel bis 0 gesunken ist, aus

$$t_1 = \frac{\pi r^2}{\mu f\sqrt{2g}}\int_{r}^{3r}\frac{dz}{\sqrt{z}} \quad \text{zu} \quad t_1 = \frac{2\,\pi r^2\sqrt{r}}{\mu f\sqrt{2g}}\left(\sqrt{3}-1\right).$$

Die Entleerung der Halbkugel erfolgt in der Zeit

$$t_2 = \frac{\pi}{\mu f\sqrt{2g}}\int_{0}^{r}\frac{r^2 - (r-z)^2}{\sqrt{z}}\;dz = \frac{14\,\pi r^2\sqrt{r}}{15\,\mu f\sqrt{2g}},$$

so daß die Zeit für die gesamte Entleerung gleich wird

$$T = t_1 + t_2 = 2{,}4\,\frac{\pi r^2\sqrt{r}}{\mu f\sqrt{2g}}\,.$$

7. Das Absinken des Flüssigkeitsspiegels aus der Lage h in die Lage $\dfrac{h}{3}$ erfolgt in der Zeit

$$t_1 = \frac{\pi a^2}{\mu f h\sqrt{2g}}\int_{\frac{h}{3}}^{h}\frac{z\,dz}{\sqrt{z}+\sqrt{z-\dfrac{h}{3}}} = \frac{3\,\pi a^2}{\mu f h^2\sqrt{2g}}\int_{\frac{h}{3}}^{h} z\left(\sqrt{z}-\sqrt{z-\frac{h}{3}}\right)dz =$$

$$= \frac{3\,\pi a^2\sqrt{h}}{\mu f\sqrt{2g}}\left[\frac{2}{5}\left\{1 - \left(\frac{1}{3}\right)^{\frac{5}{2}}\right\} - \frac{11}{15}\left(\frac{2}{3}\right)^{\frac{5}{2}}\right] = 0{,}32467\,\frac{\pi a^2\sqrt{h}}{\mu f\sqrt{2g}},$$

das weitere Absinken bis zur Scheitelöffnung beansprucht die Zeit

$$t_2 = \frac{\pi a^2}{\mu f h\sqrt{2g}}\int_{0}^{h/3}\frac{dz}{\sqrt{z}} = 0{,}12830\,\frac{\pi a^2\sqrt{h}}{\mu f\sqrt{2g}}\,.$$

Somit beträgt die Entleerungszeit

$$T = t_1 + t_2 = 0{,}45297 \, \frac{\pi \, a^2 \sqrt{h}}{\mu f \sqrt{2 g}}.$$

8. Ist der Flüssigkeitsspiegel nach der Zeit t aus der Lage h in die Höhenlage z über dem Boden gesunken, dann gilt

$$- F \, dz = \left[\mu f \sqrt{2 g \left(z - \frac{h}{3} \right)} + \mu \, 2 f \sqrt{2 g z} \right] dt,$$

woraus sich die Zeit t_1, nach welcher der Flüssigkeitsspiegel die obere Seitenöffnung f erreicht, berechnet zu

$$t_1 = \frac{F}{\mu f \sqrt{2 g}} \int\limits_{h/3}^{h} \frac{dz}{\sqrt{z - \dfrac{h}{3}} + 2 \sqrt{z}} = \frac{F}{\mu f \sqrt{2 g}} \left[\frac{4}{3} \sqrt{z} - \frac{2}{3} \sqrt{z - \frac{h}{3}} + \right.$$

$$\left. + \frac{4}{9} \sqrt{h} \left\{ \operatorname{arc\,tg} \frac{3}{2} \sqrt{\frac{z}{h} - \frac{1}{3}} - \operatorname{arc\,tg} 3 \sqrt{\frac{z}{h}} \right\} \right]_{\frac{h}{3}}^{h}. \tag{a}$$

Mit den Zahlenangaben dieser Aufgabe wird $t_1 = 3{,}3$ sec.

Während des weiteren Herabsinkens des Flüssigkeitsspiegels bis zur unteren

Seitenöffnung verstreicht die Zeit $t_2 = \dfrac{F}{\mu f \sqrt{2 g}} \sqrt{\dfrac{h}{3}} = 5{,}9$ sec; daher beträgt

die Entleerungszeit $T = t_1 + t_2 = 9{,}2$ sec.

Setzt man in Gl. (a) als untere Grenze $h/2$ anstatt $h/3$, so ergibt sich die Zeit t_3 bis zum Absinken des Flüssigkeitsspiegels um $h/2$; es wird $t_3 = 2{,}2$ sec. Die untere Seitenöffnung wird dann vom Spiegel bei geschlossener oberer Öffnung erreicht nach Ablauf der Zeit

$$t_4 = \frac{F}{\mu f \sqrt{2 g}} \sqrt{\frac{h}{2}} = 7{,}2 \text{ sec,}$$

sohin beträgt die Entleerungszeit $T_2 = t_3 + t_4 = 9{,}4$ sec; sie ist also nur um $0{,}2$ sec größer als T_1.

9. Zur Zeit t seien die Spiegellagen im oberen und unteren Behälter durch ihre Entfernungen z_1, z_2 von den Bodenöffnungen festgelegt.

Dann gilt für den oberen Behälter $- F_0 \, dz_1 = \mu_1 \, 2 f \sqrt{2 g z_1} \, dt$, woraus man

mit der Abkürzung $T_1 = \dfrac{F_0}{\mu_1 f} \sqrt{\dfrac{h}{2 g}}$

die Beziehung $\qquad \sqrt{\dfrac{z_1}{h}} = 1 - \dfrac{t}{T_1} \qquad\qquad$ (1)

erhält. Für $z_1 = 0$ ist hienach $t = T_1$, d. h., T_1 ist die Entleerungszeit des Behälters. Da dem unteren Behälter in der Zeiteinheit die Menge

$$q = -F_o \frac{dz_1}{dt} = 2\sqrt{\frac{z_1}{h}}\,\frac{F_o h}{T_1}$$

aus dem oberen Behälter zuströmt, so gilt hier

$$F_o dz_2 = q\,dt - \mu_2 f \sqrt{2 g z_2}\,dt. \tag{2}$$

Mit den Dimensionslosen $\eta^2 = \dfrac{z_2}{h}$, $\xi = 1 - \dfrac{t}{T_1} = \sqrt{\dfrac{z_1}{h}}$, $k = \dfrac{\mu_2}{2\mu_1}$, $\qquad$ (3)

geht Gl. (2) über in $\dfrac{d\eta}{d\xi} + \dfrac{\xi}{\eta} - k = 0.$ $\qquad$ (4)

Setzt man noch $\dfrac{\eta}{\xi} = u$, so entsteht aus (4)

$$\frac{du}{k - u - \dfrac{1}{u}} = \frac{d\xi}{\xi}.$$

Die Integration liefert

$$\ln \xi + \ln C = -\frac{1}{2}\ln (u^2 - ku + 1) - \frac{k}{\sqrt{4 - k^2}}\,\text{arc tg}\,\frac{2u - k}{\sqrt{4 - k^2}} \tag{5}$$

mit C als Integrationskonstante.

Für den Beginn $t = 0$ ist $z_2 = h$, dem entsprechen nach (3) die Sonderwerte $\xi = 1$, $\eta = 1$ und $u = 1$, mit denen sich für die Integrationskonstante C der Wert

$$\ln C = -\frac{1}{2}\ln (2 - k) - \frac{k}{\sqrt{4 - k^2}}\,\text{arc tg}\,\frac{2 - k}{\sqrt{4 - k^2}}$$

ergibt.

Hiemit lautet Gl. (5)

$$\ln \xi = \frac{1}{2}\ln \frac{2 - k}{u^2 - ku + 1} - \frac{k}{\sqrt{4 - k^2}}\left[\text{arc tg}\,\frac{2u - k}{\sqrt{4 - k^2}} - \text{arc tg}\,\frac{2 - k}{\sqrt{4 - k^2}}\right]$$

oder wegen

$$\text{arc tg}\,\alpha - \text{arc tg}\,\beta = \text{arc tg}\,\frac{\alpha - \beta}{1 + \alpha\beta}:$$

$$\ln \xi^2 \frac{u^2 - ku + 1}{2 - k} = -\frac{2k}{\sqrt{4 - k^2}}\,\text{arc tg}\,\frac{u - 1}{u + 1}\sqrt{\frac{2 + k}{2 - k}}.$$

Wird u wieder ersetzt durch $\dfrac{\eta}{\xi}$, so ergibt sich demnach folgende Lösung der Gl. (4):

$$\ln \frac{\eta^2 - k\,\xi\,\eta + \xi^2}{2 - k} = -\frac{2k}{\sqrt{4 - k^2}}\,\text{arc tg}\,\frac{\eta - \xi}{\eta + \xi}\sqrt{\frac{2 + k}{2 - k}}. \tag{6}$$

Der Entleerungszeit T_1 des oberen Behälters entspricht der Sonderwert $\xi = 0$ und die zu suchende Spiegelhöhe H im unteren Behälter; demnach gilt für das zugehörige η gemäß (3) der Sonderwert $\eta^2 = \dfrac{H}{h}$, für den sich aus (6) ergibt:

$$\frac{H}{h} = (2 - k)\, e^{\dfrac{-2k}{\sqrt{4 - k^2}}\, \mathrm{arc\,tg}\sqrt{\dfrac{2+k}{2-k}}}. \tag{7}$$

Bei Annahme gleicher Ausflußzahlen $(\mu_1 = \mu_2)$ ist $k = \dfrac{1}{2}$, womit aus Gl. (7) folgt: $H = 0{,}937\,h$.

Bei voneinander verschiedenen Ausflußzahlen ergibt sich aus (7) z. B. bei $\dfrac{\mu_2}{\mu_1} = 0{,}8$: $H/h = 1{,}114$, und bei $\dfrac{\mu_2}{\mu_1} = 1{,}2$: $H/h = 0{,}776$.

10. Nach Aufg. **11** ist mit $2\,\alpha = 60^0$ die ganze Ausflußmenge

$$Q = \frac{8}{15}\,\mu\,\sqrt{\frac{2g}{3}}\,H^{5/2}.$$

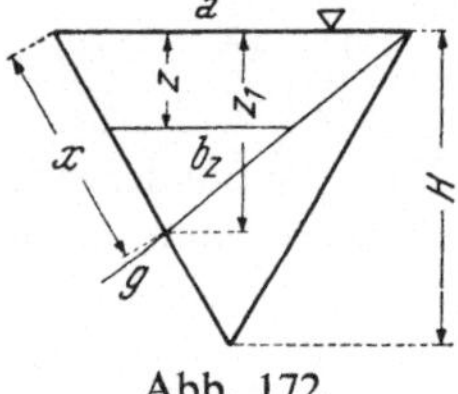

Abb. 172

Für das obere Dreieck (Abb. 172) gilt

$$\frac{Q}{2} = \frac{4}{15}\,\mu\,\sqrt{\frac{2g}{3}}\,H^{5/2} = \mu \int_{0}^{z_1} b_z \sqrt{2gz}\; dz,$$

woraus wegen $b_z = a\,\dfrac{z_1 - z}{z_1}$ folgt:

$$\frac{4}{15}\,\frac{H^{5/2}}{\sqrt{3}} = \frac{a}{z_1} \int_{0}^{z_1} (z_1 - z)\,\sqrt{z}\; dz$$

oder

$$H^{5/2} = a\,\sqrt{3}\,z_1^{3/2}.$$

Da hieraus $z_1 = \dfrac{H}{\sqrt[3]{4}}$, so ergibt sich aus $\dfrac{x}{a} = \dfrac{z_1}{H} = \dfrac{1}{\sqrt[3]{4}}$ der Wert

$$x = \frac{a}{2}\,\sqrt[3]{2}.$$

11. Es ist $Q = \mu \displaystyle\int_{0}^{H} b_x \sqrt{2gx}\; dx$ oder mit $b_x = 2\,(H - x)\,\mathrm{tg}\,\alpha$

$$Q = 2\,\mu\,\sqrt{2g}\,\mathrm{tg}\,\alpha \int_{0}^{H} (H - x)\,\sqrt{x}\; dx = \frac{8}{15}\,\mu\,\sqrt{2g}\,H^{5/2}\,\mathrm{tg}\,\alpha.$$

Mit $\mu = 0{,}6$ und $\alpha = \dfrac{\pi}{4}$ wird $Q = 0{,}32 \sqrt{2g} \; H^{5/2}$.

Da bei der zu suchenden Spiegellage h die Ausflußmenge $\dfrac{Q}{2}$ sein soll, so berechnet sich h aus der Bedingung

$$\frac{Q}{2} = \mu \int_o^{H-h} b_x \sqrt{2gx}\; dx = 2\,\mu \sqrt{2g}\,\mathrm{tg}\,\alpha \int_o^{H-h} (H-x)\sqrt{x}\; dx,$$

woraus mit $H - h = h_1$ folgt: $H^{5/2} = 5\,H\,h_1^{3/2} - 3\,h_1^{5/2}$.

Setzt man $\left(\dfrac{h_1}{H}\right)^{3/2} = y$, so entsteht die Gleichung

$$y^{5/3} - \frac{5}{3}\,y + 1 = 0 .$$

Ihre graphische Lösung liefert $y = 0{,}265$, womit sich ergibt: $h_1 = 0{,}413\,H$ und daher $h = 0{,}587\,H$.

12. Ist z die Entfernung der Schützenunterkante vom Wasserspiegel zur Zeit t, dann fließt im nächsten Zeitelemente die Menge

$$dQ = \frac{2}{3}\,\mu\,b\,\sqrt{2g}\left(H^{3/2} - z^{3/2}\right) dt \quad \text{aus.}$$

Da $-dz = c\,dt$, so wird $Q = \dfrac{2}{3}\,\mu\,b\,\sqrt{2g} \displaystyle\int_H^{h_1} \left(H^{3/2} - z^{3/2}\right)\frac{(-dz)}{c}$,

woraus $\qquad Q = \dfrac{2}{15}\,\dfrac{\mu b}{c}\,\sqrt{2gH}\,H^2\left[3 - 5\,\dfrac{h_1}{H} + 2\left(\dfrac{h_1}{H}\right)^{5/2}\right].$

13. Ist x die zur Zeit t frei gemachte Breite der Ausflußöffnung, so ist

$$dQ = \frac{2}{3}\,\mu\,x\,\sqrt{2g}\left(H^{3/2} - h_1^{3/2}\right) dt$$

und wegen $x = c_1 t$:

$$Q = \frac{2}{3}\,\mu\,\sqrt{2g}\left(H^{3/2} - h_1^{3/2}\right) \int_o^b \frac{x\,dx}{c_1},$$

woraus $\qquad Q = \dfrac{1}{3}\,\dfrac{\mu b^2}{c_1}\,\sqrt{2gH}\,H\left[1 - \left(\dfrac{h_1}{H}\right)^{3/2}\right].$

Aus der geforderten Gleichheit der Ausflußmenge mit jener in Aufg. **12** folgt für die Geschwindigkeit c_1

$$c_1 = c\,\frac{b}{H}\,\frac{1 - \left(\dfrac{h_1}{H}\right)^{3/2}}{3 - 5\,\dfrac{h_1}{H} + 2\left(\dfrac{h_1}{H}\right)^{5/2}}.$$

14. Sind b, h die Katheten des rechtwinkligen Dreieckes in Abb. 173 und habe sich die Platte in der Zeit t um $x = c\,t$ verschoben, dann tritt aus der nun teilweise freigemachten Öffnung die Menge q aus, und zwar

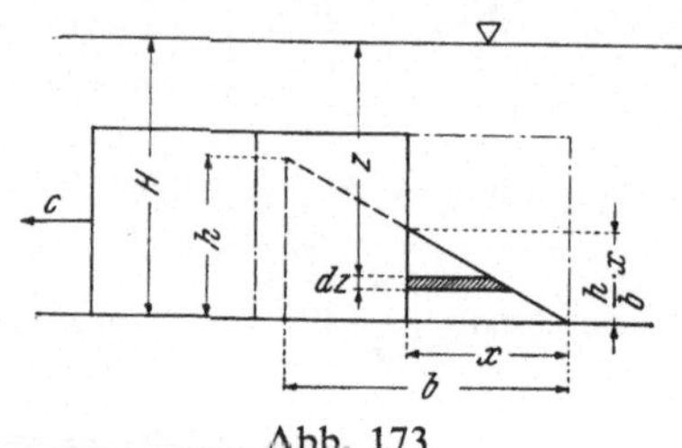

Abb. 173

$$q(x) = \mu\,\sqrt{2g} \int\limits_{z=H-\frac{h}{b}x}^{H} \sqrt{z}\,\frac{b}{h}\left(z - H + \frac{h}{b}x\right) dz,$$

wonach

$$q(x) = 2\mu\,\frac{b}{h}\sqrt{2g}\left[\frac{1}{3}\,\frac{h}{b}\,x\,H^{3/2} - \frac{2}{15}\left\{H^{5/2} - \left(H - \frac{h}{b}x\right)^{5/2}\right\}\right].$$

Ersetzt man hierin x durch $c\,t$, so ist die ganze Ausflußmenge zu berechnen aus

$$Q = \int\limits_{0}^{T} q(x)\,dt, \quad \text{wo} \quad T = \frac{b}{c}.$$

Dies liefert

$$Q = 2\mu\,\sqrt{2gH}\,\frac{b^2}{c}\,\frac{H^3}{h^2}\left[\frac{1}{6}\left(\frac{h}{H}\right)^2 - \frac{2}{15}\,\frac{h}{H} - \frac{4}{105}\left\{\left(1 - \frac{h}{H}\right)^{7/2} - 1\right\}\right].$$

Im Falle $\dfrac{h}{H} = \dfrac{1}{4}$ ergibt sich hieraus

$$Q = 0{,}04\,\mu\,\sqrt{2gH}\,\frac{b^2\,H}{c}.$$

15. Hat der Flüssigkeitsspiegel zur Zeit t die Lage z über der Bodenöffnung erreicht, so gilt $F\,dz = \left(q - \mu f\sqrt{2gz}\right) dt$, woraus sich die Dauer $t_2 - t_1$ des Spiegelanstieges von $z_1 = 0{,}2$ m auf $z_2 = 4$ m zu

$$t_2 - t_1 = \frac{2F}{\mu f\sqrt{2g}}\left[\sqrt{z_1} - \sqrt{z_2} + \sqrt{k}\,\ln\frac{\sqrt{k} - \sqrt{z_1}}{\sqrt{k} - \sqrt{z_2}}\right] \qquad \text{(a)}$$

ergibt, wobei die Länge k durch $\sqrt{k} = \dfrac{q}{\mu f \sqrt{2g}}$ bestimmt ist.

Mit $t_2 - t_1 = 1200$ sec und mit den übrigen Zahlenangaben der Aufgabe geht (a) über in

$$2{,}582636 = \sqrt{k} \, \ln \frac{\sqrt{k} - 0{,}447214}{\sqrt{k} - 2} \; ;$$

hieraus wird $\sqrt{k} = 3{,}318565$ und daher $q = 0{,}0179 \dfrac{\mathrm{m}^3}{\mathrm{sec}}$.

Wäre die Bodenöffnung geschlossen, so würde eine Zulaufmenge

$$q_1 = \frac{F(z_2 - z_1)}{t_2 - t_1} = 0{,}00995 \; \frac{\mathrm{m}^3}{\mathrm{sec}} \; \text{genügen.}$$

16. Aus $b \cdot 2x \cdot (-dz) = \mu F \sqrt{2gz}\, dt$ folgt für die Sinkgeschwindigkeit des Spiegels $-\dfrac{dz}{dt} = \dfrac{\mu F \sqrt{2gz}}{2bx}$.

Da diese konstant $= c$ sein soll, so wird

$$\frac{\sqrt{z}}{x} = \frac{2bc}{\mu F \sqrt{2g}} \quad \text{oder} \quad x^2 = 2pz, \quad \text{wo } p = \left(\frac{\mu F}{2bc}\right)^2 g.$$

Andererseits muß für $z = h$, $x = a$ sein, so daß $p = \dfrac{a^2}{2h}$.

Somit ergibt sich die Sinkgeschwindigkeit aus

$$\left(\frac{\mu F}{2bc}\right)^2 g - \frac{a^2}{2h} \quad \text{zu} \quad c = \frac{\mu F}{ab} \sqrt{\frac{gh}{2}}.$$

Die Entleerungszeit T berechnet sich aus $T = \dfrac{h}{c}$ mit $T = \dfrac{ab}{\mu F} \sqrt{\dfrac{2h}{g}}$.

Die Ausflußmenge beträgt $Q = \dfrac{4}{3} abh$.

17. Ist der linke Spiegel um x gesunken, der rechte um y gestiegen, so ist der Spiegelunterschied $z = h - (x + y)$ für die Größe der Geschwindigkeit im Umlaufkanal maßgebend. Demnach ist die Kontinuität der Strömung ausgedrückt durch die Gleichungen

$$F_1\, dx = F_2\, dy = \mu f \sqrt{2gz}\, dt.$$

Da $dx + dy = -dz$, so folgt $\mu f \sqrt{2g} \left(\dfrac{1}{F_1} + \dfrac{1}{F_2}\right) dt = -\dfrac{dz}{\sqrt{z}}$;

hieraus folgt mit Rücksicht auf die Bedingung $z = h$ zur Zeit $t = 0$:

$$t = \frac{2 F_1 F_2}{\mu f \sqrt{2g}\,(F_1 + F_2)} \left(\sqrt{h} - \sqrt{z}\right).$$

Bei einem Spiegelunterschiede $z = 1,0$ m ergibt sich hieraus $t_1 = 171$ sec. Mit $z = 0$ berechnet sich die Ausgleichszeit T zu

$$T = \frac{2\,F_1\,F_2\,\sqrt{h}}{\mu f \sqrt{2\,g}\,(F_2 + F_2)} = 464 \text{ sec.}$$

18. Befinden sich die beiden Flüssigkeitsspiegel zur Zeit t in den Höhenlagen $+\,z$ und $-\,z$ bezüglich der Ausgleichsebene $O\,O_1$, so daß der Spiegelunterschied $2\,z$ beträgt, dann folgt aus der Kontinuität der Strömung

$$-\,\pi\,(r^2 - z^2)\,dz = \mu f \sqrt{2\,g \cdot 2\,z}\,dt,$$

woraus sich die Ausgleichszeit T ergibt zu

$$T = -\frac{\pi}{2\,\mu f \sqrt{g}} \int\limits_h^0 \frac{r^2 - z^2}{\sqrt{z}}\,dz = \frac{\pi}{\mu f} \sqrt{\frac{h}{g}} \left(r^2 - \frac{h^2}{5}\right).$$

19. Für die Wasserspiegellage $z < h$ des oberen Spiegels zur Zeit t ist

$$F_0 \cdot (-\,dz) = \mu F \sqrt{2\,g\,(H - h + z)}\,dt,$$

woraus

$$T = -\frac{F_0}{\mu F \sqrt{2\,g}} \int\limits_h^0 \frac{dz}{\sqrt{H - h + z}} = \frac{2\,F_0}{\mu F \sqrt{2\,g}} \left(\sqrt{H} - \sqrt{H - h}\right).$$

Damit der Flüssigkeitsfaden im Heber nicht abreißt, muß die Betriebshöhe h_1 für Wasser kleiner sein als 10 m Wassersäule.

20. Sobald die Wehrkrone bei steigendem Oberwasser überströmt und hiedurch die Verbindung der äußeren Atmosphäre mit der im oberen gekrümmten Teil des Hebers eingeschlossenen Luft unterbrochen wird, wird letztere vom strömenden Wasser mitgenommen; es entsteht ein teilweises Vacuum, das eine Saugwirkung und damit vermehrten Wasserdurchfluß und die Abfuhr der noch vorhandenen Luftmenge zur Folge hat. Der Heber wird sich rasch ganz mit Wasser füllen und es ist für die Größe der Ausflußgeschwindigkeit v nun der ganze Höhenunterschied H zwischen $O.\ W.$ und $U.\ W.$ wirksam.

Angestaute Wassermassen werden demnach bedeutend rascher abgeführt als beim gewöhnlichen Überfallwehr. Die für das „Anspringen" des Hebers notwendige Überfallhöhe h beträgt einige cm, jedenfalls nach Versuchen nicht mehr als $^1/_3$ der Kanalhöhe ober Wehrkrone. Mit F als Ausflußquerschnitt des Hebers ist dann die sekundliche Abflußmenge aus

$$Q = \mu F \sqrt{2\,g\,H}$$

zu rechnen, wo μ je nach Ausführungsart zwischen 0,55 und 0,75 schwankt.

VII. Laminare Strömung

1. Das Newtonsche Elementargesetz der Flüssigkeitsreibung lautet:

$$\tau = \mu \, \frac{dv}{dy} \, .$$

τ ist jene Schubspannung, die zwischen zwei ebenen parallelen Schichten wirkt, wenn sie sich im Abstande dy mit einem Geschwindigkeitsunterschiede dv bewegen.

μ bedeutet die **dynamische Zähigkeit**; ihre Einheit ist im cgs-System:

1 Poise (P) $= 1 \, \dfrac{\mathrm{g}}{\mathrm{cm\,s}}$ (zu Ehren von Poiseuille).

Da die Krafteinheit $1 \, \mathrm{N} = 10^5 \, \dfrac{\mathrm{g\,cm}}{\mathrm{s}^2}$,

so ist $1 \, \mathrm{P} = 0{,}1 \, \dfrac{\mathrm{N\,s}}{\mathrm{m}^2} = \dfrac{0{,}1}{9{,}80665} \, \dfrac{\mathrm{kp\,s}}{\mathrm{m}^2} \, .$

Das Verhältnis μ/ϱ (dynamische Zähigkeit durch Dichte ϱ) heißt die **kinematische Zähigkeit** ν.

Ihre Einheit ist 1 Stok (zu Ehren von Stokes) $= 1 \, \dfrac{\mathrm{cm}^2}{\mathrm{s}} \, .$

2. Herrscht an einer Stelle der Rohrachse mit der geodätischen Höhe h der Druck p, dem die Druckhöhe $\dfrac{p}{\gamma}$ entspricht, so gibt die Summe $h + \dfrac{p}{\gamma}$ die statische Höhe für diese Stelle an.

Das Gefälle J ist definiert durch die Änderung der statischen Höhe bei Fortschreiten in der Strömungsrichtung s, demnach ist

$$J = \frac{d}{ds}\left(\frac{p}{\gamma} + h\right) .$$

Da $\dfrac{dh}{ds} = \sin \alpha$ das geodätische Gefälle angibt, so ist

$$J = \frac{dp}{\gamma \, ds} + \sin \alpha$$

und es ist für ein **waagrechtes** Rohr das Gefälle J identisch mit dem Druckhöhengefälle $\dfrac{dp}{\gamma \, dx}$; sind p_1 und p_2 die Drücke an zwei um l entfernten Stellen des Rohres, so ist bei konstantem Druckgefälle $J = \dfrac{p_1 - p_2}{\gamma \, l} \, .$

Auf einen zylindrischen Flüssigkeitskörper von der Länge l und dem Radius z, dessen Achse mit der Rohrachse zusammenfällt, wirkt in Richtung der Rohrachse die beschleunigende Kraft $P = z^2 \pi J \gamma l$, mit $\gamma = g \varrho$ als spez. Gewicht der Flüssigkeit.

Am Mantel dieses zylindrischen Flüssigkeitskörpers wirkt die verzögernde Reibungskraft $T = 2\,\pi\,z\,l\,\mu\,\dfrac{dv}{dz}$.

Da bei stationärer Strömung keine Beschleunigungen auftreten, so muß $P + T$ verschwinden; dies liefert

$$J\gamma z + 2\mu\,\frac{dv}{dz} = 0,$$

woraus mit Erfüllung der Bedingung des Haftens der zähen Flüssigkeit an der Rohrwand ($v = 0$ für $z = r$) und mit $\dfrac{\mu}{\gamma} = \dfrac{v}{g}$ folgt:

$$v(z) = \frac{Jg}{4\,v}\,(r^2 - z^2).$$

(Parabolisches Gesetz der Geschwindigkeitsverteilung über den Querschnitt, Abb. 174.)

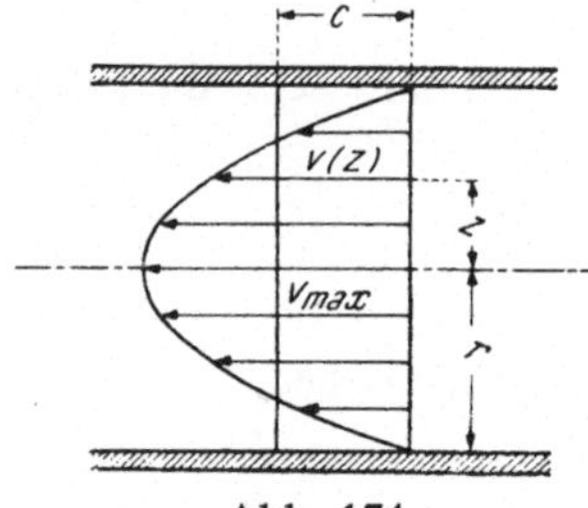

Abb. 174

Durch einen Ringquerschnitt $2\pi z\,dz$ fließt die Menge

$$dQ = 2\,\pi\,z\,v\,dz = \frac{\pi\,J\,g}{2\,v}\,(r^2 - z^2)\,z\,dz,$$

wonach
$$Q = \int_{z=0}^{r} dQ = \frac{J\,g\,r^4\,\pi}{8\,v} \tag{a}$$

(Hagen-Poiseuillesches Gesetz).

Die mittlere Geschwindigkeit c ergibt sich aus

$$c = \frac{Q}{r^2\,\pi} \quad \text{zu} \quad c = \frac{J\,g\,r^2}{8\,v}. \tag{b}$$

Da $v_{max} = \dfrac{J\,g\,r^2}{4\,v}$, so ist $c = \dfrac{1}{2}\,v_{max}$.

Aus (b) folgt
$$J = \frac{8\,v}{g\,r^2}\,c, \tag{c}$$

demnach ist das Gefälle J proportional mit c.

3. Der Druckdifferenz 0,02 at entspricht eine Wassersäule von $0{,}02 \cdot 10\,\text{m} = 0{,}2\,\text{m}$, daher beträgt das Gefälle $J = \dfrac{0{,}2\,\text{m}}{0{,}7\,\text{m}} = \dfrac{2}{7}$.

Hiemit berechnet sich nach Aufg. **2** aus $c = \dfrac{J\,g\,r^2}{8\,v}$ die mittlere Geschwindigkeit zu $c = 4{,}22\ \text{cm}/\text{s}$; demnach ist die Durchflußmenge $Q = r^2\,\pi\,c = 0{,}0212\ \text{cm}^3/\text{s}$.

Mit $d = 2\,r$ ist die **Reynolds**sche Zahl $\text{Re} = \dfrac{c\,d}{v} = 25{,}35$.

4. Die Definitionsgleichung für die Zirkulation $\Gamma = \oint \mathfrak{v} \cdot d\mathfrak{s}$ ergibt für den geschlossenen Linienzug 0 1 2 3 (Abb. 175) unmittelbar $\Gamma = v_{max}\;[\mathrm{cm^2/s}]$; denn entlang der Wege 12 und 30 ist $\mathfrak{v} \perp d\mathfrak{s}$ und im Bereiche 23 ist zufolge der Haftbedingung $\mathfrak{v} = 0$.

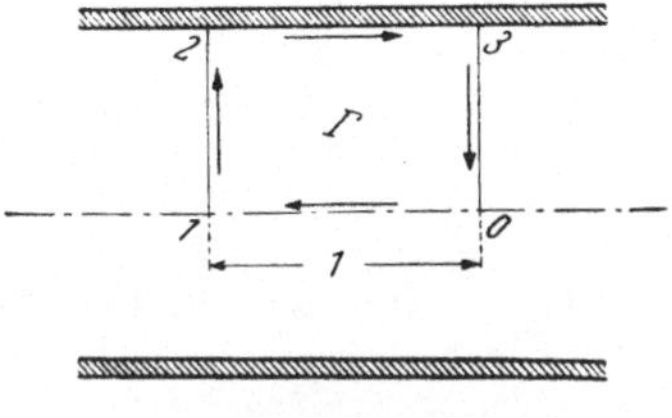

Abb. 175

5. Lösungsgang analog wie in Aufg. **2.**

Auf einen zylindrischen Flüssigkeitskörper mit Kreisringquerschnitt von der Dicke dz und der Länge l wirkt als beschleunigende Kraft

$$P = \gamma J \cdot 2\,\pi\,z\,l\,dz\,.$$

Auf der inneren Mantelfläche wirkt die Reibungskraft $T = 2\,\pi\,z\,l\,\mu\,\dfrac{dv}{dz}$, auf der äußeren in entgegengesetzter Richtung $T + 2\,\pi\,l\,\mu\,d\left(z\,\dfrac{dv}{dz}\right)$.

Da $P + T_1 - T$ verschwinden muß, so folgt bei Beachtung von $\dfrac{\mu}{\gamma} = \dfrac{\nu}{g}$ die Differentialgleichung

$$\frac{Jg}{\nu}\,z\,dz = -\,d\left(z\,\frac{dv}{dz}\right).$$

Zweimaliges Integrieren liefert

$$v = -\frac{Jg}{4\,\nu}\,(z^2 + c_1 \ln z^2 + c_2)\;;$$

die Integrationskonstanten c_1, c_2 sind durch die Haftbedingungen $v\,(R) = v\,(r) = 0$ bestimmt. Zur folgenden Berechnung der mittleren Geschwindigkeit c (nach R. v. M i s e s) wird nur c_1 benötigt; es ist

$$c_1 = \frac{R^2 - r^2}{\ln\dfrac{r^2}{R^2}}\,.$$

Die mittlere Geschwindigkeit beträgt $c = \dfrac{Q}{\pi\,(R^2 - r^2)}\,.$ (a)

Da $dQ = 2\,\pi\,z\,v\,dz = \pi\,v\,d\,(z^2)$,

so wird $Q = \pi \displaystyle\int_{r^2}^{R^2} v\,d\,(z^2)$ oder nach partieller Integration bei Beachtung der angegebenen Randbedingungen

$$Q = -\pi \int_{r}^{R} z^2\,dv = \pi\,\frac{Jg}{4\,\nu}\int_{r^2}^{R^2} (z^2 + c_1)\,d\,(z^2) = \frac{\pi\,Jg\,(R^2 - r^2)}{8\,\nu}\,(R^2 + r^2 + 2\,c_1).\;\;\text{(b)}$$

Hiemit liefert (a) für die mittlere Geschwindigkeit

$$c = \frac{J g}{8\, \nu}\,(R^2 + r^2 + 2\,c_1) = \frac{J g}{8\, \nu}\left[R^2 + r^2 + 2\,\frac{R^2 - r^2}{\ln \dfrac{r^2}{R^2}} \right]. \qquad (c)$$

Mit $r = 0$ gehen die Gleichungen (b) und (c) in jene der Aufg. 2 über.

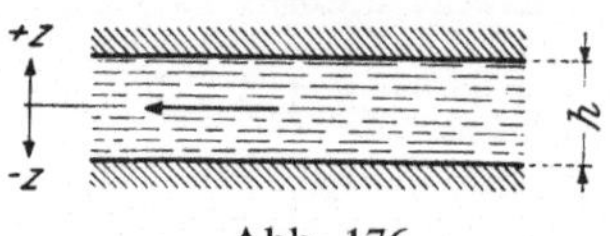

Abb. 176

6. Ist v die Geschwindigkeit im Abstande z von der Schichtmitte (Abb. 176), dann wirken in den zu den Wänden parallelen Flächen einer Schichte von der Länge „1" und der Breite b zwei gleiche Schubkräfte $T = b\,\tau$, wo $\tau = \mu\,\dfrac{dv}{dz}$.

Das Druckgefälle J liefert für diese Flüssigkeitsschichte die Längskraft $P = \gamma\,J\,b \cdot 2\,z$.

Da für beschleunigungsfreie Strömung $P + 2\,T = 0$, so folgt

$$\gamma\,J\,b\,2\,z + 2\,b\,\frac{dv}{dz} = 0,$$

woraus
$$v\,(z) = -\,\frac{g\,J}{2\,\nu}\,z^2 + C.$$

Mit Erfüllung der Haftbedingung an den Wänden: $v = 0$ für $z = \pm\,\dfrac{h}{2}$ ergibt sich das parabolische Gesetz: $v\,(z) = \dfrac{g\,J}{2\,\nu}\left(\dfrac{h^2}{4} - z^2\right)$.

Die größte Geschwindigkeit entsteht in Schichtmitte $z = 0$ mit dem Betrage $v_{max} = \dfrac{g\,J\,h^2}{8\,\nu}$.

Da $\quad dQ = b\,dz \cdot v\,(z) = \dfrac{g\,J\,b}{2\,\nu}\left(\dfrac{h^2}{4} - z^2\right)dz,$

so ergibt sich für die Durchflußmenge

$$Q = \frac{g\,J\,b}{2\,\nu}\int_{-\frac{h}{2}}^{+\frac{h}{2}}\left(\frac{h^2}{4} - z^2\right)dz = \frac{g\,J\,b\,h^3}{12\,\nu}.$$

Die mittlere Geschwindigkeit c folgt aus $c = \dfrac{Q}{b\,h}$ mit $c = \dfrac{g\,J\,h^2}{12\,\nu}$ und beträgt daher $^2/_3$ von v_{max}.

7. Die oberste Flüssigkeitsschicht muß unter dem Einflusse der Reibung die gleiche Geschwindigkeit bekommen wie die bewegte Wand, während die unterste Schicht an der ruhenden Wand haftet.

Für die anfangs ruhende Flüssigkeit kann sich kein Druckgefälle $J = \dfrac{1}{\gamma}\dfrac{dp}{dx}$

einstellen. Da für ein Flüssigkeitselement von der Länge dx in Strömungsrichtung, der Höhe dz und der Breite „1“:

$$-dp \cdot dz + d\tau \cdot dx = 0$$

oder

$$\frac{dp}{dx} = \frac{d\tau}{dz} = \mu\,\frac{d^2 v}{dz^2},$$

so folgt

$$\frac{d^2 v}{dz^2} = 0,$$

somit

$$\frac{dv}{dz} = \text{const.}$$

Es ergibt sich hienach die lineare Geschwindigkeitsverteilung $v = v_0\,\dfrac{z}{h}$.

Zur Überwindung der Wandreibung ist eine auf die Flächeneinheit bezogene

Kraft $\qquad P = \tau = \mu\left(\dfrac{dv}{dz}\right)_{z\,=\,h} = \mu\,\dfrac{v_0}{h}$ nötig.

8. Die treibende Gewichtskomponente $G \sin \alpha$ muß gleich sein dem Reibungswiderstande $\qquad T = s^2\,\tau = s^2\,\mu\,\dfrac{v_0}{h}$.

Daraus folgt: $\mu = \dfrac{G\,h \sin \alpha}{s^2 v_0} = 3{,}701 \cdot 10^{-3}\,\dfrac{\text{kp s}}{\text{m}^2} = 0{,}364\,[\text{P}]$.

9. Sei $v\,(z)$ die mittlere Geschwindigkeit im Röhrchen, wenn der Flüssigkeitsspiegel in die Lage z über dem Ausflußquerschnitt abgesunken ist, so beträgt die Verlusthöhe $\qquad h_v = \dfrac{8\,\nu\,a\,v}{g\,r^2}$

und es lautet die erweiterte Druckgleichung bei Vernachlässigung der Reibung im Gefäße und der Beschleunigungen

$$\frac{v_0^2}{2\,g} + z = \frac{v^2}{2\,g} + h_v,$$

aus der sich bei Streichung der vernachlässigbar kleinen Spiegelgeschwindigkeit v_0 folgende Gleichung für $v\,(z)$ ergibt:

$$v^2 + \frac{16\,\nu\,a}{r^2}\,v - 2\,g\,z = 0.$$

Hieraus wird

$$v = \frac{8\,\nu\,a}{r^2}\left(\sqrt{1 + k\,z} - 1\right), \qquad\qquad \text{(a)}$$

wo

$$k = \frac{g\,r^4}{32\,\nu^2\,a^2}.$$

Wird der Wert v (Gl. a) in die Kontinuitätsbedingung $-R^2 \pi \dfrac{dz}{dt} = r^2 \pi v$

eingetragen, so ergibt die Integration zwischen den Grenzen h_0 und h_1 für die Ausflußzeit

$$T = \frac{8\,v\,a\,R^2}{g\,r^4}\left[\ln\frac{c_0-1}{c_1-1} + c_0 - c_1\right],$$

wo $\qquad\qquad c_0 = \sqrt{1 + k\,h_0}\,, \quad c_1 = \sqrt{1 + k\,h_1}\,.$

Für den **E n g l e r** schen Zähigkeitsmesser gelten folgende normierte Größenverhältnisse:

$2\,R = 10,6$ cm, $2\,r = 0,29$ cm, $a = 2$ cm, $h_0 = 5,2$ cm und $h_1 = 2,93$ cm, wobei dieser Wert von h_1 einer Ausflußmenge $Q = 200$ cm³ entspricht.

$$\text{Hiemit wird}\; k = \frac{0,006773}{v^2},\, c_0 = \sqrt{1 + \frac{0,03522}{v^2}}\,, \quad c_1 = \sqrt{1 + \frac{0,01985}{v^2}}\,.$$

Für Wasser von 20^0 C mit $v = 0,01$ cm²/sec ergibt sich eine Ausflußzeit $T_0 = 51,6$ sec.

Als „Englergrad" E einer beliebigen Flüssigkeit bezeichnet man den Quotienten der Ausflußzeit dieser Flüssigkeit durch die Ausflußzeit T_0.

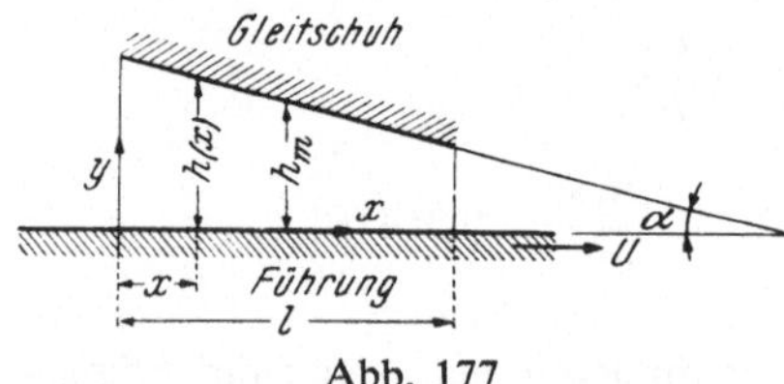

Abb. 177

10. Die Spalthöhe $h\,(x)$ (Abb. 177) sei sehr klein gegenüber der Spaltlänge l. Auf ein Flüssigkeitsteilchen $dx \cdot dy \cdot 1$ in einem in der z-Richtung unbegrenzten Schmierspalt zwischen Gleitschuh und Führung, wobei letztere am Gleitschuh mit der Geschwindigkeit U in der x-Richtung vorbeigezogen werde, wirken

der Schubspannungsüberschuß $\dfrac{\partial\tau}{\partial y}$ und das mit x veränderliche Druckgefälle $\dfrac{dp}{dx}$.

Bei stationärer Bewegung sind keine Trägheitskräfte vorhanden, so daß mit $\tau = \mu\,\dfrac{\partial u}{\partial y}$ folgt:

$$\mu\,\frac{\partial^2 u}{\partial y^2} = \frac{dp}{dx}. \tag{1}$$

(Sonderfall der allgemeinen **N a v i e r - S t o k e s** schen Gleichungen für sog. **schleichende** Bewegungen, d. s. Strömungen mit sehr kleinen **Reynolds** schen Zahlen.)

Ferner gilt die Kontinuitätsbedingung $Q = \displaystyle\int_0^{h(x)} u\,dy = \text{const.}$

Die Randbedingungen sind:

$$\begin{aligned} y = 0,\; & u = U, \\ y = h_x,\; & u = 0; \end{aligned} \tag{2}$$

für $x = 0$ und $x = l$: $\qquad\qquad p = p_0.$ $\qquad\qquad$ (3)

Mit $p' = \dfrac{dp}{dx}$ und Erfüllung der Bedingungen (2) gibt die Integration von (1)

$$u = U\left(1 - \frac{y}{h}\right) - \frac{h^2 p'}{2\mu}\frac{y}{h}\left(1 - \frac{y}{h}\right). \tag{4}$$

Hiemit läßt sich die Kontinuitätsbedingung überführen in

$$Q = \frac{Uh}{2} - \frac{p'h^3}{12\mu};$$

für das Druckgefälle p' ergibt sich hieraus $p' = 12\mu\left(\dfrac{U}{2h^2} - \dfrac{Q}{h^3}\right)$, somit für

den Druck p bei Beachtung der ersten Randbedingung (3):

$$p = p_0 + 6\mu U\int_0^x \frac{dx}{h^2} - 12\mu Q\int_0^x \frac{dx}{h^3}. \tag{5}$$

Die Erfüllung der zweiten Bedingung (3) liefert für die Durchflußmenge Q:

$$Q = \frac{U}{2}\frac{\displaystyle\int_0^l \frac{dx}{h^2}}{\displaystyle\int_0^l \frac{dx}{h^3}}. \tag{6}$$

Da für den Schmierspalt mit ebenen Wänden bei sehr kleinem Winkel α

$$h(x) = \alpha(a - x),$$

so ergibt Gl. (6) für die Durchflußmenge

$$Q = U\alpha a\,\frac{a - l}{2a - l} \tag{7}$$

und Gl. (5) für die Druckverteilung

$$p(x) = p_0 + 6\mu U\,\frac{x(l - x)}{h^2(2a - l)}. \tag{8}$$

Da sich bei sehr kleinem α die Spalthöhe h nur wenig ändert, so ist die Druckverteilung (8) entlang der Führung nahezu parabolisch; mit h_m als Höhe in Spaltmitte beträgt dort der Druck

$$p_1 = p_0 + \frac{3\mu U}{2}\,\frac{l^2}{h_m^2(2a - l)}$$

und daher der mittlere Überdruck bei parabolischer Verteilung:

$$p_m = \frac{2}{3}(p_1 - p_0) = \mu U\,\frac{l^2}{h_m^2(2a - l)}.$$

Da $l \gg h_m$, so ergeben sich sehr hohe Drücke.

11. Die Welle dreht sich mit der Winkelgeschwindigkeit $\omega = \dfrac{n\pi}{30}$, daher ist

die Umfangsgeschwindigkeit $v_0 = \dfrac{dn\pi}{60}$.

Da die Schubspannung am Mantel der Welle gleich ist $\tau = \mu \dfrac{v_o}{h}$ (vgl.

Aufg. 7), so beträgt die gesamte Umfangskraft $P = \tau\, d\,\pi\, l$ und die Leistung

$$N^{PS} = \frac{P v_o}{75} = \frac{\mu\, d^3\, \pi^3\, n^2\, l}{2,7 \cdot 10^5\, h} = 0,03488\ \text{PS}.$$

12. Die Schubspannung τ beträgt $\tau = \mu \dfrac{dv}{dx}$.

Da der Ölfilm sehr dünn ist und die Geschwindigkeit sich über seine Dicke δ von 0 auf v ändert, so kann $dx = \delta$ und dv gleich v gesetzt werden.

Somit ist $\tau = \mu \dfrac{v}{\delta}$ oder wegen $v = \varrho\, \omega$

$$\tau = \mu \frac{\varrho\, \omega}{\delta}.$$

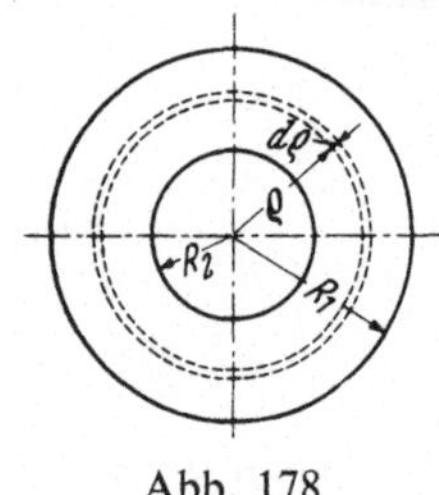

Abb. 178

Die Reibungskraft für einen schmalen Ringstreifen (Abb. 178) von der Breite $d\varrho$ beträgt daher

$$dR = \tau\, 2\pi\, \varrho\, d\varrho = \mu \frac{2\, \varrho^2\, \pi\, \omega\, d\varrho}{\delta}.$$

Für das gesamte Drehmoment ergibt sich

$$M = \int_{R_2}^{R_1} \varrho\, d R = \mu\, \frac{2\, \pi\, \omega}{\delta} \int_{R_2}^{R_1} \varrho^3\, d\varrho = \frac{\mu\, \pi\, \omega}{2\, \delta} (R_1^{\,4} - R_2^{\,4}).$$

13. Für reine Radialströmung ist die Radialgeschwindigkeit v_r nur abhängig vom Abstande r des Flüssigkeitsteilchens vom Plattenmittelpunkt und seiner senkrecht zur Platte gemessenen z-Koordinate.

In der z-Richtung besteht daher kein Druckgefälle, so daß der Druck p nur abhängig ist von r. Bei der hier vorliegenden ebenen laminaren Strömung darf die Wirkung der Trägheitskräfte vernachlässigt werden und es liefert das Gleichgewicht zwischen Druckgefälle $\dfrac{\partial p}{\partial r}$ und dem Schubspannungsüberschusse $\mu \dfrac{\partial^2 v_r}{\partial z^2}$

die Gleichung
$$\frac{\partial p}{\partial r} = \mu \frac{\partial^2 v_r}{\partial z^2}. \tag{1}$$

Zweimalige Integration und Erfüllung der Haftbedingung $v_r = 0$ für $z = 0$ und $z = h$ ergibt die parabolische Geschwindigkeitsverteilung

$$v_r = -\frac{1}{2\,\mu} \frac{\partial p}{\partial r} z\,(h - z). \tag{2}$$

Am Umfange $2\, r\, \pi$ einer Flüssigkeitsschicht von der Dicke dz strömt die Menge $dQ = 2\,\pi\, r\, v_r\, dz$ aus, somit ergibt sich mit (1) die Ausflußmenge

$$Q = -\frac{\pi}{\mu}\, r\, \frac{\partial p}{\partial r} \int_0^h z\,(h-z)\,dz = -\frac{\pi h^3}{6\,\mu}\, r\, \frac{\partial p}{\partial r}\,. \tag{3}$$

Die Kontinuität der Strömung verlangt, daß Q unabhängig von r sei, daraus folgt

$$r\,\frac{\partial p}{\partial r} = c_1$$

oder

$$p\,(r) = c_1 \ln r + c_2\,. \tag{4}$$

Sei p_i der Druck am Rande $r = a$ der Kapillare, während für den Austritt $(r = R)$ der Druck p gleich p_a ist, so geht (4) über in

$$p\,(r) = p_i - (p_i - p_a)\,\frac{\ln \dfrac{r}{a}}{\ln \dfrac{R}{a}}\,, \tag{4a}$$

wonach sich für das Druckgefälle

$$\frac{\partial p}{\partial r} = -\frac{1}{r}\,\frac{p_i - p_a}{\ln \dfrac{R}{a}} \tag{5}$$

ergibt.

Hiemit liefert (3)

$$Q = \frac{\pi h^3}{6\,\mu}\,\frac{p_i - p_a}{\ln \dfrac{R}{a}}\,. \tag{6}$$

Andererseits ergibt sich für Q aus der Strömung durch die Kapillare von der Länge l und dem Druckgefälle $\dfrac{p_s - p_i}{l}$ nach dem Poiseuilleschen Gesetze

$$Q = \frac{\pi a^4}{8\,\mu l}\,(p_s - p_i)\,, \tag{7}$$

so daß die Gleichsetzung von (6) und (7) den noch unbekannten Druck p_i ergibt, und zwar

$$p_i = \frac{3\,a^4\,p_s \ln \dfrac{R}{a} + 4\,h^3\,l\,p_a}{3\,a^4 \ln \dfrac{R}{a} + 4\,h^3\,l}\,. \tag{8}$$

Das gesamte durch den Flüssigkeitsfilm abgestützte Gewicht G folgt aus

$$G = \int_a^R 2\,\pi\, r\,(p - p_a)\,dr + \pi\,a^2\,(p_i - p_a)$$

oder wegen (4a)

$$G = \frac{\pi R^2}{2 \ln \dfrac{R}{a}}\,(p_i - p_a)\left(1 - \frac{a^2}{R^2}\right)\,.$$

Der „mittlere Lagerdruck" p_m berechnet sich aus $p_m = \dfrac{G}{R^2 \pi}$ mit Verwendung von (8) zu

$$p_m = \frac{3\,a^4 \left(1 - \dfrac{a^2}{R^2}\right)}{6\,a^4 \ln \dfrac{R}{a} + 8\,h^3\,l}\,(p_s - p_a),$$

woraus für gegebenes Verhältnis $\dfrac{p_s - p_a}{p_m}$ die notwendige Dicke h des Flüssigkeitsfilms berechnet werden kann.

14. Ist v die Strömungsgeschwindigkeit im Haarröhrchen bei einer Spiegelhöhe y zur Zeit t, dann entspricht ihr eine Reibungshöhe

$$h_r = \frac{32\,\nu\,l\,v}{g\,d^2}$$

und es ist $h_r = y$, wenn angenommen wird, daß die ganze Höhe y zur Überwindung der inneren Reibungen verbraucht wird.

Aus $\quad -\dfrac{D^2 \pi}{4}\,dy = \mu\,\dfrac{d^2 \pi}{4}\,v\,dt \quad$ (μ Ausflußzahl am Eingange des Röhrchens)

folgt daher $\qquad dt = -\dfrac{32\,D^2\,\nu\,l}{\mu\,g\,d^4}\,\dfrac{dy}{y}.$

In den Grenzen H und h integriert, ergibt sich

$t_1 = \dfrac{32\,D^2\,\nu\,l}{\mu\,g\,d^4}\,\ln\dfrac{H}{h} \quad$ und hieraus die kinematische Zähigkeit

$$\nu = \frac{\mu\,g\,d^4\,t_1}{32\,D^2\,l \ln \dfrac{H}{h}}. \tag{a}$$

Die Spiegellage h zur Zeit t_1 berechnet sich aus

$\dfrac{D^2 \pi}{4}\,(H - h) = Q = 50\ \text{cm}^3 \quad$ und $H = 5\ \text{cm}$ zu $h = 2{,}453\ \text{cm}.$

Hiemit liefert Gl. (a): $\quad \nu = \dfrac{981 \cdot 0{,}1^4 \cdot 20 \cdot 60}{32 \cdot 25 \cdot 10 \ln \dfrac{5}{2{,}453}} = 0{,}0207\ \text{cm}^2/\text{s},$

falls die Ausflußzahl $\mu = 1$ gesetzt wird.

15. Nach der S t o k e sschen Formel ist der Flüssigkeitswiderstand der Kugel gleich $6\,\pi\,\dfrac{\gamma}{g}\,\nu\,a\,v$,

also $\qquad 6\,\pi\,\dfrac{\gamma}{g}\,\nu\,a_1 v_1 = \dfrac{4}{3}\,\pi\,a_1^3\,(\gamma_1 - \gamma)$

und $\qquad 6\,\pi\,\dfrac{\gamma}{g}\,\nu\,a_2 v_2 = \dfrac{4}{3}\,\pi\,a_2^3\,(\gamma_2 - \gamma),$

woraus
$$\gamma = \frac{\gamma_1 a_1{}^2 v_2 - \gamma_2 a_2{}^2 v_1}{a_1{}^2 v_2 - a_2{}^2 v_1},$$

$$v' = \frac{2}{9} g \frac{a_1{}^2 a_2{}^2 (\gamma_2 - \gamma_1)}{\gamma_1 a_1{}^2 v_2 - \gamma_2 a_2{}^2 v_1}.$$

16. Da bei großer Breite b der Einfluß der Seitenwände auf das Innere vernachlässigt werden darf, so herrschen in jeder zur Bewegungsrichtung parallelen Vertikalebene die gleichen Strömungsverhältnisse.

Unter der Voraussetzung, daß der Druck im Querschnitte statisch verteilt sei, ist hier das Gefälle J identisch mit dem geodätischen Gefälle $\sin \alpha$, da der Druck längs der freien Oberfläche konstant sein muß (vgl. Aufg. **2**).

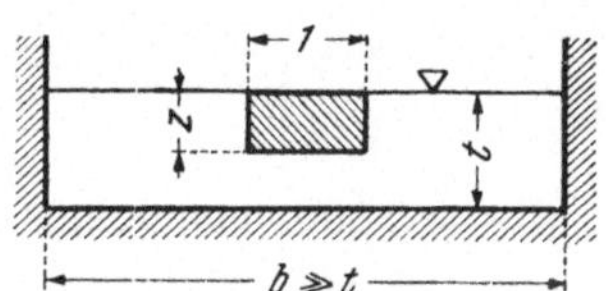

Auf das Flüssigkeitsprisma vom Querschnitte $z \cdot 1$ und der Länge l (Abb. 179) wirkt in Bewegungsrichtung die beschleunigende Kraft $P = \gamma z l \sin \alpha$; sie muß für beschleunigungsfreie Bewegung getilgt werden durch die Schubkraft

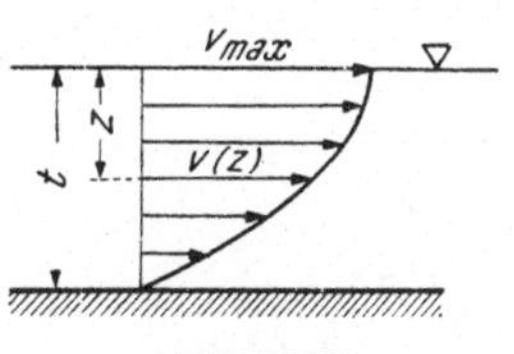

$$T = \tau \cdot l \cdot 1 = l \mu \frac{dv}{dz}.$$

Abb. 179

Aus $P + T = 0$ folgt: $\gamma l z \sin \alpha = -\mu l \dfrac{dv}{dz}$

und integriert mit der Randbedingung $v(t) = 0$ und $\dfrac{\mu}{\gamma} = \dfrac{v}{g}$:

$$v(z) = \frac{gJ}{2v}(t^2 - z^2).$$

(Parabolische Geschwindigkeitsverteilung wie beim Kreisrohr; vgl. Aufg. **2**.)

Die größte Geschwindigkeit v_0 (für $z = 0$) beträgt $v_0 = \dfrac{gJt^2}{2v}$.

Die sekundliche Durchflußmenge ergibt sich aus $Q = b\displaystyle\int_0^t v\, dz$

zu
$$Q = \frac{gJbt^3}{3v}$$

und hiemit die mittlere Geschwindigkeit $c = \dfrac{Q}{bt} = \dfrac{gJt^2}{3v}$.

Hienach ist
$$c = \frac{2}{3} v_0.$$

17. Ein Flüssigkeitsprisma vom Querschnitte $dz.dy$ und der Länge „1" in der Bewegungsrichtung x erfährt in der zur xz-Ebene parallelen Seitenfläche die Schubkraft $\mu \dfrac{\partial v}{\partial y} dz \cdot 1$, in der gegenüberliegenden Seitenfläche die entgegengesetzt gerichtete Kraft

$$\mu \left(\frac{\partial v}{\partial y} + \frac{\partial^2 v}{\partial y^2}\, dy \right) dz\,,$$

somit ergibt sich ein Kraftüberschuß $\mu\, \dfrac{\partial^2 v}{\partial y^2}\, dy\, dz$.

Für die der xy-Ebene parallelen Seitenflächen ist analog ein Kraftüberschuß $\mu\, \dfrac{\partial^2 v}{\partial z^2}\, dy\, dz$ vorhanden, sohin für die Volumeinheit die Resultierende

$$\mu \left(\frac{\partial^2 v}{\partial y^2} + \frac{\partial^2 v}{\partial z^2} \right).$$

Diese muß, wenn J das Gefälle bedeutet, getilgt werden durch γJ, woraus folgt

$$\frac{\partial^2 v}{\partial y^2} + \frac{\partial^2 v}{\partial z^2} + \frac{Jg}{v} = 0.$$

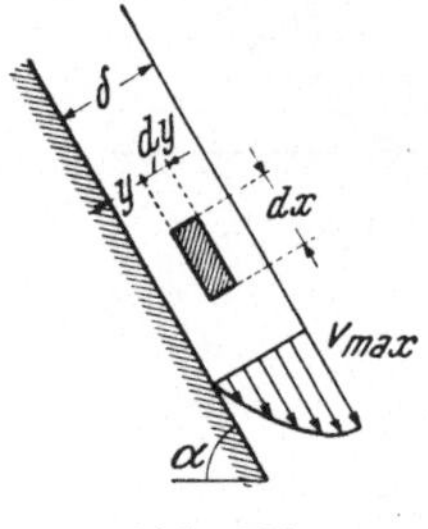

Abb. 180

18. Für ein Volumelement $b.dx.dy$ liefert das Kräftegleichgewicht in der X-Richtung (Abb. 180):

$$\gamma \sin \alpha + \frac{d\tau}{dy} = 0,$$

woraus mit $\tau = \mu\, \dfrac{dv}{dy}$ und $\gamma = \varrho\, g$:

$$\frac{d^2 v}{dy^2} = -\frac{g}{v} \sin \alpha \quad \text{folgt.} \tag{a}$$

Mit den Randbedingungen $v(0) = 0$ und $\tau(\delta) = 0$ ergibt sich aus (a):

$$v(y) = \frac{g}{v} \sin \alpha \left(\delta y - \frac{y^2}{2} \right).$$

Hienach ist

$$v_{max} = v(\delta) = \frac{g\, \delta^2 \sin \alpha}{2\, v}.$$

Die mittlere Geschwindigkeit c berechnet sich aus

$$c \cdot \delta = \int_0^\delta v\, dy = \frac{g\, \delta^3 \sin \alpha}{3\, v} \quad \text{zu}$$

$$c = \frac{g\, \delta^2 \sin \alpha}{3\, v} = \frac{2}{3}\, v_{max}. \tag{b}$$

Da $Q = b.\delta.c$, so ergibt sich für die Filmdicke δ bei Beachtung von (b):

$$\delta = \sqrt[3]{\frac{3\, v\, Q}{b\, g \sin \alpha}}. \tag{c}$$

Mit den Zahlenangaben

$$Q = 3\,\frac{1}{s}, \quad b = 50\,\text{cm}, \quad \nu = 0,436 \,\left[\text{cm}^2/\text{s}\right] \quad \text{und} \quad \alpha = 60^0$$

$$\text{wird } \delta = 0,452 \text{ cm}$$
$$\text{und } c = 132,72 \text{ cm}/\text{s}.$$

Die mit δ und c gebildete Re-Zahl beträgt

$$\text{Re} = \frac{\delta\,c}{\nu} = \frac{Q}{b\,\nu} = 137,6 \,.$$

Da sie kleiner ist als die kritische Zahl $\text{Re}_k = 350$ (nach Grigull), so ist die Strömung laminar.

19. Die im Punkte A des Flüssigkeitsteilchens $ABCD$ (Abb. 181) in Umfangsrichtung wirkende Schubspannung τ ist gleich $\mu\,\dfrac{\Delta\varphi}{\Delta t}$, wo $\Delta\varphi$ die Änderung des rechten Winkels bei A bedeutet. Während der Zeit Δt hat sich der Punkt A mit der Geschwindigkeit u nach A' bewegt, so daß

$$\widehat{A\,A'} = u \cdot \Delta t = r\,\psi. \qquad (a)$$

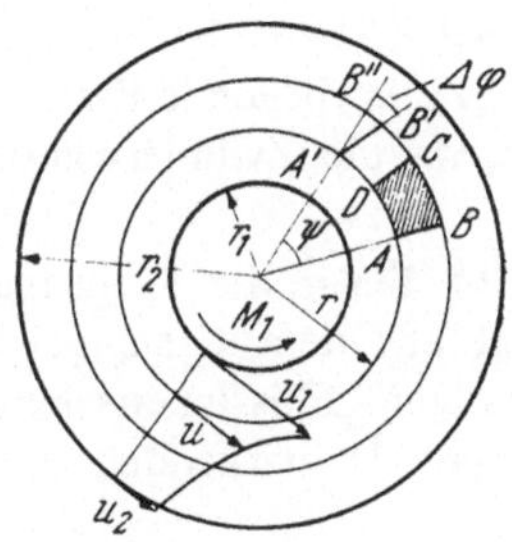

Abb. 181

In der gleichen Zeit kommt der Punkt B nach B', wobei

$$\widehat{B\,B'} = \left(u + \frac{\partial u}{\partial r}\,\Delta r \right) \Delta t \,.$$

Gegenüber einer reinen Drehbewegung des Flüssigkeitsteilchens ist daher B um die Länge

$$\widehat{B''\,B'} = \psi\,(r + \Delta r) - \left(u + \frac{\partial u}{\partial r}\,\Delta r \right) \Delta t$$

zurückgeblieben. Zufolge Gl. (a) ergibt sich

$$\widehat{B''\,B'} = \left(\frac{u}{r} - \frac{\partial u}{\partial r} \right) \Delta r \cdot \Delta t \,,$$

oder mit $u = \dfrac{c}{r}$:

$$\widehat{B''\,B'} = \frac{2\,c}{r^2}\,\Delta r \cdot \Delta t \,.$$

Da $\Delta\varphi = \dfrac{\widehat{B''\,B'}}{\Delta r}$, so folgt $\dfrac{\Delta\varphi}{\Delta t} = \dfrac{2\,c}{r^2}$ und hiemit für die Schubspannung

$$\tau = \mu\,\frac{2\,c}{r^2} \,.$$

Diese am Umfange des Kreises vom Halbmesser r wirkenden Schubspannungen liefern das Moment $M = 2\pi r \cdot \tau \cdot r = 4\pi\mu c$,

also unabhängig von r. Demnach ist $M_1 = 4\pi\mu \cdot c = M_2$.

Die zugeführte Leistung beträgt $L_1 = M_1 \dfrac{u_1}{r_1}$,

die abgegebene
$$L_2 = M_2 \frac{u_2}{r_2},$$

somit
$$\Delta L = L_1 - L_2 = M\left(\frac{u_1}{r_1} - \frac{u_2}{r_2}\right) = 4\pi\mu c^2\left(\frac{1}{r_1^2} - \frac{1}{r_2^2}\right),$$

mithin $L_2 < L_1$.

Die Differenz ΔL dient zur Verformung der Flüssigkeitsteilchen und wird in Wärme umgesetzt.

Die vorliegende Strömung ist zwar mit Reibung behaftet, jedoch drehungsfrei, da die Zylinderwände rotieren und sich keine Grenzschichten ausbilden.

20. Da in der Richtung der Rohrachse kein Druckgefälle vorhanden ist, so folgt aus dem Gleichgewichte der am Außen- und Innenmantel eines ringförmigen Flüssigkeitselementes vom Halbmesser r, der Dicke dr und der Länge „1" wirkenden Schubkräfte:

$$2r\pi\tau = 2\pi(r + dr)(\tau + d\tau)$$

oder
$$d(r\tau) = 0;$$

hienach ist
$$r\tau = c_1.$$

Im Verein mit

$$\tau = -\mu\,\frac{dv}{dr}$$

ergibt sich

$$dv = -\frac{c_1}{\mu}\,\frac{dr}{r}$$

und daher

$$v(r) = -\frac{c_1}{\mu}\ln r + c_2.$$

Mit Beachtung der beiden Randbedingungen $v(r_i) = V$, $v(r_a) = 0$ folgt für die Geschwindigkeitsverteilung

$$v(r) = V\frac{\ln\left(r_a/r\right)}{\ln\left(r_a/r_i\right)}. \tag{a}$$

Die in der Zeiteinheit geförderte Flüssigkeitsmenge Q ist zu berechnen aus

$$Q = \int\limits_{r_i}^{r_a} 2r\pi\,v(r)\,dr = \frac{2\pi V}{\ln\dfrac{r_a}{r_i}}\int\limits_{r_i}^{r_a} r\ln\left(\frac{r_a}{r}\right)dr,$$

wonach

$$Q = \pi\, r_i^2\, V \left[\frac{\left(\dfrac{r_a}{r_i}\right)^2 - 1}{\ln\left(\dfrac{r_a}{r_i}\right)^2} - 1 \right]. \tag{b}$$

Mit $\left(\dfrac{r_a}{r_i}\right)^2 = y$ wird dann

$$Q(y) = \pi\, r_i^2\, V \frac{y - 1 - \ln y}{\ln y}$$

oder

$$Q(y) = \pi\, r_a^2\, V \frac{y - 1 - \ln y}{y \ln y}. \tag{c}$$

Bei gegebenem r_a erreicht $Q(y)$ seinen Größtwert für $\dfrac{dQ}{dy} = 0$.

Hiemit folgt für y die transzendente Gleichung

$$y - 1 - \ln y = (\ln y)^2$$

oder mit $\qquad\qquad\quad \ln y = x:$

$$x^2 + x + 1 = e^x$$

mit der Wurzel $x = 1{,}7934$. (Die Wurzeln $x = 0$ und $x = \infty$ liefern $r_i = r_a$ und $r_i = 0$ (diesen beiden Lösungen entspricht nach Gl. (b) eine Menge $Q = 0$).

Mit $x = 1{,}7934$ wird $y = e^x = 6{,}010 = \left(\dfrac{r_a}{r_i}\right)^2$, woraus sich für den Kern-halbmesser ergibt: $r_i = r_a \cdot 0{,}408$.

Die maximale Fördermenge beträgt dann nach (c): $Q_{max} = 0{,}298\, \pi\, r_a^2\, V$.

VIII. Rohrleitungen

Widerstandsgesetz der turbulenten Rohrströmung

Bei der Berechnung von turbulenten Strömungen in Rohren wird das Widerstandsgesetz

$$J = \lambda \frac{v^2}{2\,g\,d} \tag{a}$$

verwendet (v mittlere Geschwindigkeit, d Rohrdurchmesser, J Gefälle).

Für die Verlusthöhe h_r aus Reibung gilt mit l als Rohrlänge: $h_r = J\,l$,

so daß wegen (a): $\qquad h_r = \left(\dfrac{\lambda\,l}{d}\right)\dfrac{v^2}{2\,g}.$

Mit $\qquad\qquad\qquad \zeta_r = \lambda \dfrac{l}{d} \tag{b}$

als Widerstandszahl für Reibung ist $\quad h_r = \zeta_r \dfrac{v^2}{2\,g}. \tag{c}$

Hinsichtlich der Größe der Widerstandszahl ζ_r ist zu unterscheiden, ob es sich um hydraulisch glatte oder hydraulisch rauhe Rohrwandungen handelt.

a) **Hydraulisch glatte Rohre.** Bei diesen ist anzunehmen, daß die bei technisch glatten Rohren vorhandenen unvermeidlichen Wandunebenheiten so klein sind, daß sie von einer laminaren Randschicht vollkommen überdeckt sind. Hier hängt λ lediglich von der Reynoldsschen Zahl

$$\mathrm{Re} = \frac{v\,d}{\nu} \qquad\qquad (d)$$

ab.

Es gilt bis zu $\mathrm{Re} = 100.000$ das **Blasius**sche Potenzgesetz (1913)

$$\lambda = 0{,}316\ \mathrm{Re}^{-1/4}. \qquad\qquad (e)$$

Für Re bis zu $3{,}4 \cdot 10^6$ nach **Prandtl** (1933)

$$\lambda = \frac{1}{\left\{2 \log\left(\mathrm{Re}\sqrt{\lambda}\,\right) - 0{,}8\right\}^2} \qquad\qquad (f)$$

und nach **Nikuradse** (1932) zwischen $\mathrm{Re} = 10^5$ und 10^8 die Näherungsformel

$$\lambda = 0{,}0032 + 0{,}221\ \mathrm{Re}^{-0{,}237}. \qquad\qquad (g)$$

Bei laminarer Strömung in glatten Rohren ist (vgl. VII, Aufg. **2**)

$$\lambda_{lam.} = \frac{64}{\mathrm{Re}}.$$

Unterhalb der kritischen Reynoldszahl $\mathrm{Re}_K = \left(\dfrac{v\,d}{\nu}\right)_K = 2320 \qquad\qquad (h)$

ist für hinreichend lange **glatte** Kreisrohre die Bewegung stets laminar.

b) **Hydraulisch rauhe Rohre.** Bei diesen ist der Strömungswiderstand stets größer als bei glatten Rohren. Bei nicht zu großen Rauhigkeiten der Rohrwand wähle man für eine erste Schätzung $\lambda = 0{,}03$ (nach **Dupuit**). Von den für die Gewinnung zutreffender λ-Werte bekannten Formeln seien angeführt jene von **Prandtl** und **Nikuradse** (1933):

$$\lambda = \frac{1}{\left(2 \log \dfrac{r}{\varepsilon} + 1{,}74\right)^2} = \frac{1}{\left(2 \log \dfrac{d}{\varepsilon} + 1{,}138\right)^2}, \qquad\qquad (i)$$

wo ε für verschiedene praktisch wichtige Rohrmaterialien aus der Tabelle (I) zu entnehmen ist; Gl. (i) ist brauchbar innerhalb des Bereiches, für welchen das quadratische Widerstandsgesetz gilt, d. h. wo λ nur von der relativen Rauhigkeit $\dfrac{\varepsilon}{r}$ abhängig ist.

Nach Formel (i) ergeben sich folgende λ-Werte in Abhängigkeit von $\dfrac{d}{\varepsilon}$:

d/ε	10	40	60	100	200	500	1000
λ	0,1005	0,0529	0,0455	0,038	0,0304	0,0234	0,01965

I. Tabelle der Werte ε

Material	cm		
Gußeisen, neu	0,05	bis	0,10
Gußeisen, angerostet	0,10	,,	0,15
Gußeisen, verkrustet	0,15	,,	0,30 und mehr
Zement, geglättet	0,03	,,	0,08
Zement, unbearbeitet	0,10	,,	0,20
Rauhe Bretter	0,10	,,	0,25
Backsteinmauerwerk, gut gefugt	0,12	,,	0,25
Bruchsteinmauerwerk, bearbeitet	0,15	,,	0,30
Roher Bruchstein	0,80	,,	1,50

(Aus W. Kaufmann: Hydromechanik, Bd. 2, S. 63, Berlin 1934.)

Die Formel von J. Kozeny (1950) lautet $\lambda = \dfrac{2g}{c^2}$,

$$\text{wo } c = 8{,}86 \log d + n \tag{j}$$

und n aus Tabelle (II) zu wählen und d in (met) einzusetzen ist.

Nach Gl. (a) ist dann $v = c\sqrt{d \cdot J} \; [\text{m/s}]$.

Tabelle II

Material	n	
Gußeisen, neu oder gereinigt	35	
Gußeisen, alt	30	
Mannesmann, neu	38	
Mannesmann, alt	36	
Gewöhnliche genietete Rohre, neu	31	
Gewöhnliche genietete Rohre, gebraucht	28	bis 26
mit versenkten Nietköpfen oder geschweißt		
neu	34	
alt	31	bis 27
Beton und Stahlbeton, sehr glatt, monolith	38	
zusammengesetzt, älter	30	
rauh, wenig Sorgfalt	26	bis 27
Für Kanalisationsleitungen	28	
Tonröhren (Dräne)	34	

(Aus Österr. Bauzeitschrift, 5. Jahrg., 1950, S. 167.)

Zur praktischen Berechnung von Rohrleitungen steht neben dem Widerstandsgesetz Gl. (a) noch die Gleichung für die Durchflußmenge Q

$$Q = v\,\frac{\pi\,d^2}{4} \tag{k}$$

zur Verfügung. Die kinematische Zähigkeit v und die von der Wandbeschaffenheit abhängigen Werte ε (in Gl. [i] bzw. n in Gl. [j]) sind als gegeben anzusehen.

Es entstehen vier wesentlich voneinander verschiedene Fragestellungen, je nachdem, welche zwei von den vier Größen Q, d, v, J gegeben sind.

Nur dann, wenn zwei von den Größen Q, d, v gegeben sind, ist die **direkte** Berechnung des Gefälles J möglich. In allen anderen Fällen erfordert die Lösung einen Rechnungsgang, bei dem λ zunächst schätzungsweise angenommen wird (etwa mit $\lambda = 0{,}03$) und dann nachgerechnet wird, ob die gemachte Annahme zutreffend war.

Die Berechnung einer Rohrleitung mit Einschluß aller auftretenden Verluste stützt sich auf die erweiterte Bernoullische Gleichung; angeschrieben für die Punkte 1 und 2 des Rohres lautet sie bei stationärer Strömung

$$\left(z + \frac{p}{\gamma} + \frac{v^2}{2g}\right)_1 = \left(z + \frac{p}{\gamma} + \frac{v^2}{2g}\right)_2 + h_r + \sum_1^2 h_v. \tag{I}$$

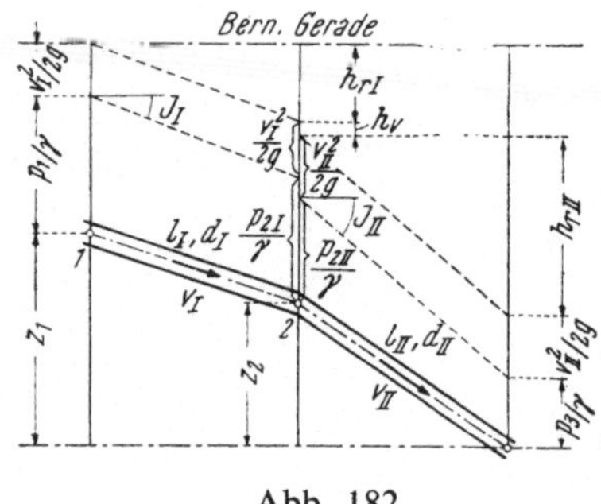

Abb. 182

Hierin bedeuten $z_1\, z_2$ die geodätischen Höhen der Rohrstellen 1, 2 über einer beliebigen waagrechten Bezugsebene, $p_1\, p_2$ die Strömungsdrucke, $v_1\, v_2$ die mittleren Geschwindigkeiten (Abb. 182).

Die Verlusthöhe h_r durch Rohrreibung in der Strecke $\overrightarrow{1\,2}$ ist durch Gl. (c) bestimmt.

Besteht die Rohrleitung aus mehreren geraden Stücken von verschiedenen Durchmessern, so ist $h_r = \sum_1^2 \left(\lambda\frac{l}{d} \cdot \frac{v^2}{2g}\right)$ zu setzen; die Summe ist über alle geraden Stücke zwischen 1 und 2 zu erstrecken.

In $\sum_1^2 h_v$ sind alle Verlusthöhen zusammengefaßt, die im Bereiche $\overrightarrow{1\,2}$ infolge von Querschnitts- oder Richtungsänderungen oder wegen des Einbaues von Reguliervorrichtungen (Schieber, Hähne, Ventile usw.) zu berücksichtigen sind.

Jede Verlusthöhe h_v wird in gleicher Form wie die Reibungshöhe h_r dargestellt, also

$$h_v = \zeta \frac{v^2}{2g},$$

wo v (in der Regel) als die Geschwindigkeit **hinter** dem betreffenden Einbau gewählt wird.

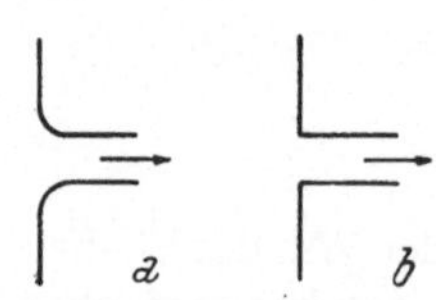

Verlustziffern ζ:

Abb. (a) Eintrittsverlust $\zeta = 0{,}05$ bei guter Abrundung

Abb. (b) Eintrittsverlust $\zeta = 0{,}5$ (scharfkantiger Rohransatz).

Abb. (c) Rohrerweiterung $h_v = \dfrac{(v_1 - v_2)^2}{2g} = \zeta\,\dfrac{v_2^2}{2g}$,

somit $\zeta = \left(\dfrac{F_2}{F_1} - 1\right)^2$.

Abb. (d) Rohrverengung $h_v = \zeta\,\dfrac{v_2^2}{2g}$,

wo ζ abhängig ist von der im Strahlhalse entstehenden Kontraktion, die sich mit d_2/d_1 ändert; die Abhängigkeit der ζ-Werte von d_2/d_1 ist aus folgender Tabelle zu ersehen:

$d_2/d_1 =$	0,1	0,2	0,3	0,4	0,5	0,6	0,7	0,8	0,9
$\zeta =$	0,46	0,44	0,42	0,38	0,34	0,28	0,21	0,14	0,06

Abb. (e) Plötzliche Richtungsänderung mit Kniestück.

$$h_v = \eta\,\frac{(v_1 - v_2)^2}{2g} = \eta\,\frac{(\Delta v)^2}{2g} \quad \text{mit } \eta \sim 0,7 \text{ bis } 1,0.$$

Für $\delta = \dfrac{\pi}{2}$ und $v_1 = v_2$ ist $\zeta \sim 1$.

Abb. (f) Allmähliche Richtungsänderung um $\pi/2$.

Rechtwinkliger Rohrkrümmer $h_v = \zeta\,\dfrac{v^2}{2g}$,

wo für $\dfrac{R}{d} =$	1	2	4	6	10
$\zeta =$	0,52	0,29	0,23	0,18	0,20

(für rauhe Rohre und Re $= 140.000$ bis 220.000).

Für einen Zentriwinkel δ des Rohrkrümmers

ist $\zeta_\lambda = \eta \cdot \zeta_{\pi/2}$,

wo η durch die folgenden Angaben bestimmt ist:

$\delta^0 =$	10^0	20^0	30^0	40^0	60^0	90^0	135^0	150^0	180^0
	0,2	0,4	0,5	0,7	0,85	1,0	1,15	1,2	1,3

Näherungsformel für den Rohrdurchmesser

Bei einer langen Rohrleitung überwiegt in Gl. (l) der Anteil der Reibungshöhe h_r beträchtlich jenen der übrigen Verlusthöhen, so daß sich bei konstantem Durchmesser d der Rohrleitung ergibt

$$\left(z_1 + \frac{p_1}{\gamma}\right) - \left(z_2 + \frac{p_2}{\gamma}\right) = h_r = J \cdot l.$$

Aus den Gln. (a) und (k) folgt:
$$Q^2 = \frac{\pi^2 g}{8}\,\frac{J}{\lambda}\,d^5, \qquad (m)$$

woraus
$$d = 0{,}60733\,\sqrt[5]{\lambda}\,\sqrt[5]{\frac{Q^2}{J}}. \qquad (n)$$

Setzt man hierin $\lambda = 0{,}03$, so entsteht als Näherungsformel zur Berechnung

von d:
$$d = 0{,}3012 \sqrt[5]{\frac{Q^2}{J}} \,. \tag{p}$$

Mit dem aus (p) gerechneten d läßt sich ein verbesserter Wert λ aus Gl. (i) oder (j) berechnen und mit diesem aus Gl. (n) eine Verbesserung für d ermitteln.

Lösungen

1. Mit der Annahme $\lambda = 0{,}03$ liefert Gl. (a):

$$v = \sqrt{\frac{2 \cdot 9{,}81 \cdot 0{,}1 \cdot 0{,}004}{0{,}03}} = 0{,}511 \ \mathrm{m/s}\,,$$

demnach wird $\mathrm{Re} = \dfrac{vd}{\nu} = \dfrac{0{,}511 \cdot 0{,}1}{1{,}5 \cdot 10^{-6}} = 34000.$

Somit ist das Blasiussche Potenzgesetz (e) anwendbar.

Aus den Gln. (a) und (e) folgt für die mittlere Geschwindigkeit

$$v = \sqrt[7]{\left(\frac{gJ}{0{,}158}\right)^4 \frac{d^5}{\nu}}\,,$$

woraus sich ergibt mit

$$\nu_1 = 0{,}015 \ \frac{\mathrm{cm}^2}{\mathrm{s}} : \quad v_1 = 0{,}592 \ \frac{\mathrm{m}}{\mathrm{s}}\,, \quad Q_1 = \frac{\pi d^2}{4} v_1 = 0{,}004646 \ \frac{\mathrm{m}^3}{\mathrm{s}}\,,$$

und mit

$$\nu_2 = 3{,}82 \ \frac{\mathrm{cm}^2}{\mathrm{s}} : \quad v_2 = v_1 \sqrt[7]{\frac{\nu_1}{\nu_2}} = 0{,}268 \ \frac{\mathrm{m}}{\mathrm{s}}\,, \quad Q_2 = 0{,}002106 \ \frac{\mathrm{m}^3}{\mathrm{s}}\,.$$

2. Die Gl. (l), angeschrieben für einen Punkt des Behälterspiegels und des freien Rohrendes, liefert mit v als Geschwindigkeit im Rohre mit dem Durchmesser d, und v_1 als jener im engeren Rohrstück vom Durchmesser d_1:

$$h = \frac{v^2}{2g}\left(\zeta_K + \frac{l - l_1}{d}\lambda\right) + \frac{v_1^2}{2g}\left(1 + \zeta_1 + \frac{l_1}{d_1}\lambda_1\right), \tag{1}$$

mit ζ_K als Widerstandszahl des Krümmers ($\sim 0{,}05$ nach S. 117) und ζ_1 wegen plötzlicher Rohrverengung.

Da $\dfrac{F_1}{F_2} = \dfrac{d_1^2}{d_2^2} = \dfrac{1}{2}$, so ist $\dfrac{d_1}{d_2} = 0{,}707$, womit $\zeta_1 = 0{,}21$.

Mit $h = 1{,}00 + 6\sin 20^0 = 3{,}052$ m und $v = v_1 \dfrac{F_1}{F} = \dfrac{v_1}{2}$, $l = 6$ m, $l_1 = 2$ m

ergibt sich aus (1):

$$2gh = 59{,}883 = v_1^2 \left(1{,}2225 + 10\,\lambda + 28{,}284\,\lambda_1\right), \tag{2}$$

somit in 1. Näherung mit $\lambda = \lambda_1 = 0{,}03$ die Ausflußgeschwindigkeit $v_1 = 5{,}025 \ \dfrac{\mathrm{m}}{\mathrm{s}}$;

für 5^0 C ist $\nu = 0{,}015 \ \dfrac{\mathrm{cm}^2}{\mathrm{s}}$, womit sich ergibt $\mathrm{Re} = 236900.$

Wird die verbesserte Rechnung mit der Formel (i) durchgeführt und darin ε für neues Gußeisen mit 0,1 cm gewählt, so erhält man

$$\lambda = \frac{1}{\left(2\log\left(\dfrac{10}{0,1}\right) + 1,138\right)^2} = 0,038$$

und

$$\lambda_1 = \frac{1}{\left(2\log\left(\dfrac{7,07}{0,1}\right) + 1,138\right)^2} = 0,043 \, ,$$

womit aus Gl. (2) folgt: $v_1 = 4,609 \, \dfrac{\text{m}}{\text{s}}$ und $v = 2,304 \, \dfrac{\text{m}}{\text{s}}$,

somit $Q = \dfrac{\pi \, d_1^2}{4} \, v_1 = 0,0181 \, \dfrac{\text{m}^3}{\text{s}}$.

3. Aus $v = \dfrac{4Q}{\pi \, d^2}$ folgt, da der nutzbare Durchmesser $d = 18$ cm ist:

$$v = 3,93 \, \frac{\text{m}}{\text{s}} \, ;$$

für Wasser von 10^0 C ist $\nu = 0,0131$ (cm²/s), demnach wird

$$\text{Re} = \frac{v \, d}{\nu} = 540.000.$$

Mit $\varepsilon = 0,20$ [cm] für verkrustetes gußeisernes Rohr liefert Gl. (i) $\lambda = 0,03927$.

Rechnet man zum Vergleich den Wert λ aus Gl. (j), so ergibt sich mit $n = 30$: $\lambda = 0,03583$.

Nimmt man endgültig $\lambda = 0,038$, so wird damit $\zeta_r = \lambda \dfrac{l}{d} = 21,1$ und die

Verlusthöhe $h_v = \dfrac{v^2}{2g} [\zeta_r + 3 \cdot 0,135 + 6,5] = 22,05 \text{ m}$.

Die Leistung der Pumpe ist zu berechnen aus
$$L = \gamma \, Q \, H;$$

mit $\gamma = 1000 \, \text{kp}/\text{m}^3$, $Q = \dfrac{6}{60} = 0,1 \, \text{m}^3/\text{s}$ und $H = 10 + h_v = 32,05 \text{ m}$

wird $L = 3205 \, \text{kpm}/\text{s}$

und daher die effektive Leistung in PS beim Wirkungsgrade $\eta = 0,8$:

$$N = \frac{L}{75 \, \eta} = 53,4 \text{ PS.}$$

4. Im Beharrungszustande (d. h. bei gleichmäßigem Abflusse von Q durch das Druckrohr) ist der Wasserspiegel im Wasserschloß in Ruhe. Die Höhenlage des Stauseespiegels kann wegen dessen Größe als unveränderlich gelten, demnach die Spiegelgeschwindigkeit gleich Null gesetzt werden. Der gesamte Druckhöhenverlust vom Stausee bis zum Wasserschloß gibt den lotrechten Abstand h

der beiden Spiegel an. Aus der erweiterten Bernoullischen Gleichung, bezogen auf einen Punkt des Stauseespiegels und den Endquerschnitt des Druckstollens, folgt

$$\frac{p_0}{\gamma} + H = \frac{p}{\gamma} + \frac{v^2}{2g} + h_v,$$

oder wegen $p = p_0 + \gamma H_1$ und $h_v = \lambda \frac{l}{d} \frac{v^2}{2g}$:

$$h = H - H_1 = \frac{v^2}{2g}\left(1 + \lambda \frac{l}{d}\right). \tag{1}$$

Dabei wurde der Eintrittsverlust wegen der trichterförmigen Ausbildung des Stollenmundes als klein vernachlässigt.

Aus $Q = fv$ ergibt sich $v = 3{,}333$ m/s und hiemit aus Gl. (1) mit $\lambda = 0{,}015$ (wegen Glättung der Stolleninnenwand) $h = 2{,}518$ m.

Hienach liegt der Spiegel im Wasserschloß auf Kote $594 - 2{,}518 = 591{,}482$.

Die Nachrechnung mit Benutzung der Formel (j) von K o z e n y ergibt folgendes:

$$\lambda = \frac{2g}{c^2} = \frac{2g}{(8{,}86 \log d + n)^2}, \quad \text{wo} \quad d = \sqrt{\frac{4f}{\pi}} = 4{,}787 \text{ m.}$$

Wählt man für n aus Tabelle (II) den mittleren Wert 34, so wird mit $g = 9{,}81$ m/s²: $\qquad\qquad \lambda = 0{,}01224$

und hiemit $h = 2{,}16$ m.

Demnach ist die Spiegelkote im Wasserschloß: $591{,}84$.

5. Ist z die Höhenlage des Behälterspiegels über der Ausflußöffnung zur Zeit t, so ist die Geschwindigkeit v im Rohre zu berechnen aus

$$z = \frac{v^2}{2g}\left(1 + \lambda \frac{l}{d}\right),$$

wenn nur die Rohrreibung berücksichtigt und die Sinkgeschwindigkeit des Spiegels ≈ 0 gesetzt wird.

Hierin ist λ nach der Formel von K o z e n y mit $n = 34$: $\qquad \lambda = 0{,}0254$.

Aus

$$-\frac{D^2 \pi}{4} dz = \frac{d^2 \pi}{4} v \, dt$$

ergibt sich dann

$$T = 2\left(\frac{D}{d}\right)^2 \sqrt{\left(1 + \lambda \frac{l}{d}\right)\frac{h}{2g}}\left(1 - \frac{1}{\sqrt{2}}\right) = 383{,}5'' = 6'23{,}5''.$$

6. Beim linken Gefäß beträgt die Entleerungszeit $T = \dfrac{8F}{\mu \pi d^2}\sqrt{\dfrac{h}{2g}}$.

Befindet sich im zweiten Gefäß der Flüssigkeitsspiegel zur Zeit t in der Höhe z über dem Boden, so beträgt die Ausflußgeschwindigkeit im Rohre

$$v = \sqrt{\frac{2g(z+x)}{1 + \zeta_r + \zeta_K}} \; ;$$

hierin ist $\zeta_r = \lambda \dfrac{l+x}{d}$ und $\zeta_K = 0{,}9$ die Widerstandszahl der Rohrkrümmung.

Aus $-F\,dz = \dfrac{\pi\,d^2}{4}\,v\,dt$ folgt für die Entleerungszeit

$$T = \frac{8\,F}{\pi\,d^2}\ \sqrt{\frac{1+\zeta_r+\zeta_K}{2\,g}}\ \left(\sqrt{h+x} - \sqrt{x}\right).$$

Die Gleichsetzung der beiden Entleerungszeiten liefert

$$\mu\,\sqrt{1+\zeta_r+\zeta_K}\,\left(\sqrt{h+x}-\sqrt{x}\right) = \sqrt{h}\,. \tag{1}$$

Da

$$1+\zeta_r+\zeta_K = \left(1+\zeta_K+\lambda\frac{l}{d}\right) + \left(\frac{\lambda h}{d}\right)\frac{x}{h},$$

so geht Gl. (1) mit $\dfrac{x}{h}=\xi$, $1+\zeta_K+\lambda\dfrac{l}{d}=\alpha$, $\lambda\dfrac{h}{d}=\beta$

über in

$$\mu\,\sqrt{\alpha+\beta\,\xi}\,\left(\sqrt{1+\xi}-\sqrt{\xi}\right)=1$$

oder nach Erweiterung mit $\sqrt{1+\xi}+\sqrt{\xi}$ in

$$\mu\,\sqrt{\alpha+\beta\,\xi} = \sqrt{1+\xi}+\sqrt{\xi}\,.$$

Hieraus entsteht mit den Abkürzungen

$$\gamma_1 = \mu^2\,\alpha - 1,\ \gamma_2 = \mu^2\,\beta - 2$$

die für ξ quadratische Gleichung

$$\xi^2 + 2\,\xi\,\frac{2-\gamma_1\,\gamma_2}{4-\gamma_2^2} - \frac{\gamma_1^2}{4-\gamma_2^2} = 0$$

mit der brauchbaren positiven Wurzel

$$\xi = \frac{1}{4-\gamma_2^2}\left[2\,\sqrt{1-\gamma_1\,\gamma_2+\gamma_1^2} - (2-\gamma_1\,\gamma_2)\right].$$

Mit den Zahlenangaben der Aufgabe ergibt sich $\xi = 0{,}09837$ und hiemit $x = h\,\xi = 2{,}95$ [cm].

Die Entleerungszeit T beträgt rund 8 Minuten.

7. Aus

$$H = \frac{v^2}{2\,g}\left(1+\lambda\frac{l}{d}\right) \tag{1}$$

ergibt sich mit $v = \dfrac{4\,Q}{\pi\,d^2}$ und $\lambda = \dfrac{2\,g}{(8{,}86\,\log d + n)^2}$ (2)

folgende Bestimmungsgleichung für den Durchmesser d:

$$\frac{\pi^2 g\,H}{8\,Q^2}\,d^4 = 1 + \frac{2\,g\,l}{(8{,}86\,\log d + n)^2 \cdot d}\,;$$

mit den Zahlenangaben dieser Aufgabe und $n=32$ entsteht

$$F(d) = 16{,}944\,d^5 - d - \frac{588{,}6}{(8{,}86\,\log d + 32)^2} = 0,$$

oder
$$F(d) = 16{,}944\,d^5 - d - \frac{1}{(0{,}36519 \log d + 1{,}319)^2} = 0. \qquad (3)$$

Zur Auflösung dieser Gleichung benötigt man einen Näherungswert für d.

Nach Gl. (1) ist $\left(\dfrac{\pi^2 g H}{8\,Q^2}\right) d^4 = 1 + \lambda\,\dfrac{l}{d}$ oder $16{,}944\,d^5 = d + \lambda\,l$.

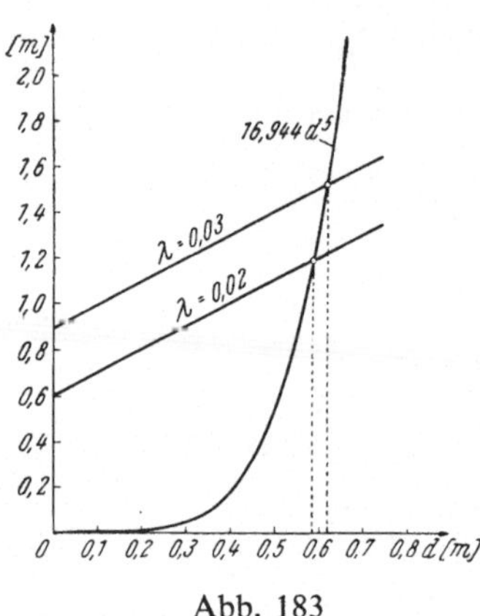

Abb. 183

Man zeichne die Kurve $y = 16{,}944\,d^5$ und bringe sie mit der Geraden $y = \lambda\,l + d = 30\,\lambda + d$ zum Schnitte (Abb. 183).

Für $\lambda = 0{,}03$ wird hienach $d = 0{,}61$ m, für $\lambda = 0{,}02$ ergibt sich $d = 0{,}59$ m.

Mit $d = 0{,}61$ wird aus Gl. (3):
$$F(d) = -0{,}17138,$$

mit $d = 0{,}59$: $F(d) = +0{,}03397$; hiemit findet man $d = 0{,}593$ m.

Wird für die Ausführung $d = 0{,}60$ m gewählt, so ergibt sich aus Gl. (2)

$\lambda = 0{,}02175$, somit $\lambda\,\dfrac{l}{d} = 1{,}0875$,

und aus
$$H = \frac{16\,Q^2}{2\,g\,\pi^2 d^4}\left(1 + \lambda\,\frac{l}{d}\right) = \frac{8\,Q^2}{g\,\pi^2 d^4}\cdot 2{,}0875$$

und mit $H = 35$ m der Durchfluß $Q = 5{,}128$ m³/s.

8. Bei Annahme großer Spiegelflächen in den Behältern A und B ist v_A und $v_B \approx 0$; somit lautet die erweiterte Bernoullische Gleichung, bezogen auf einen Punkt des Oberwasserspiegels und des Rohrscheitels E im Falle stationärer Strömung:

$$\frac{p_A}{\gamma} = \frac{p_d}{\gamma} + \frac{v_E^2}{2g} + h_E + h_r;$$

hieraus ergibt sich

$$h_r = \left(\frac{p_A - p_d}{\gamma} - h_E\right) - \frac{v_E^2}{2g}.$$

Da aber

$$h_r = \lambda\,\frac{l_1}{d}\,\frac{v_E^2}{2g},$$

so folgt

$$l_1 \gtreqless \frac{2\,g\,d}{\lambda\,v_E^2}\left(\frac{p_A - p_d}{\gamma} - h_E\right) - \frac{d}{\lambda}. \qquad (1)$$

Bezogen auf einen Punkt des O.W.- und U.W.-Spiegels liefert die Bernoullische Gleichung:

$$\frac{p_A}{\gamma} + h = \frac{p_B}{\gamma} + H_r$$

oder mit $H_r = \lambda \dfrac{l}{d} \dfrac{v_E^2}{2g}$ und $p_A = p_B$:

$$\frac{v_E^2}{2g} = \frac{d \cdot h}{\lambda\, l}.\tag{2}$$

Gl. (1) geht hiemit über in $l_1 \gtrless \dfrac{l}{h}\left(\dfrac{p_A - p_d}{\gamma} - h_E\right) - \dfrac{d}{\lambda}$.

Da $\dfrac{p_A - p_d}{\gamma} = (10 - 1{,}2)\,\text{m} = 8{,}8\,\text{m}$, so wird mit $\lambda = 0{,}03$

$$l_1 \gtrless 255\ \text{m}.$$

Aus (2) ergibt sich mit $l = 610$ m und $\lambda = 0{,}03$

$$v_E = 1{,}563\ \text{m}/\text{s}$$

und hiemit die Durchflußmenge $Q = \dfrac{\pi\, d^2}{4} \cdot v_E = 0{,}11\ \text{m}^3/\text{s}$.

9. Das Gefälle zwischen den Punkten A und D der Rohrleitung beträgt bei der gesamten Rohrlänge l:

$$J = \frac{1}{l}\left(\frac{p_A - p_D}{\gamma} + h_A - h_D\right).\tag{1}$$

Da $\dfrac{p_A - p_D}{\gamma} = 11{,}9 - 67{,}2 = -55{,}3$ m und $h_A - h_D = 50{,}2$ m, so wird

$J < 0$, d. h. die Strömung erfolgt von D nach A.

Die Verlusthöhe h_r bei alleiniger Berücksichtigung der Reibung ist $h_r = J\,l$ oder mit (1):
$$h_r = 5{,}1\ \text{m}.$$

Aus $h_r = \lambda \dfrac{l}{d} \dfrac{v^2}{2g}$ ergibt sich mit $\lambda = 0{,}03$ in 1. Näherung

$$v = 1{,}75\ \text{m}/\text{s}.$$

Hiemit wird $\text{Re} = \dfrac{v\,d}{\nu} = \dfrac{175 \cdot 30}{0{,}0131} = 400603$.

Bei Annahme einer verkrusteten gußeisernen Leitung mit der relativen Rauhigkeit $\dfrac{\varepsilon}{r} = \dfrac{0{,}15}{15} = 0{,}01$

wird nach Formel (i): $\lambda = \dfrac{1}{\left(2 \log \dfrac{1}{0{,}01} + 1{,}74\right)^2} = 0{,}03035$

und hiemit der verbesserte Wert $v = 1{,}737\ \text{m}/\text{s}$.

Die Durchflußmenge beträgt dann

$$Q = \frac{\pi\, d^2}{4} \cdot v = 0{,}123\ \text{m}^3/\text{s}.$$

Bei Benutzung der Formel von K o z e n y (Gl. [j]) ergibt sich aus

$$\lambda = \frac{2g}{(8{,}86 \, \log d + n)^2} \quad \text{mit } n = 30 \text{ und } d = 0{,}3:$$

$\lambda = 0{,}0305$; hiemit wird $v = 1{,}74 \, \text{m/s}$ und $Q = 0{,}123 \, \text{m}^3/\text{s}$.

10. Die gesamte Entnahme beträgt $n \cdot q$, daher ist die Eintrittsgeschwindigkeit $v_1 = \dfrac{4\,n\,q}{\pi\,d^2} = \alpha\,n$ mit $\alpha = \dfrac{4\,q}{\pi\,d^2}$; sie verringert sich nach der Entnahme von q an der ersten Seitenöffnung (Abb. 184) auf $v_2 = \alpha\,(n-1)$ und an der i^{ten} Öffnung auf $v_i = \alpha\,[n-(i-1)]$; demnach ist $v_n = \alpha$ und $v_{n+1} = 0$.

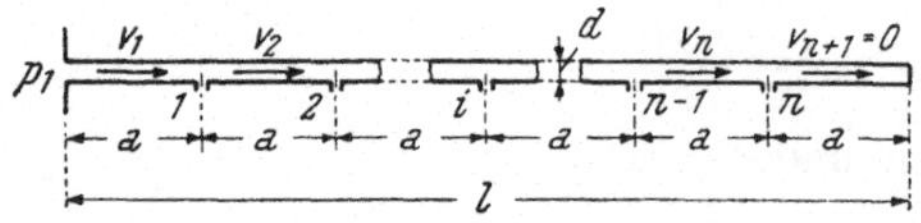

Abb. 184

Der Abstand a zweier aufeinanderfolgenden Seitenöffnungen ist $a = \dfrac{l}{n+1}$. Die Verlusthöhe infolge Rohrreibung ergibt sich für das i^{te} Rohrstück zu

$$h_i = \lambda_i \frac{a}{d} \frac{v_i^2}{2g} = \lambda_i \frac{a\,\alpha^2}{2\,g\,d}\,[n-(i-1)]^2.$$

Daher beträgt der gesamte Reibungsverlust bei Annahme gleichbleibender λ-Werte

$$H_r = \sum_{i=1}^{n} h_i = \frac{\lambda\,a\,\alpha^2}{2\,g\,d} \sum_{i=1}^{n} [n-(i-1)]^2.$$

Da

$$\sum_{i=1}^{n} [n-(i-1)]^2 = \frac{n}{6}\,(n+1)\,(2\,n+1),$$

so wird

$$H_r = \frac{4}{3}\,\frac{\lambda\,q^2\,l}{\pi^2\,g\,d^5}\,n\,(2\,n+1).$$

Wird hierin q ersetzt durch $\dfrac{\pi\,d^2}{4\,n}\,v_1$, so ergibt sich

$$H_r = \frac{1}{3}\,\frac{\lambda\,l}{d}\,\frac{v_1^2}{2g}\left(1 + \frac{1}{2\,n}\right).$$

Da $\dfrac{\lambda\,l}{d}\,\dfrac{v_1^2}{2g}$ die Verlusthöhe H des am Ende offenen Rohres ohne seitliche Entnahme angibt, so wird für großes n: $\quad H_r = \dfrac{1}{3}\,H$.

Mit den Zahlenangaben: $q = 1 \, \text{l/s}$, $l = 600 \, \text{m}$, $d = 15 \, \text{cm}$, $n = 20$ und mit $\lambda = 0{,}03$ ergibt sich $H_r = 2{,}677 \, \text{m}$.

Die Druckhöhe $\dfrac{p}{\gamma}$ am geschlossenen Ende des Rohres berechnet sich aus

$$\frac{p_1}{\gamma} + \frac{v_1^2}{2g} = \frac{p}{\gamma} + H_r$$

mit $v_1 = n\,\alpha = 1{,}132 \, \text{m/s}$ zu $\dfrac{p}{\gamma} = 12{,}389 \, [\text{m. WS}]$.

Die erweiterte Bernoullische Gleichung für einen Punkt der Eintrittsöffnung und der i^{ten} Seitenöffnung lautet mit c_i als Austrittsgeschwindigkeit

$$\frac{p_1}{\gamma} + \frac{v_1{}^2}{2g} = \frac{p_i}{\gamma} + \frac{c_i{}^2}{2g} + \frac{\lambda\,a}{d} \sum_{\nu=1}^{i} \frac{v_\nu{}^2}{2g} + \zeta\,\frac{v_i{}^2}{2g}\,,$$

wo

$$v_\nu = \alpha\,[n - (\nu - 1)] \quad \text{und} \quad \zeta = 3.$$

Hiemit wird

$$c_i{}^2 = \frac{2}{\varrho}\,(p_1 - p_i) + v_1{}^2 - 3\,v_i{}^2 - \frac{\lambda\,a}{d}\,\alpha^2 \sum_{\nu=1}^{i} [n - (\nu - 1)]^2\,. \tag{1}$$

Nun ist

$$\sum_{\nu=1}^{i} [n - (\nu - 1)]^2 = \sum_{\nu=1}^{i} [(n + 1)^2 - 2\,\nu\,(n + 1) + \nu^2] =$$

$$= i\,(n + 1)^2 - 2\,(n + 1)\sum_{1}^{i}\nu + \sum_{1}^{i}\nu^2\,.$$

Da $\quad \displaystyle\sum_{\nu=1}^{i} \nu = \frac{i}{2}\,(i + 1) \quad \text{und} \quad \sum_{\nu=1}^{i} \nu^2 = \frac{1}{6}\,i\,(i + 1)\,(2\,i + 1),$

so ergibt sich

$$\sum_{\nu=1}^{i} [n - (\nu - 1)]^2 = \frac{i}{6}\,[6\,n\,(n + 1 - i) + i\,(2\,i - 3) + 1 = S_{n,\,i}\,.$$

Hiemit geht (1) über in

$$c_i{}^2 = \frac{2}{\varrho}\,(p_1 - p_i) + \alpha^2 \left[n^2 - 3\,\{\,n - (i - 1)\,\}^2 - \lambda\,\frac{a}{d}\,S_{n,\,i} \right]. \tag{2}$$

Der Durchmesser d_i der i^{ten} Seitenöffnung ist dann bestimmt gemäß

$$q = \frac{\pi\,d_i{}^2}{4}\,c_i\,. \tag{3}$$

Erfolgt der Ausfluß ins Freie ($p_i = 1$ at), so ist $p_1 - p_i = 0{,}5$ at.

Da $\alpha = \dfrac{4\,q}{\pi\,d^2} = 0{,}0566$ m/s, so können aus (2) für die im Bereiche $i = 1$ bis 20 gelegenen Seitenöffnungen die zugehörigen c_i und aus (3) die Durchmesser d_i berechnet werden. Eine Reihe davon sind in nachstehender Tabelle angegeben.

i	$S_{n,\,i}$	c_i [m/s]	d_i [cm]
1	400	9,392	1,164
2	761	9,055	1,186
5	1630	8,191	1,247
10	2485	7,263	1,324
15	2815	6,894	1,359
20	2870	6,845	1,364

11. Die erweiterte Bernoullische Gleichung für die Wasserspiegel im U.W. und im Kessel mit den Drucken p_o und p_s lautet

$$\frac{p_o}{\gamma} = \frac{p_s}{\gamma} + h + \frac{v^2}{2\,g}\,\Sigma\,\zeta\,, \tag{1}$$

worin
$$\Sigma\,\zeta = \lambda\,\frac{l}{d} + 3\,\zeta_K + 0{,}9 + \zeta_e.$$

Mit $\varepsilon = 0{,}12$ cm für Gußeisen liefert Gl. (i):

$$\lambda = \frac{1}{\left(2\log\dfrac{d}{\varepsilon} + 1{,}138\right)^2} = 0{,}0352.$$

Der Verlust ζ_e bei der Einströmung aus dem Rohre in den Kessel ergibt sich aus $\zeta_e = \left(1 - \dfrac{v_1}{v}\right)^2$ wegen $v_1 = 0$ zu $\zeta_e = 1$.

Hiemit wird $\Sigma\zeta = 15{,}133$.

Da $\dfrac{p_0 - p_s}{\gamma} - h = 10 - 2{,}8 - 4{,}3 = 2{,}9$ m, so wird aus (1): $v = 1{,}939$ m$/$s und $Q = 2{,}056$ m^3 je Minute.

12. Die im Rohrstrange mit v strömende Wassermasse $\varrho\,\dfrac{d^2\,\pi}{4}\,l$ erhalt im Augenblicke des Schließens des Ventils die Verzögerung $\dfrac{v}{t}$ [m$/$s^2]; der Kraft $\varrho\,\dfrac{d^2\,\pi}{4}\,l\cdot\dfrac{v}{t}$ entspricht eine Druckerhöhung auf den Wert

$$p = \frac{\varrho\,l\,v}{t} = \frac{\gamma}{g}\,\frac{l\,v}{t} = 20387\ \text{kp}/\text{m}^2 = 2{,}039\ \text{at}.$$

13. Ist $h_r = \zeta_r\,\dfrac{v^2}{2g}$ die Verlusthöhe, wo $\zeta_r = \lambda\,\dfrac{l}{d}$, so steht die Nutzhöhe $h - h_r$ am Rohrende zur Verfügung.

Entsprechend der Durchflußmenge $Q = \dfrac{\pi\,d^2}{4}\,v$ ergibt sich die Leistung

$$L = \gamma Q\,(h - h_r),\ \text{somit}\ L\,[\text{PS}] = \gamma\,\frac{\pi\,d^2}{4{,}75}\,v\,(h - h_r) = \frac{\gamma\,\pi\,d^2}{300}\left(h\,v - \frac{\zeta_r}{2g}\,v^3\right). \quad (1)$$

$\dfrac{dL}{dv} = 0$ liefert bei Annahme einer konstanten Rohrreibungszahl ζ_r

$$h - 3\,\zeta_r\,\frac{v^2}{2g} = h - 3\,h_r = 0,\ \text{somit}\ h_r = \frac{h}{3}.$$

Nach Gleichung (1) wird

$$L_{max}\,[\text{PS}] = \frac{\gamma\,\pi\,d^2}{300}\,v\,\frac{2h}{3} = 7\,d^2\,h\,\sqrt{\frac{2gh}{3\,\lambda\,\dfrac{l}{d}}},\ \text{wo}\ g = 9{,}81\ \text{m}/\text{s}^2.$$

14. Nach Aufg. **13** ist für maximale Leistung die Verlusthöhe $h_r = \dfrac{h}{3}$. Da hienach die Nutzhöhe $h_n = \dfrac{2}{3}\,h$, so wird $h_r = \dfrac{h_n}{2}$.

Ist V die Geschwindigkeit im Rohre, v jene am Ende des Mundstückes, so ist demnach $\zeta_r \dfrac{V^2}{2g} = \dfrac{1}{2}\dfrac{v^2}{2g}$, ferner liefert die Kontinuität der Strömung $D^2 V = d^2 v$.

Hiemit wird mit $\zeta_r = \lambda \dfrac{l}{D}$:

$$\frac{D}{d} = \sqrt[4]{\frac{2\lambda l}{D}}.$$

Die Leistung des austretenden Strahles beträgt

$$L\,[\mathrm{PS}] = \frac{\gamma\,\pi\,d^2 h}{225}\sqrt{\frac{gh}{3}} \doteq 14\,d^2 h \sqrt{\frac{gh}{3}},$$

wo d, h in (m) und $g = 9{,}81\ \mathrm{m/s^2}$ einzutragen sind.

15. Bei gegebenem Sicherheitsgrad des Rohres gegen Bruch muß die Wandstärke des Rohres mit dessen Rohrmesser d zunehmen.

Für lange Leitungen sind die Kosten K_1 des Rohres für die Längeneinheit im wesentlichen dem Rohrgewichte proportional, somit $K_1 \sim c_1 d^2$, wo in dem Beiwert c_1 auch noch andere kleinere Kosten eingeschlossen sind, die sich mit d^2 ändern.

Die durch Reibung verbrauchte Leistung (vgl. Aufg. **13**) ist proportional der Durchflußmenge und der Verlusthöhe. Erstere ist proportional $d^2 v$, letztere $\sim \dfrac{v^2}{d}$, somit ist die Reibungsleistung proportional dv^3. Da v prop. $\dfrac{1}{d^2}$, so können die Kosten K_2 des Leistungsverlustes je Längeneinheit des Rohres gleich $\dfrac{c_2}{d^5}$ gesetzt werden.

Macht man die Gesamtkosten $K = c_1 d^2 + \dfrac{c_2}{d^5}$ zu einem Minimum, so folgt

$$2\,c_1 d - 5\,\frac{c_2}{d^6} = 0 = (2\,K_1 - 5\,K_2)\frac{1}{d}$$

oder

$$K_2 = \frac{2}{5}\,K_1.$$

16. Im Rohre AB fließt die Menge $Q_C + Q_D = Q = 0{,}05\ \mathrm{m^3/s}$, somit ist

$$v^2 = \frac{16\,Q^2}{\pi^2 d^4}, \qquad v_1{}^2 = \frac{16\,Q_C{}^2}{\pi^2 d^4}, \qquad v_2{}^2 = \frac{16\,Q_D{}^2}{\pi^2 d_2{}^4}. \tag{1}$$

Für das durchgehende Rohr gilt

$$\frac{p_A}{\lambda} + \frac{v^2}{2g} + h_A = \frac{p_C}{\lambda} + \frac{v_1{}^2}{2g} + h_C + \lambda\frac{l}{d}\frac{v^2}{2g} + \lambda_1\frac{l_1}{d}\frac{v_1{}^2}{2g} + \zeta_1\frac{v^2}{2g},$$

wo ζ_1 die Widerstandszahl der Rohrabzweigung bei B ist.

Die zwischen A und C wirksame Druckhöhe H_{AC} beträgt demnach

$$H_{AC} = \frac{p_A - p_C}{\gamma} + h_A - h_C = \frac{v^2}{2g}\left(\lambda\frac{l}{d} + \zeta_1 - 1\right) + \frac{v_1^2}{2g}\left(\lambda_1\frac{l_1}{d} + 1\right). \qquad (2)$$

Der Abzweigverlust kann bei den großen Längen der Rohrleitung gegenüber der Rohrreibung vernachlässigt werden; in erster Näherung gilt

$$H_{AC} = \frac{1}{2gd}\left(v^2\lambda l + v_1^2\lambda_1 l_1\right),$$

woraus mit Benutzung der Gl. (1) folgt:

$$d = \sqrt[5]{\frac{8}{g\pi^2}\frac{\lambda Q^2 l + \lambda_1 Q_C^2 l_1}{H_{AC}}}, \qquad (3)$$

oder mit $\lambda = \lambda_1 = 0{,}03$: $\qquad d = 0{,}3012\sqrt[5]{\frac{Q^2 l + Q_C^2 l_1}{H_{AC}}}. \qquad (4)$

Für den Strang ABD gilt

$$\frac{p_A}{\gamma} + \frac{v^2}{2g} + h_A = \frac{p_D}{\gamma} + \frac{v_2^2}{2g} + h_D + \lambda\frac{l}{d}\frac{v^2}{2g} + \lambda_2\frac{l_2}{d_2}\frac{v_2^2}{2g} + \zeta_2\frac{v^2}{2g}, \qquad (5)$$

woraus mit den vorhin zugelassenen Vernachlässigungen in erster Näherung folgt

$$d_2 = \sqrt[5]{\frac{Q_D^2\lambda l_2}{\dfrac{g\pi^2}{8}H_{AD} - \dfrac{Q^2\lambda l}{d^5}}}, \qquad (6)$$

worin

$$H_{AD} = \frac{p_A - p_D}{\gamma} + h_A - h_D.$$

Es ist $H_{AC} = 14 - 20 + 640 - 632 = 2$ m,
$\qquad H_{AD} = 14 - 20 + 640 - 626 = 8$ m.

Hiemit ergibt sich aus Gl. (4): $d = 0{,}3018$ m
$\qquad$ und aus Gl. (6): $d_2 = 0{,}1259$ m.

Mit den Abkürzungen

$$\alpha_1 = \lambda\frac{l}{d} + \zeta_1 - 1 = \frac{\lambda l}{d} + \beta_1,$$

$$\alpha_2 = \lambda_1\frac{l_1}{d} + 1,$$

$$\alpha_3 = \lambda\frac{l}{d} + \zeta_2 - 1 = \lambda\frac{l}{d} + \beta_2,$$

$$\alpha_4 = \lambda_2\frac{l_2}{d_2} + 1$$

lautet Gl. (2): $\qquad 2g\,H_{AC} = \alpha_1 v^2 + \alpha_2 v_1^2 \;\Big\}$
und Gl. (5): $\qquad 2g\,H_{AD} = \alpha_3 v^2 + \alpha_4 v_2^2 \;\Big\}$ $\qquad (7)$

Setzt man $v_2 = \dfrac{q_D}{d_2{}^2}$, wo $q_D = \dfrac{4}{\pi} Q_D$

und analog $\qquad\qquad v_1 = \dfrac{q_C}{d^2}, \quad v = \dfrac{q_C + q_D}{d^2} = \dfrac{q}{d^2}$,

so gehen die Gln. (7) mit $\dfrac{1}{d} = x$ und $\dfrac{1}{d^2} = y$ über in die folgenden

$$\left.\begin{array}{l} x^5\,\Gamma_1 + x^4\,\Gamma_2 = 1, \\ x^5\,\Gamma_3 + x^4\,\Gamma_4 + y^5\,\Gamma_5 + y^4\,\Gamma_6 = 1, \end{array}\right\} \tag{8}$$

worin die Γ-Werte bestimmt sind durch

$$\begin{aligned} \Gamma_1 \cdot 2\,g\,H_{AC} &= \lambda\,l\,q^2 + \lambda_1\,l_1\,q_C{}^2, \\ \Gamma_2 \cdot 2\,g\,H_{AC} &= \beta_1\,q^2 + q_C{}^2, \\ \Gamma_3 \cdot 2\,g\,H_{AD} &= \lambda\,l\,q^2, \\ \Gamma_4 \cdot 2\,g\,H_{AD} &= \beta_2\,q^2, \\ \Gamma_5 \cdot 2\,g\,H_{AD} &= \lambda_2\,l_2\,q_D{}^2, \\ \Gamma_6 \cdot 2\,g\,H_{AD} &= q_D{}^2. \end{aligned}$$

Wird der Abzweigverlust an der Stelle B entsprechend dem Verhältnisse $\dfrac{Q_D}{Q} = \dfrac{0{,}02}{0{,}05}$ mit $\zeta_2 = 0{,}4$ gewählt und jener in der Hauptleitung in B mit $\zeta_1 = -0{,}02$ (vgl. W. Kaufmann, Hydromechanik, Bd. 2, S. 94), so ist $\beta_1 = \zeta_1 - 1 = -1{,}02$ und $\beta_2 = \zeta_2 - 1 = -0{,}6$.

Bei Beibehaltung der ursprünglichen Annahme $\lambda = \lambda_1 = \lambda_2 = 0{,}03$ würde die Lösung der Gln. (8) ergeben $x = \dfrac{1}{d} = 3{,}319$ und $y = \dfrac{1}{d_2} = 7{,}909$, also

$$d = 0{,}3013 \text{ m und } d_2 = 0{,}1264 \text{ m,}$$

woraus ersichtlich ist, daß der Abzweigverlust wegen der großen Rohrlänge keine Rolle spielt.

Wird die Verbesserung der λ-Werte nach der Formel (i) gerechnet und darin ε für neues Gußeisen mit 0,1 cm angenommen, so ergibt sich

$$\begin{aligned} \lambda &= 0{,}0269 \text{ und} \\ \lambda_2 &= 0{,}0351. \end{aligned}$$

Nun ist $\qquad\qquad q_D = \dfrac{4}{\pi} Q_D = 0{,}0255,$

$$q_C = \dfrac{4}{\pi} Q_C = 0{,}0382,$$

$$q = q_C + q_D = 0{,}0637,$$

womit die Γ-Werte berechnet werden können. Sie ergeben sich zu

$$\begin{aligned} \Gamma_1 &= 0{,}022457, \\ \Gamma_2 &= -0{,}000682, \\ \Gamma_3 &= 0{,}004864, \\ \Gamma_4 &= -0{,}000152, \\ \Gamma_5 &= 0{,}0002896, \\ \Gamma_6 &= 0{,}0000413. \end{aligned}$$

Ausgehend von den vorhin in 1. Näherung ermittelten Werten
$$x = 3,319 \text{ und } y = 7,909$$
läßt sich nun mit Benutzung der neuen Γ-Werte nach dem Newtonschen Näherungsverfahren eine Verbesserung berechnen.

Hiebei ergibt sich $x = 3,392$ und $y = 7,671$ oder
$$d = 0,295 \text{ m und } d_2 = 0,130 \text{ m}.$$

Man wird daher endgültig $d = 0,3$ m und $d_2 = 0,13$ m wählen; die Geschwindigkeiten betragen dann
$$v = 0,707 \text{ m}/\text{s},\ v_1 = 0,424 \text{ m}/\text{s},\ v_2 = 1,507 \text{ m}/\text{s}.$$

17. Nach Gl. (p) beträgt das Druckgefälle J für einen Rohrstrang vom Durchmesser d, der die Menge Q führt:
$$J = 0,00248\,\frac{Q^2}{d^5}.$$

Hienach gilt für den Rohrstrang ACD:
$$h_1 = 0,00248 \left(\frac{Q_1^2 l_1}{d_1^5} + \frac{Q^2 l}{d^5} \right) \tag{1}$$
und für den Rohrstrang BCD:
$$h_2 = 0,00248 \left(\frac{Q_2^2 l_2}{d_2^5} + \frac{Q^2 l}{d^5} \right), \tag{2}$$
wo $Q = Q_1 + Q_2$.

Mit den gegebenen Werten folgt:
$$Q^2 + 8,038\,Q_1^2 = 0,01231$$
$$\text{und } Q^2 + 36,62\,Q_2^2 = 0,01477.$$

In Verbindung mit $Q = Q_1 + Q_2$ ergibt sich
$$Q_1 = 0,0345 \text{ m}^3/\text{s},\ Q_2 = 0,0181 \text{ m}^3/\text{s} \text{ und } Q = 0,0526 \text{ m}^3/\text{s}.$$

Hiemit berechnen sich die mittleren Geschwindigkeiten zu
$$v_1 = 1,95 \text{ m}/\text{s},\ v_2 = 2,31 \text{ m}/\text{s},\ v = 1,07 \text{ m}/\text{s}.$$

Da in der vorliegenden Aufgabe die Rohrdurchmesser schon gegeben sind, so ist die der angegebenen Lösung zugrunde gelegte Annahme gleicher λ-Werte (0,03) für alle drei Rohre nicht unbedingt notwendig. Da bei bloßer Berücksichtigung der Rohrreibung nach Gl. (m)
$$J = \frac{8}{g\,\pi^2}\,\lambda\,\frac{Q^2}{d^5},$$

wobei λ nach den Formeln (i) oder (j) in Abhängigkeit vom Rohrdurchmesser d berechnet werden kann, so treten an die Stelle der Gln. (1) und (2) die folgenden:
$$\left.\begin{aligned}
h_1 &= \frac{8}{g\,\pi^2} \left(\lambda_1\,\frac{Q_1^2 l_1}{d_1^5} + \lambda\,\frac{Q^2 l}{d^5} \right), \\
h_2 &= \frac{8}{g\,\pi^2} \left(\lambda_2\,\frac{Q_2^2 l_2}{d_2^5} + \lambda\,\frac{Q^2 l}{d^5} \right),
\end{aligned}\right\} \tag{3}$$

worin $\dfrac{8}{g\,\pi^2} = 0{,}08263$.

Aus Formel (i) ergibt sich mit $\varepsilon = 0{,}1$ cm

$$\lambda = 0{,}02840, \qquad \lambda_1 = 0{,}03318, \qquad \lambda_2 = 0{,}03788.$$

Mit diesen genaueren λ-Werten ergibt die Auflösung der Gl. (3) in Verbindung mit $Q = Q_1 + Q_2$ die verbesserten Werte

$$Q_1 = 0{,}0335 \; \mathrm{m^3/s}, \quad Q_2 = 0{,}0164 \; \mathrm{m^3/s}, \quad Q = 0{,}0499 \; \mathrm{m^3/s};$$

die mittleren Geschwindigkeiten betragen dann

$$v_1 = 1{,}894 \; \mathrm{m/s}, \quad v_2 = 2{,}087 \; \mathrm{m/s}, \quad v = 1{,}016 \; \mathrm{m/s}.$$

18. Sehr rasches Schließen der Absperrvorrichtung hat eine bedeutende Drucksteigerung in der Rohrleitung zur Folge (Wasserschlag) und verursacht eine Verdichtungswelle, die mit sehr großer Schnelligkeit c die ganze Rohrleitung durcheilt und am Einlaufbecken reflektiert wird. Die Zeit t_r für den Hin- und Rücklauf der Druckwelle (Reflexions- oder Laufzeit) beträgt $t_r = 2\,\dfrac{l}{c}$.

Durch diese Drucksteigerung wird der Rohrumfang elastisch gedehnt und die Wassersäule im Rohre zusammengepreßt, soweit sie von der Druckwelle in der Schließzeit erreicht wird.

Sei p der durch den Schließvorgang erhöhte Druck im Rohre, so bewirkt er eine Spannung $\sigma_t = \dfrac{p\,r}{\delta}$ in Umfangsrichtung des Rohrquerschnittes und

$\sigma_l = \dfrac{1}{2}\,\sigma_t$ in der Längsrichtung des Rohres (vgl. I, Aufg. 9). Die Spannungsenergie für die Längeneinheit des Rohres beträgt

$$\frac{\sigma_t^2 + \sigma_l^2}{2\,E_r} \cdot 2\,\pi\,r\,\delta = \frac{5}{4}\,F\,\frac{p^2\,r}{E_r\,\delta} \quad \text{mit } F = r^2\,\pi.$$

Die Zusammendrückung des Wassers erfordert eine Arbeit je Rohrlängeneinheit vom Betrage $\dfrac{1}{2}\,\dfrac{p^2}{E_w}\,F$.

Da die kinetische Energie gleich ist $\varrho\,F\,\dfrac{v^2}{2}$, so folgt aus dem Energieprinzipe

$$\frac{\varrho\,v^2}{2} = \frac{p^2}{2}\left(\frac{1}{E_w} + \frac{5}{2}\,\frac{r}{E_r\,\delta}\right),$$

woraus sich für p ergibt

$$p = v\sqrt{\dfrac{\varrho}{\dfrac{1}{E_w} + \dfrac{5}{2}\,\dfrac{r}{E_r\,\delta}}}\,,$$

somit eine Druckhöhe

$$h = \frac{p}{\gamma} = \frac{v}{g\,\sqrt{\varrho\left(\dfrac{1}{E_w} + \dfrac{5}{2}\,\dfrac{r}{E_r\,\delta}\right)}}\,. \tag{1}$$

Aus $\sigma_t = \sigma_{zul} = \dfrac{p\,r}{\delta}$ erhält man für die zuzulassende Geschwindigkeit:

$$v = \frac{\delta}{r}\,\sigma_{zul}\;\sqrt{\frac{1}{\varrho}\left(\frac{1}{E_w} + \frac{5}{2}\,\frac{r}{E_r\,\delta}\right)}\,. \tag{2}$$

Da sich zeigen läßt, daß

$$\frac{1}{\sqrt{\varrho\left(\dfrac{1}{E_w} + \dfrac{5}{2}\,\dfrac{r}{E_r\,\delta}\right)}}$$

die Schnelligkeit c der Druckwelle angibt, so wird dann in der Zeit t eine Wassersäule von der Länge $c \cdot t$ zur Ruhe gebracht. Die zeitliche Änderung der Bewegungsgröße beträgt daher

$$(\varrho\,F\,c\,t)\,\frac{v}{t} = \varrho\,F\,c\,v,$$

und diese muß gleich sein der Kraft $p\,F$ infolge der Druckerhöhung, somit

$$\varrho\,F\,c\,v = p\,F,$$

oder

$$\frac{p}{\gamma} = h = \frac{c\,v}{g} \tag{3}$$

gültig für $t_s \leqq t_r$, wo t_s die Schließzeit der Absperrvorrichtung bedeutet.

Aus dem Vergleiche mit (1) folgt

$$c = \frac{1}{\sqrt{\varrho\left(\dfrac{1}{E_w} + \dfrac{5}{2}\,\dfrac{r}{E_r\,\delta}\right)}}\,. \tag{4}$$

Hiemit geht Gl. (2) über in

$$v = \frac{\delta}{r}\,\sigma_{zul}\,\frac{1}{\varrho\,c}\,. \tag{5}$$

Mit den Zahlenangaben der Aufgabe ergibt sich

$$\begin{aligned}
\text{aus (4):}\qquad & c = 1289,7\ \text{m/s}\\
\text{aus (5):}\qquad & v = 5,325\ \ \text{m/s}
\end{aligned}$$

und aus (3): $\dfrac{p}{\gamma} = h = 700$ m.

Da der Schall durch Druckwellen fortgepflanzt wird, so ist c die Schallgeschwindigkeit im Wasser. Für unelastisches Rohr ($E_r = \infty$) wird $c = \sqrt{\dfrac{E_w}{\varrho}}$.

Für Wasser mit $E_w = 2{,}1 \cdot 10^4\ \dfrac{\text{kp}}{\text{cm}^2}$ wird $c = 1435\ \dfrac{\text{m}}{\text{s}}$.

19. Es werde die Ortskoordinate x von der Stelle des Absperrorganes in Richtung der Rohrachse gemessen und angenommen, daß mit wachsendem x die Geschwindigkeit ab- und der Druck zunehme (Abb. 185).

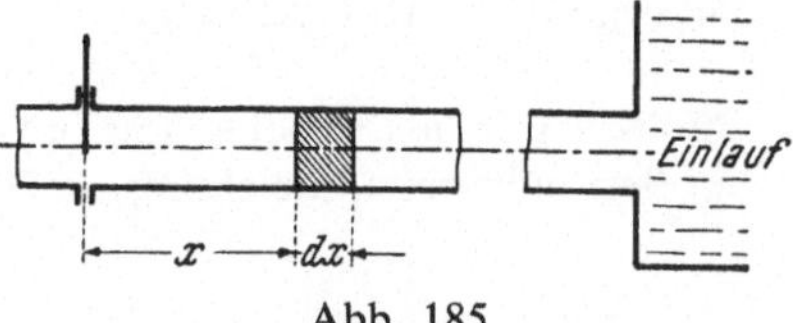

Abb. 185

Dann lautet die Eulersche Gleichung bei fehlender Massenkraft und mit $h = \dfrac{p}{\gamma}$:

$$\frac{\partial v}{\partial t} - v \frac{\partial v}{\partial x} = g \frac{\partial h}{\partial x}. \tag{1}$$

Die zwischen den beiden Stirnflächen an den Stellen x und $x + dx$ entstehende Geschwindigkeitsänderung wird verursacht durch die infolge der Elastizität des Wassers mögliche Zusammendrückung des Elementarzylinders von der Querschnittsfläche $F = r^2 \pi$ und durch die Dehnung der Rohrwand.

Ersterer entspricht bei der Druckzunahme $\dfrac{\partial p}{\partial t}\, dt$ eine Verkürzung des Elementes dx um $\Delta_1 = \dfrac{dx}{E_w} \dfrac{\partial p}{\partial t}\, dt$, letztere bewirkt eine Verkürzung Δ_2 wegen der Dehnung des Rohrumfanges. Der Umfangsspannung $\sigma = \dfrac{r}{\delta} \dfrac{\partial p}{\partial t}\, dt$ entspricht die Dehnung $\varepsilon = \dfrac{\sigma}{E_r}$, der Halbmesser r erfährt daher die Verlängerung $\sigma = \varepsilon r$.

Demnach ist

$$\pi r^2 \cdot \Delta_2 - 2 \pi r \cdot \varrho\, dx = 2 \pi r^2\, \varepsilon\, dx,$$

woraus

$$\Delta_2 = 2 \varepsilon\, dx = \frac{2r}{\delta E_r}\, dx \left(\frac{\partial p}{\partial t}\, dt \right).$$

Die Gesamtverkürzung $\Delta = \Delta_1 + \Delta_2$ ist gleichzusetzen der Geschwindigkeitsänderung mal Zeit, demnach

$$\Delta = \left(v + \frac{\partial v}{\partial x}\, dx \right) dt - v\, dt = \frac{\partial v}{\partial x}\, dx\, dt.$$

Hieraus folgt

$$dx \cdot \frac{\partial p}{\partial t}\, dt \left(\frac{1}{E_w} + \frac{2r}{\delta E_r} \right) = \frac{\partial v}{\partial x}\, dx \cdot dt$$

oder

$$\frac{\partial v}{\partial x} = \frac{\partial p}{\partial t} \left(\frac{1}{E_w} + \frac{2r}{\delta E_r} \right).$$

Mit $p = \gamma h$ und Einführung der Schnelligkeit c der Druckwelle (vgl. Aufg. **18**) wird schließlich

$$\frac{\partial v}{\partial x} = \frac{g}{c^2} \frac{\partial h}{\partial t}. \tag{2}$$

Die Gln. (1, 2) sind die gesuchten Grundgleichungen für v und p bei Vernachlässigung der Rohrreibung.

20. Mit $v\,(t)$ als Geschwindigkeit im Rohre zur Zeit t gilt nach der erweiterten Bernoullischen Gleichung

$$h = \frac{v^2}{2\,g}\,(1 + \zeta_r) + \frac{1}{g}\int_0^l \frac{\partial v}{\partial t}\,ds,$$

somit wegen $\zeta_r = \lambda\,\dfrac{l}{d}$:

$$h = \frac{v^2}{2\,g}\left(1 + \lambda\,\frac{l}{d}\right) + \frac{l}{g}\,\frac{dv}{dt}. \tag{1}$$

Setzt man

$$1 + \lambda\,\frac{l}{d} = \alpha,$$

so liefert Gl. (1) mit $\dot v = 0$ die Grenzgeschwindigkeit

$$u = \sqrt{\frac{2\,g\,h}{\alpha}} = 1{,}964 \ \text{m/s}.$$

Hiemit läßt sich (1) umformen in

$$\frac{d\left(\dfrac{v}{u}\right)}{1 - \left(\dfrac{v}{u}\right)^2} = \frac{g\,h}{l\,u}\,dt.$$

Mit der Anfangsbedingung $v\,(0) = 0$ liefert die Integration

$$v = u\,Tg\,(\beta\,t), \tag{2}$$

worin $\beta = \dfrac{g\,h}{l\,u} = 0{,}1 \ \text{sec}^{-1}$.

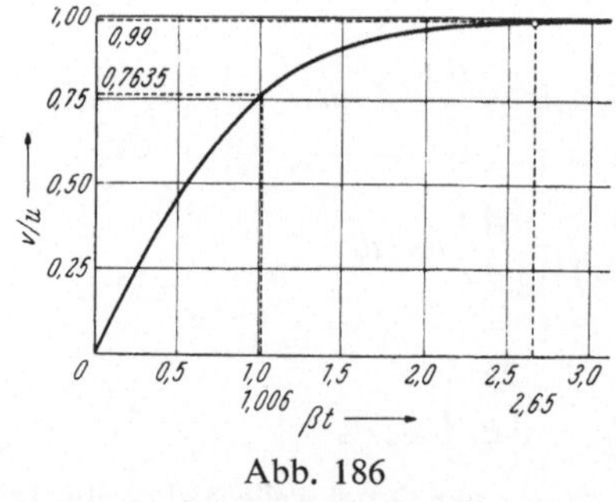

Abb. 186 zeigt den hienach bestehenden Zusammenhang der dimensionslosen Werte $\dfrac{v}{u}$ und $\beta\,t$.

Mit $\dfrac{v}{u} = 0{,}99$ ergibt Gl. (2) für die Anlaufzeit τ

$$Tg\,(\beta\,\tau) = 0{,}99,$$

woraus $\tau = \dfrac{2{,}65}{\beta} = 26{,}5 \ \text{sec}.$

Der Geschwindigkeit 1,5 m/s entspricht nach (2): $\dfrac{1{,}5}{1{,}964} = Tg\,(\beta\,t) = 0{,}7635.$

Hienach wird diese Geschwindigkeit schon nach 10,06 sec erreicht.

21. Die Kosten für n gleichlange Rohrstücke betragen

$$K = k\, l \sum_{\nu=1}^{n} d_\nu{}^2\, y_\nu .$$

Der Druckhöhenverlust eines Rohrstückes bei alleiniger Berücksichtigung der Rohrreibung ist nach Gl. (m) mit $\lambda = 0,03$:

$$h_\nu = 0,00248\, \frac{Q^2\, l}{d_\nu{}^5} = \frac{c}{d_\nu{}^5}$$

mit Q als Durchflußmenge. Die gesamte Verlusthöhe durch Rohrreibung beträgt demnach für die n Rohrstücke

$$H = \sum_{1}^{n} h_\nu = c \sum_{1}^{n} \frac{1}{d_\nu{}^5} .$$

Da H unverändert bleiben soll, so besteht für das Extremalproblem $K = \min$ die Nebenbedingung $\dfrac{H}{c} - \sum_{1}^{n} \dfrac{1}{d_\nu{}^5} = 0$, wo $\dfrac{H}{c}$ konstant ist.

Demnach muß mit einer beliebigen Konstanten α

$$\frac{\partial}{\partial d_\nu} \left[K + \alpha \left(\frac{H}{c} - \sum_{1}^{n} \frac{1}{d_\nu{}^5} \right) \right] = 0$$

sein, somit $2\, k\, l\, y_\nu\, d_\nu + 5\, \alpha\, d_\nu{}^{-6} = 0$ oder $y\, d^7 = \text{konst.}$

22. Für die drei Stränge gelten die Gleichungen

Strang A D: $\qquad h_A = \dfrac{p_D}{\gamma} + \dfrac{v_1{}^2}{2\,g} + h_D + h_{r,1} ,$ $\hfill$ (1)

Strang D B: $\qquad h_B = \dfrac{p_D}{\gamma} + \dfrac{v_2{}^2}{2\,g} + h_D - h_{r,2} ,$ $\hfill$ (2)

Strang D C: $\qquad h_C = \dfrac{p_D}{\gamma} + \dfrac{v_3{}^2}{2\,g} + h_D - h_{r,3} .$ $\hfill$ (3)

Hiezu kommt

$$\frac{\pi}{4}\, d_1{}^2\, v_1 = \frac{\pi}{4}\, (d_2{}^2\, v_2 + d_3{}^2\, v_3) . \tag{4}$$

Wird wegen der großen Stranglängen nur die Rohrreibung berücksichtigt, so gilt für die Verlusthöhe eines Stranges von der Länge l

$$h_r = \lambda\, \frac{l}{d}\, \frac{v^2}{2\,g} , \tag{5}$$

oder mit $Q = F\,v$ und mit der Abkürzung $k = \dfrac{\lambda\, l}{2\,g\,d\,F^2}$:

$$h_r = k\, Q^2 . \tag{6}$$

Die Gln. (1—4) genügen für die Berechnung der 4 Unbekannten v_1, v_2, v_3 und p_D.

Es wäre naheliegend, durch Eliminierung von v_1 (mit Gl. 4) und von $\dfrac{p_D}{\gamma}$ zwei Gleichungen mit v_2, v_3 zu entwickeln; deren Lösung erfordert aber beträchtliche Rechenarbeit. Viel bequemer und rascher führt das von R. J. C o r n i s h (Journ. Inst. civ. Engrs. 13 [1939, S. 147]) angegebene Näherungsverfahren zur Lösung der Gln. (1—4).

Mit einer nach Schätzung angenommenen Verlusthöhe h_r ergibt Gl. (6) die zugehörige Durchflußmenge. Für die Verbesserungen dieser Werte folgt aus (6):

$$\delta h_r = 2\,k\,Q\,\delta Q = 2\,h_r \frac{\delta Q}{Q}\,.$$

Es ist zwar zunächst δQ für jeden der 3 Stränge unbekannt, aber die Summe der 3 Abweichungen, nämlich $\Sigma\,\delta Q$, ist bekannt, da sie gleich ist dem aus der ersten Näherungsrechnung bestimmbaren Unterschiede zwischen Zu- und Abfluß an der Abzweigung D.

So ergibt sich

$$\delta h_r = \frac{\Sigma\,\delta Q}{\Sigma\,\dfrac{Q}{2\,h_r}}\,. \tag{7}$$

Der Lösungsgang ist nun der folgende: Man mache eine Annahme für die unbekannte hydraulische Höhe $H = \dfrac{p_D}{\gamma} + \dfrac{v_1^2}{2\,g} + h_D$ in D.

Sie muß natürlich kleiner sein als h_A und größer als h_D. Wählen wir hiefür 13 m.

Damit rechnet sich aus (1) und (5) mit $\lambda = 0{,}03$

$$h_{r,1} = \frac{0{,}03 \cdot 3050 \cdot v_1^2}{2\,g \cdot 0{,}6} = 15 - 13 = 2\,\text{m},$$

woraus $\qquad v_1 = 0{,}51\ \text{m}/\text{s}$ und $Q_1 = 0{,}144\ \text{m}^3/\text{s}\,.$

Analog aus Gl. (2):

$$h_{r,2} = 13 - 6 = 7\,\text{m} = \frac{0{,}03 \cdot 1525 \cdot v_2^2}{2\,g \cdot 0{,}3}\,,$$

woraus $\qquad v_2 = 0{,}949\ \text{m}/\text{s}\,,\quad Q_2 = 0{,}067\ \text{m}^3/\text{s},$

und aus (3): $h_{r,3} = 13 - 3 = 10\ \text{m} = \dfrac{0{,}03 \cdot 1525 \cdot v_3^2}{2\,g \cdot 0{,}3}\,,$

woraus $\qquad v_3 = 1{,}134\ \text{m}/\text{s}\,,\quad Q_3 = 0{,}080\ \text{m}^3/\text{s}\cdot$

Da hienach $Q_2 + Q_3 = 0{,}147$, somit größer als $Q_1 = 0{,}144$, so führt die erste Näherung zu einem Gesamtmengenfehler

$$\Sigma\,\delta Q = 0{,}003\ \text{m}^3/\text{s}\cdot$$

Ferner wird $\dfrac{Q}{2\,h_r}$ für Rohr 1: $\dfrac{0{,}144}{2 \cdot 2} = 0{,}036\ \text{m}^2/\text{s},$

$$\text{für Rohr 2:} \quad \frac{0{,}067}{2 \cdot 7} = 0{,}0048 \ \text{m}^2/\text{s},$$

$$\text{für Rohr 3:} \quad \frac{0{,}080}{2 \cdot 10} = 0{,}0040 \ \text{m}^2/\text{s},$$

somit $\displaystyle \Sigma \frac{Q}{2\,h_r} = 0{,}0448 \ \text{m}^2/\text{s}$.

Aus Gl. (7) wird daher $\displaystyle \delta h_r = \frac{0{,}003}{0{,}0448} = 0{,}067 \ \text{m}$.

Da die gerechnete Menge Q zu klein ausgefallen ist, so setzen wir die Rechnung mit der um δh_r verkleinerten Gesamthöhe in D fort, also mit $13 - 0{,}067 = 12{,}933$ m.

Hiemit ergeben sich mit Benutzung der Q-Werte der ersten Näherung die verbesserten Werte der Durchflußmengen

$$Q_1 = 0{,}144 \ \sqrt{\frac{15 - 12{,}933}{15 - 13}} = 0{,}1464 \ \text{m}^3/\text{s},$$

$$Q_2 = 0{,}067 \ \sqrt{\frac{12{,}933 - 6}{13 - 6}} = 0{,}0667 \ \text{m}^3/\text{s},$$

$$Q_3 = 0{,}080 \ \sqrt{\frac{12{,}933 - 3}{13 - 3}} = 0{,}0797 \ \text{m}^3/\text{s}.$$

Da $Q_2 + Q_3 = 0{,}1464 = Q_1$, so ist $\Sigma \, \delta Q = 0$.

Diesen endgültigen Mengen entsprechen die Geschwindigkeiten

$$v_1 = 0{,}518 \ \text{m}/\text{s}, \quad v_2 = 0{,}944 \ \text{m}/\text{s}, \quad v_3 = 1{,}129 \ \text{m}/\text{s}.$$

IX. Strömung des Wassers in offenen geraden Gerinnen

Bei gleichförmiger Strömung in Gerinnen mit fester Sohle gilt für die mittlere Geschwindigkeit v die de Chézysche Gleichung

$$v = c \ \sqrt{R_h \, J} \, ; \tag{a}$$

der Durchfluß in der Sekunde beträgt

$$Q = F v = F c \ \sqrt{R_h \, J} \, . \tag{b}$$

Es bedeutet F den Querschnitt, $R_h = \dfrac{F}{U}$ den hydraulischen Radius mit U als benetztem Umfange, J das Wasserspiegelgefälle.

Der Geschwindigkeitsbeiwert c ist nach Bazin bestimmt durch

$$c = \frac{87}{1 + \dfrac{\alpha}{\sqrt{R_h}}} \, . \tag{c}$$

Der Wert α ist der folgenden Tabelle zu entnehmen.

Glatter Verputz und gehobeltes Holz . . . . $\alpha = 0{,}06$ [m$^{1/2}$]
Nichtgehobeltes Holz, Quader und Ziegel . . . . . . $= 0{,}16$,,
Bruchsteinmauerwerk . . . . $= 0{,}46$,,
Pflaster, regelmäßiges Erdbett . . . . $= 0{,}85$,,
Erdkanäle üblichen Zustands . . . . $= 1{,}30$,,
Erdkanäle mit besonderem Reibungswiderstand . . . $= 1{,}75$,,
Flußläufe mit Geröll . . . . $= 2{,}00$,,

Aus Ph. Forchheimer: Hydraulik, 1930, 3. Aufl., S. 148.

Nach J. Kozeny kann in breiten Gerinnen der Beiwert c aus der an die neueren Ergebnisse hydraulischer Forschung anknüpfenden Gleichung

$$c = 20 \log H + n \tag{d}$$

berechnet werden, worin H die mittlere Tiefe in [m], nämlich $\dfrac{\text{Querschnittsfläche } F}{\text{Spiegelbreite } B}$

ist und n für Kanäle und Freispiegelstollen aus nachstehender Tabelle zu entnehmen ist:

Geglätteter Zement . . . . 84 bis 90
Glatter Verputz . . . . 76 ,, 80
Guter Verputz, Quader oder Ziegel . . . . 70 ,, 76
Alter Verputz, je nach Erhaltung . . . . 60 ,, 68
Roher Beton, Bruchstein . . . . 58 ,, 62
Nicht ausgemauert, Fels . . . . 36 ,, 52
Sehr unregelmäßiger Fels . . . . 28 ,, 36

Aus Österr. Bauzeitschrift, 6. Jg., 1951, S. 132 u. 157.

Die vielfach im praktischen Gebrauch stehende ,,vereinfachte Kuttersche'' Formel

$$c = \frac{100}{1 + \dfrac{\beta}{\sqrt{R_h}}}$$

hat den gleichen Aufbau wie das Bazinsche c; die Erhöhung des Zählers von 87 auf 100 bedingt bei gleichem Bettmaterial einen von α verschiedenen, und zwar größeren Wert β.

Bei den sogenannten Potenzformeln wird die mittlere Geschwindigkeit in der Form

$$v = k\, R_h{}^n\, J^m \tag{e}$$

angesetzt mit k als Rauhigkeitsbeiwert, dessen Dimension von der Wahl der Exponenten m und n abhängt.

Mit $n = {}^2/_3$ und $m = {}^1/_2$ entstehen aus (e) die Fließformeln von Manning und von Gauckler-Strickler, mit $n = 0{,}7$ und $m = {}^1/_2$ jene von Forchheimer.

In letzterer, nämlich

$$v = k\, R_h{}^{0,7}\, J^{0,5} \tag{f}$$

kann für den Rauhigkeitsbeiwert k gesetzt werden:

geglätteter Beton . . . . $k = 90{-}80 \, [\text{m}^{0,3}/\text{sec}]$

neuer Beton . . . . $k = 60$ „

angegriffener Beton . . . . $k = 50$ „

künstlich hergestellte Erdgräben . . . . $k = 42{-}30$ „

natürliche Flüsse . . . . $k = 30{-}24$ „

Lösungen

1. Es ist $F = 2,2 \cdot 0,8 = 1,76 \text{ m}^2$ und $U = 2,20 + 2 \cdot 0,8 = 3,8 \text{ m}$,

somit $R_h = \dfrac{F}{U} = 0,463 \text{ m}$ und $v = 0,682 \text{ m/s}$.

Aus Gl. (c) ergibt sich mit $\alpha = 0,06 \, [\text{m}^{1/2}]$ der Wert $c = 80$ und hiemit

$$J = \frac{v^2}{c^2 \, R_h} = 0,16\,^0/_{00}.$$

Bei der Wassertiefe 0,4 m führt ein analoger Rechnungsgang zu einem Gefälle $J = 1,03\,^0/_{00}$.

2. Da $F = 8 \cdot 1,5 = 12 \text{ m}^2$, $U = 5 + 2\sqrt{9 + 2,25} = 11,708 \text{ m}$,

so wird $R_h = \dfrac{F}{U} = 1,025 \text{ m}$.

Mit $\alpha = 1,30 \, [\text{m}^{1/2}]$ liefert Gl. (c): $c = 38,09$,

womit $v = c\sqrt{R_h\,J} = 0,742 \text{ m/s}$ und daher $Q = Fv = 8,9 \text{ m}^3/\text{s}$.

3. Wird für die Berechnung von c die Formel (d) benutzt, so ist darin $H = \dfrac{F}{B} = t$

zu setzen, somit $c = 20 \log t + n$, worin n etwa 60.

Damit wird $Q = Fc\sqrt{R_h\,J} = b\,t\,(20\log t + 60)\sqrt{\dfrac{b\,t}{b + 2\,t} \cdot J}$,

oder $\qquad \dfrac{Q}{b\sqrt{b\,J}} = t\,(20\log t + 60)\sqrt{\dfrac{t}{3 + 2\,t}}.$

Da $\qquad \dfrac{Q}{b\sqrt{b\,J}} = \dfrac{6}{3\sqrt{3 \cdot 0,0007}} = 43,644 \text{ m}^{3/2}/\text{s}$,

so ist die Tiefe t [m] aus der Gleichung

$$f(t) = t\,(20 \log t + 60)\sqrt{\frac{t}{3 + 2\,t}} = 43,644$$

zu berechnen.

Mit den Annahmen $\qquad t = 1 \qquad\qquad 1,4 \qquad\qquad 1,5 \text{ m}$

ergibt sich $f(t)$ $\qquad\qquad = 26,83 \qquad 43,28 \qquad 47,5 \text{ m}$

somit $\Delta = f(t) - 43,644$: $\qquad - 16,814 \qquad - 0,364 \qquad + 3,856$

und schließlich $t = 1,41 \text{ m}$, womit $f(t) = 43,71$ und $\Delta = + 0,066$.

4. Für die erhöhte Wassermenge Q_1 gilt bei der Tiefe t nach vorstehender Aufgabe die Gleichung

$$\frac{Q_1}{b\sqrt{bJ}} = t\,(20\log t + n_1)\sqrt{\frac{t}{3+2\,t}},$$

worin n_1 für geglätteten Zement mit 86 zu wählen ist.

Demnach wird $\qquad \dfrac{Q_1}{Q} = \dfrac{20\log t + 86}{20\log t + 60} = 1,413.$

Die Durchflußmenge wird um $41,3^0/_0$ größer.

5. Mit d als Rohrdurchmesser ist $F = \dfrac{d^2\,\pi}{4}$, der benetzte Umfang bei Vollfüllung $d\,\pi$, somit $R_h = \dfrac{d}{4}$; aus der Chézy-Formel

$$v = c\,\sqrt{R_h\,J}$$

ergibt sich $\qquad\qquad v = \dfrac{c}{2}\,\sqrt{dJ}\,.$

Für die Rohrströmung gilt $J = \dfrac{\lambda\,v^2}{2\,g\,d}$ oder $v = \sqrt{\dfrac{2\,g\,d\cdot J}{\lambda}}\,.$

Demnach besteht die Beziehung

$$c = \sqrt{\dfrac{8\,g}{\lambda}}\,.$$

6. Wird der Wert λ für Stahlblech mit 0,025 gewählt, so beträgt der Beiwert c (nach Aufg. **5**) rund 56.

Somit wird $\qquad\qquad v = 56\,\sqrt{\dfrac{r}{2}\,J} = 0,626\ \text{m}/\text{s}$

und der sekundliche Durchfluß $Q = \dfrac{r^2\,\pi}{2}\,v = 9,84\ \text{l}/\text{s}\,.$

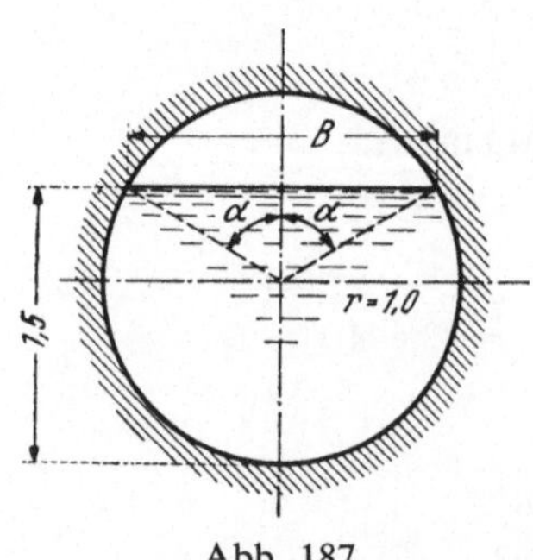

Abb. 187

7. Es ist $\cos\alpha = \dfrac{1}{2}$ oder $\alpha = 60^0$ (Abb. 187).

Somit Spiegelbreite $\qquad B = r\,\sqrt{3} = 1,732\ \text{m},$

Querschnitt $\qquad F = r^2\left(\dfrac{2\,\pi}{3} + \dfrac{\sqrt{3}}{4}\right) = 2,527\ \text{m}^2,$

Benetzter Umfang $\qquad U = 2\,r\,\pi\cdot\dfrac{2}{3} = 4,189\ \text{m},$

Hydraulischer Radius $\qquad R_h = \dfrac{F}{U} = 0,603\ \text{m}.$

Die mittlere Geschwindigkeit beträgt $v = \dfrac{Q}{F} = 1,029\ \text{m/s}.$

Der Wert c ergibt sich aus Formel (d) mit $n = 80$ für glatten Verputz zu

$$c = 20 \log \frac{F}{B} + 80 = 83,28, \text{ somit das Gefälle}$$

$$J = \frac{v^2}{c^2 R_h} = 0,253\,^0/_{00}.$$

8. Die Profilfläche beträgt $F = \frac{d^2}{8}(\pi + 3) = 0,768\,d^2 = 3,072\ \text{m}^2$,

der benetzte Umfang $U = \frac{d}{2}(\pi + 1 + \sqrt{5}) = 3,189\,d = 6,378\ \text{m}$,

der hydraulische Radius $R_h = \frac{F}{U} = 0,241\,d = 0,482\ \text{m}$.

Hiemit wird nach Formel (c):

$$c = \frac{87}{1 + \dfrac{0,06}{\sqrt{R_h}}} = 80,11,$$

$$v = 80,11 \sqrt{0,482\,\frac{0,4}{1000}} = 1,112\ \text{m/s},$$

$$Q = Fv = 3,42\ \text{m}^3/\text{s}.$$

Beim vollaufenden Kreisprofil ist

$$F_1 = 3,142\ \text{m}^2, \qquad U_1 = 6,284\ \text{m}, \qquad R_h = \frac{d}{4} = 0,5\ \text{m},$$

womit $\quad c_1 = 80,19, \qquad\qquad v_1 = 1,13\ \text{m/s} \qquad Q_1 = 3,563\ \text{m}^3/\text{s}.$

Daher $\dfrac{Q}{Q_1} = 0,961, \qquad\qquad \dfrac{v}{v_1} = 0,981.$

9. Mit i als Sohlengefälle und der Wassertiefe t gilt für die Schleppkraft $S = 1000\,t \cdot i$; hieraus ergibt sich

$$t = \frac{0,7}{1000 \cdot 0,00035} = 2\ \text{m}.$$

Wenn in der Gleichung von F o r c h h e i m e r (Formel f) $v = k\,R_h^{\,0,7}\,J^{\,0,5}$ R_h bekannt wäre, so könnte v gerechnet werden, womit dann aus $Q = Fv$ der Querschnitt F und die Sohlenbreite b bestimmt wären.

Setzt man in 1. Näherung $R_h \sim t$ (gleichbedeutend mit der Annahme großer

Kanalbreite), so ergibt sich mit $k = 35$ die Geschwindigkeit $v = 1,063\,\dfrac{\text{m}}{\text{s}}$ und

hiemit die Querschnittsfläche $F = \dfrac{Q}{v} = 22,56\ \text{m}^2$.

Da $F = (b + t)\,t$, so wird die Sohlenbreite $b = 9,28\ \text{m}$.

Mit vorstehenden Werten wird $R_h = \dfrac{F}{b + 2t\sqrt{2}} = 1,51\ \text{m}$,

sodann $\qquad\qquad v = 0,874\ \text{m/s}, \quad F = 27,47\ \text{m}^2, \quad b = 11,73\ \text{m}.$

Eine neuerliche Rechnung mit den eben erhaltenen Werten liefert

$$R_h = 1{,}58 \text{ m}, \quad v = 0{,}90 \text{ m/s}, \quad F = 26{,}67 \text{ m}^2$$

und hiemit endgültig die Sohlenbreite $b = 11{,}33$ m.

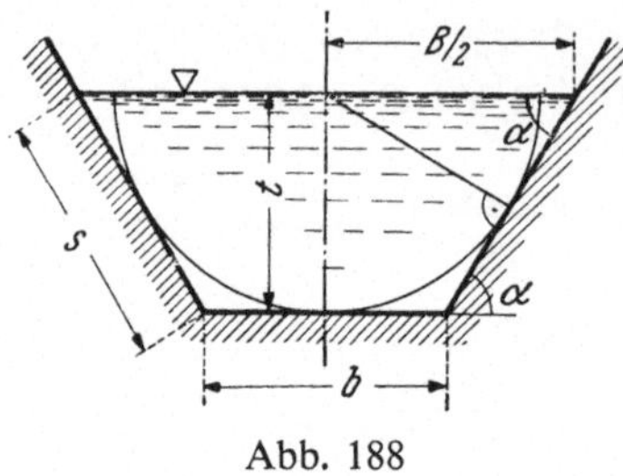

Abb. 188

10. Mit b als Sohlenbreite und mit der Wassertiefe t (Abb. 188) ist die Querschnittsfläche $F = t\,(b + t\,\text{ctg}\,\alpha)$ (1)

und der benetzte Umfang $U = b + \dfrac{2\,t}{\sin\alpha}$. (2)

Da $R_h = \dfrac{F}{U}$, so fordert die Bedingung $R_h = max$ bei gegebenem F einen Kleinstwert von U. Setzt man den aus (1) folgenden Wert $b = \dfrac{F}{t} - t\,\text{ctg}\,\alpha$

in die Gl. (2), so wird $U = \dfrac{F}{t} - t\,\text{ctg}\,\alpha + \dfrac{2\,t}{\sin\alpha}$.

$$\text{Aus } \frac{dU}{dt} = 0 = -\frac{F}{t^2} - \text{ctg}\,\alpha + \frac{2}{\sin\alpha} \tag{3}$$

folgt
$$t = \sqrt{\frac{F\sin\alpha}{2 - \cos\alpha}}. \tag{4}$$

Die Kronenbreite B beträgt $B = b + 2\,t\,\text{ctg}\,\alpha = \dfrac{F}{t} + t\,\text{ctg}\,\alpha$

oder bei Beachtung der Gl. (3): $B = \dfrac{2\,t}{\sin\alpha}$.

Diese Beziehung ist durch das dem Halbkreis vom Halbmesser t umschriebene Trapez (Abb. 188) erfüllt. Hienach ist $B/2$ auch gleich der Böschungslänge $s = \dfrac{t}{\sin\alpha}$.

Die Sohlenbreite beträgt $b = B - 2\,t\,\text{ctg}\,\alpha = 2\,t\,\dfrac{1 - \cos\alpha}{\sin\alpha}$, der benetzte Umfang $U = b + 2\,s = \dfrac{2\,t}{\sin\alpha}\,(2 - \cos\alpha)$, wofür nach Gl. (4) auch $\dfrac{2\,F}{t}$ gesetzt werden kann; somit ist der maximale hydraulische Radius

$$R_h = \frac{F}{U} = \frac{t}{2}.$$

11. Bei gegebenem Querschnitt F und Gefälle J erreicht der Durchfluß sein Maximum zugleich mit jenem des hydraulischen Halbmessers R_h. Nach Aufg. **10** ist $R_h = \dfrac{t}{2}$, wo t durch Gl. (4) gegeben ist.

Bildet man $\dfrac{d\,(t^2)}{d\,\alpha} = 0$, so folgt $\cos\alpha = \dfrac{1}{2}$ oder $\alpha = 60^0$.

Demnach $t = \sqrt{\dfrac{F}{\sqrt{3}}}$ und hiemit die Sohlenbreite $b = \dfrac{2}{\sqrt{3}}\,t$, die auch

gleich ist der Böschungslänge s und der halben Kronenbreite $\dfrac{B}{2}$.

12. Es ist $F = \dfrac{Q}{v} = 2,5\ \mathrm{m^2}$. Nach Aufg. **10** wird mit $\alpha = \dfrac{\pi}{2}$ die

Tiefe $t = \sqrt{\dfrac{F}{2}} = 1,12\ \mathrm{m}$, die Breite $b = 2\,t = 2,24\ \mathrm{m}$.

Mit $n = 60$ wird nach Gl. (d): $c = 20 \log t + 60 \doteq 61$

und somit aus $J = \dfrac{v^2}{c^2 R_h}$ wegen $R_h = \dfrac{t}{2} = 0,56\ \mathrm{m}$

das Gefälle: $J = 0,00069 \doteq 0,7^0/_{00}$.

13. Da $F = \dfrac{Q}{v} = 33,\dot{3}\ \mathrm{[m^2]}$ und der Böschungswinkel α gegeben sind, so

liefert Gl. (4) der Aufg. **10** für die Tiefe t den Wert 3,98 m. Mit den Formeln der Aufg. **10** ergibt sich

die Sohlenbreite $\qquad\qquad b = \quad 2,409\ \mathrm{m},$

die Kronenbreite $\qquad\qquad B = 14,35\ \mathrm{m},$

der hydraulische Radius $R_h = \dfrac{t}{2} = 1,99\ \mathrm{m}.$

Hiemit wird nach Formel (c): $c = \dfrac{87}{1 + \dfrac{1,30}{\sqrt{R_h}}} = 45,273$

und das Spiegelgefälle $J = \dfrac{v^2}{c^2 R_h} = 0,000552.$

Die Schleppkraft berechnet sich aus $S = 1000\,t \cdot i$
mit $i = J$ zu $S = 2,196\ \mathrm{kp/m^2}$.

Sie ist größer als der hiefür zugelassene Wert 1,6 $\mathrm{kp/m^2}$, daher ist eine Befestigung der Sohle durch Pflasterung oder durch eine Betonabdeckung erforderlich. Rechnet man für diese Verkleidung mit $\alpha = 0,85\ \mathrm{[m^{1/2}]}$, so ergibt sich $c = 54,3$, womit $J = 0,0003836$ und die Schleppkraft $S = 1,53\ \mathrm{kp/m^2}$ wird.

14. Da $F = 16\ \mathrm{m^2}$, so wird $v = \dfrac{Q}{F} = 1,5\ \mathrm{m/s}$.

Wegen $B = 10\ \mathrm{m}$ beträgt die mittlere Tiefe $\dfrac{F}{B} = 1,6\ \mathrm{m}$, womit sich aus

Formel (d) mit $n = 60$ für Bruchstein der Beiwert $c = 20 \log 1,6 + 60 = 64,08$ ergibt.

Da das Gefälle J aus (a) gleich ist $\dfrac{v^2}{c^2 R_h}$,

so wird mit $R_h = \dfrac{16}{11,66} = 1,372$ m

$$J = 0,3994 \cdot 10^{-3}.$$

Der gesamte Höhenverlust des Werkskanals mit der Länge $l = 700$ m beträgt daher

$$J \cdot l + 0,1 = 0,38 \text{ m},$$

somit verbleibt als Nutzhöhe $h_n = (6 - 0,38)$ m $= 5,62$ m,

womit sich eine Nutzleistung $N = \dfrac{\gamma Q h_n}{75} \cdot 0,85 = 1529$ PS ergibt.

Rechnet man den Beiwert c aus Formel (c), wo $\alpha = 0,46$ [m$^{1/2}$] zu setzen ist, so wird $c = 62,47$ und hiemit $J = 0,420 \cdot 10^{-3}$, womit

$$N = 1525 \text{ PS wird.}$$

15. Mit t als Tiefe und v als mittlere Geschwindigkeit der Strömung im betrachteten Querschnitte $F = b\,t$ ist die Energielinienhöhe H bestimmt durch

$$H = t + \frac{v^2}{2g}, \tag{1}$$

oder wegen $v = \dfrac{Q}{b\,t}$ durch

$$H = t + \frac{Q^2}{2\,g\,b^2\,t^2} = t + \frac{k}{t^2}, \tag{2}$$

wo

$$k = \frac{Q^2}{2\,g\,b^2} = 0,98675 \text{ m}^3.$$

Der durch Gl. (2) gegebene Zusammenhang zwischen t und H bei konstantem k ist in Abb. 189 dargestellt.

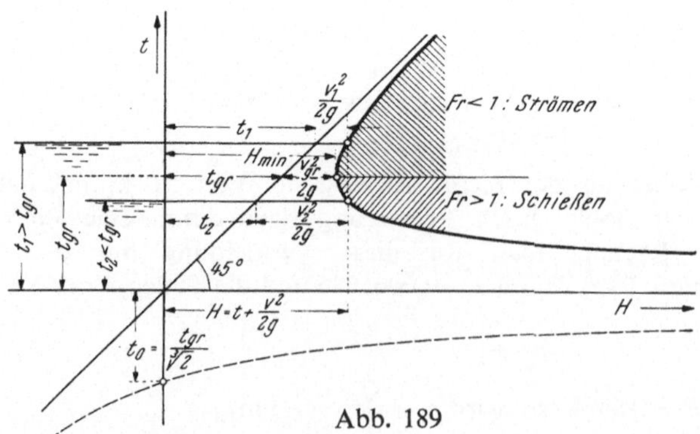

Abb. 189

Die Kurve $H = t + \dfrac{k}{t^2}$ besitzt zwei Asymptoten, nämlich die durch den Ursprung gehende Gerade, unter 45^0 geneigt gegen die H-Achse, sowie die Abszissenachse H.

H erreicht bei einem Grenzwert $t = t_{gr}$ ein Minimum.

Aus $\dfrac{dH}{dt} = 0$ folgt $1 - \dfrac{2k}{t^3} = 0$,

$$\text{woraus} \qquad t_{gr} = \sqrt[3]{2\,k} = \sqrt[3]{\dfrac{Q^2}{g\,b^2}} = 1{,}254 \text{ m.} \qquad (3)$$

Die dieser Grenztiefe entsprechende Grenzgeschwindigkeit v_{gr} beträgt

$$v_{gr} = \dfrac{Q}{b \cdot t_{gr}} = 3{,}508 \text{ m/s.}$$

Hiemit liefert Gl. (3)

$$t_{gr} = \sqrt[3]{\dfrac{v_{gr}{}^2 \cdot t_{gr}{}^2}{g}},$$

$$\text{woraus} \qquad t_{gr} = 2\left(\dfrac{v_{gr}{}^2}{2\,g}\right), \qquad (4)$$

$$\text{so daß} \qquad H_{min} = t_{gr} + \dfrac{v_{gr}{}^2}{2\,g} = \dfrac{3}{2}\,t_{gr} = 1{,}882 \text{ m}$$

$$\text{oder} \qquad t_{gr} = \dfrac{2}{3}\,H_{min}. \qquad (5)$$

Jeder Energielinienhöhe $H > H_{min}$ entsprechen somit zwei positive Wurzeln t_1 und t_2 (die dritte negative Wurzel hat keine physikalische Bedeutung) mit verschiedenen Abflußgeschwindigkeiten v_1 und v_2,

wobei $t_1 > t_{gr}$, $v_1 < v_{gr}$ den strömenden Abfluß

und $t_2 < t_{gr}$, $v_2 > v_{gr}$ den schießenden Abfluß kennzeichnet.

Aus (4) folgt $\qquad v_{gr} = \sqrt{g\,t_{gr}}$, $\qquad (6)$

wobei $\sqrt{g\,t_{gr}}$ die Fortpflanzungsgeschwindigkeit einer Grundwelle bedeutet.

Für die Froudesche Kennzahl gilt $Fr = \dfrac{v}{\sqrt{g\,t}}$;

demnach entspricht der Grenztiefe $Fr_{gr} = \dfrac{v_{gr}}{\sqrt{g\,t_{gr}}}$,

somit nach Gl. (6): $Fr_{gr} = 1$.

Die beiden Abflußformen sind daher gekennzeichnet durch

$$Fr < 1 \text{ (Strömen)}$$

$$Fr > 1 \text{ (Schießen).}$$

Mit den Zahlenangaben der Aufgabe ergibt sich aus Gl. (2):

$$t_1 = 1{,}627 \text{ m,}$$
$$t_2 = 0{,}987 \text{ m.}$$

Die zugehörigen Froudeschen Zahlen sind

$$Fr_1 = 0{,}677,$$
$$Fr_2 = 1{,}433.$$

16. Bei einer Fülltiefe t ist $F = t^2 \operatorname{tg} \alpha$, somit $v = \dfrac{Q}{t^2} \operatorname{ctg} \alpha$ und die Energielinienhöhe

$$H = t + \frac{Q^2 \operatorname{ctg}^2 \alpha}{2\,g\,t^4}.$$

Aus $\dfrac{dH}{dt} = 0$ ergibt sich für die Grenztiefe

$$t_{gr} = \sqrt[5]{\frac{2\,Q^2}{g} \operatorname{ctg}^2 \alpha}.$$

Ersetzt man hierin $Q \operatorname{ctg} \alpha$ durch $v_{gr}\, t_{gr}{}^2$, so folgt

$$t_{gr} = \frac{2}{g}\, v^2{}_{gr} \text{ oder } v_{gr} = \sqrt{\frac{g}{2}\, t_{gr}}.$$

Damit ergibt sich für die F r o u d e sche Zahl

$$\mathrm{Fr} = \frac{v_{gr}}{\sqrt{g\,t_{gr}}} = \frac{1}{\sqrt{2}}$$

und

$$H_{min} = t_{gr} + \frac{v_{gr}{}^2}{2\,g} = \frac{5}{4}\, t_{gr}.$$

17. Da $F = t\,(b + n\,t)$, so wird die Energielinienhöhe

$$H = t + \frac{Q^2}{2\,g\,(b + n\,t)^2\, t^2}.$$

Die Bedingung $\dfrac{dH}{dt} = 0$ liefert

$$0 = 1 - \frac{n\,Q^2}{g\,(b + n\,t)^3\, t^2} - \frac{Q^2}{g\,(b + n\,t)^2\, t^3},$$

oder $\dfrac{Q^2}{g} = \dfrac{F_{gr}{}^3}{b + 2n\,t_{gr}}$, woraus t_{gr} berechnet werden kann.

Aus $v_{gr} = \dfrac{Q}{F_{gr}}$ ergibt sich die Grenzgeschwindigkeit

$$v_{gr} = \sqrt{\frac{g\,F_{gr}}{b + 2n\,t_{gr}}} = \sqrt{\frac{b + n\,t_{gr}}{b + 2n\,t_{gr}}}\, \sqrt{g\,t_{gr}}, \text{ also kleiner als } \sqrt{g\,t_{gr}}.$$

18. Aus Gl. (2) in Aufg. **15** folgt

$$\frac{Q}{b\,\sqrt{2\,g}} = t\,\sqrt{H - t}, \tag{1}$$

worin H und b gegeben sind.

Die Bedingung $\dfrac{d}{dt}\left(\dfrac{Q}{b\,\sqrt{2\,g}}\right) = 0 = \dfrac{2\,H - 3\,t}{2\,\sqrt{H - t}}$ liefert $t = \dfrac{2}{3}\,H$.

Nach Gl. (5) der Aufg. **15** entspricht diese Tiefe der zur Energielinienhöhe H gehörigen Grenztiefe t_{gr}.

Hiemit wird aus Gl. (1) $Q_{max} = \dfrac{2}{3} b H \sqrt{\dfrac{2}{3} g H} = b\, t_{gr}\, v_{gr}.$

Jeder Durchflußmenge $Q < Q_{max}$ entsprechen zwei Tiefen, von denen die eine größer, die andere kleiner als t_{gr} ist (Abb. 190).

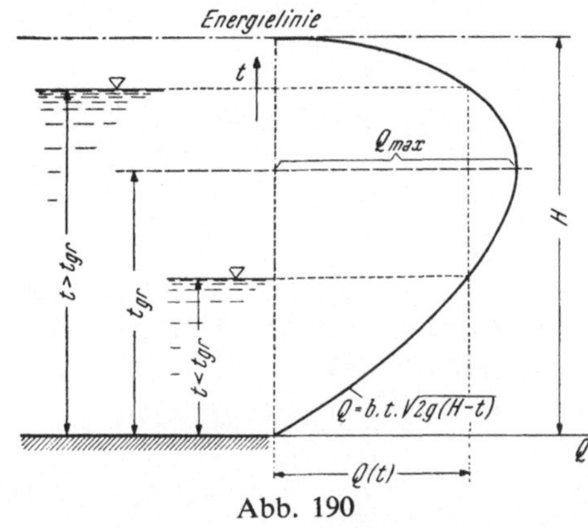

Abb. 190

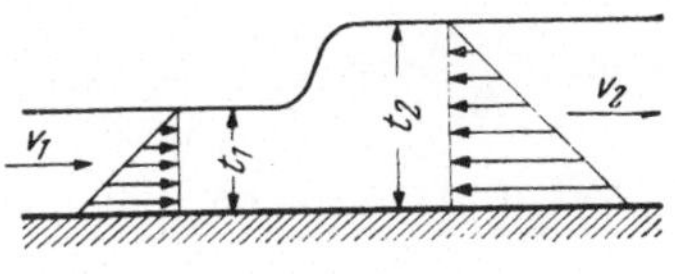

Abb. 191

19. Mit Q als Durchfluß im Kanal je Breiteneinheit gilt (Abb. 191)

$$Q = v_1 t_1 = v_2 t_2.$$

Der Impulssatz liefert, da die über t_1 und t_2 statisch verteilten Drücke die Kraft $\dfrac{\gamma}{2}(t_2^2 - t_1^2)$ liefern und die Reibungskräfte auf der kurzen Strecke l zu vernachlässigen sind:

$$\varrho\, Q\,(v_1 - v_2) = \frac{\gamma}{2}(t_2^2 - t_1^2). \tag{1}$$

Da $v_2 = v_1 \dfrac{t_1}{t_2}$, so geht (1) über in $Q v_1 \dfrac{t_2 - t_1}{t_2} = \dfrac{g}{2}(t_2^2 - t_1^2),$

oder mit $Q = v_1 t_1$ in $\dfrac{v_1^2}{g}\dfrac{t_1}{t_2} = \dfrac{1}{2}(t_2 + t_1).$

Mit Einführung der F r o u d e schen Zahl $\mathrm{Fr}_1 = \dfrac{v_1}{\sqrt{g\,t_1}}$

entsteht $2\,\mathrm{Fr}_1^2 = \left(\dfrac{t_2}{t_1}\right)^2 + \left(\dfrac{t_2}{t_1}\right),$

woraus $\dfrac{t_2}{t_1} = \dfrac{1}{2}\left(\sqrt{1 + 8\,\mathrm{Fr}_1^2} - 1\right). \tag{2}$

20. Es ist die gesamte Energiehöhe vor dem Sprunge

$$H = t_1 + \frac{v_1^2}{2g},$$

demnach $\dfrac{t_1}{H} = 1 - \dfrac{v_1^2}{2g\,H} = 1 - \dfrac{\mathrm{Fr}_1^2}{2}\dfrac{t_1}{H}$

oder $\dfrac{t_1}{H} = \dfrac{2}{2 + \mathrm{Fr}_1^2}.$

Hiemit folgt aus Gl. (2) der Aufg. **19**

$$\frac{t_2}{H} = \frac{1}{2 + \mathrm{Fr}_1{}^2}\left(\sqrt{1 + 8\,\mathrm{Fr}_1{}^2} - 1\right).$$

Setzt man $\dfrac{d}{d\mathrm{Fr}_1}\left(\dfrac{t_2}{H}\right) = 0$, so ergibt sich $\mathrm{Fr}_1 = \sqrt{3}$,

womit $\dfrac{t_{2,max}}{H} = \dfrac{4}{5}$ oder $t_{2,max} = 0{,}8\,H$.

Mit dem Werte $\mathrm{Fr}_1 = \sqrt{3}$ ergibt sich das oben gerechnete $\dfrac{t_1}{H}$ zu $\dfrac{2}{5}$

und es ist $\dfrac{t_{2,max}}{t_1} = 2$.

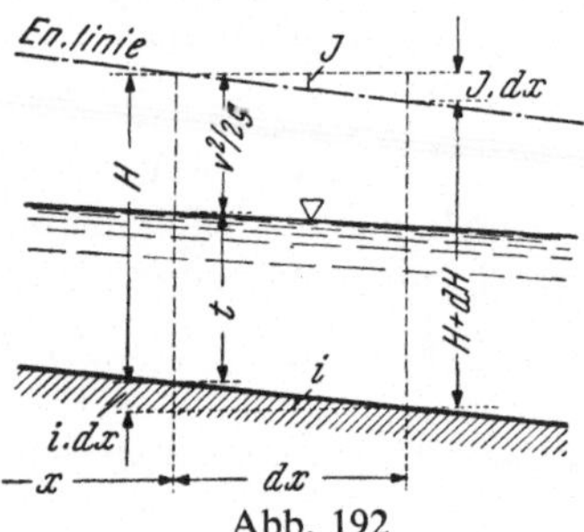

Abb. 192

21. Für zwei um dx voneinander entfernte Querschnitte (Abb. 192) gilt mit H als Energielinienhöhe

$$H + dH + J\,dx = H + i\,dx$$

oder $\qquad \dfrac{dH}{dx} = i - J, \qquad\qquad (1)$

wo i das Sohlengefälle, J das für die ungleichförmige Strömung maßgebende, von i verschiedene Gefälle der Energielinie bedeutet.

Da $\qquad\qquad\qquad H = t + \dfrac{v^2}{2g},$

so folgt aus Gl. (1) mit der Annahme, daß die Chézy-Formel auch bei ungleichförmiger Strömung Gültigkeit habe, demnach $J = \dfrac{v^2}{c^2 R_h}$ sei:

$$\frac{dt}{dx} = i - \frac{v^2}{c^2 R_h} - \frac{1}{2g}\frac{d(v^2)}{dx}. \qquad\qquad (2)$$

Für den Durchfluß q durch die Breiteneinheit des Flusses gilt

$$q = v_0\,t_0 = v\,t,$$

wobei der Zeiger Null den Zustand im ungestauten Bereich kennzeichnet. Mit $v = \dfrac{q}{t}$ und mit der bei großer Breite zulässigen Annahme $R_h = t$ geht (2) über in

$$\frac{dt}{dx} = \frac{i - \dfrac{q^2}{c^2 t^3}}{1 - \dfrac{q^2}{g\,t^3}}. \qquad\qquad (3)$$

Da $\qquad\qquad\qquad \dfrac{q^2}{c^2 t^3} = \dfrac{v_0{}^2 t_0{}^2}{c^2 t^3} = i\,\dfrac{t_0{}^3}{t^3},$

ferner (nach Aufg. **15**) $\qquad t_{gr} = \sqrt[3]{\dfrac{Q^2}{g\,b_0{}^2}} = \sqrt[3]{\dfrac{q^2}{g}},$

so entsteht aus (3) die folgende Differentialgleichung der Staukurve bei sehr großer Profilbreite

$$i\,dx = \frac{t^3 - t_{gr}^3}{t^3 - t_o^3}\,dt = dt + \frac{t_o^3 - t_{gr}^3}{t^3 - t_o^3}\,dt, \tag{4}$$

deren Integration mit Einführung von $\dfrac{t}{t_o} = \xi$ und der B r e s s e schen Funktion

$$B(\xi) = -\int \frac{d\xi}{\xi^3 - 1} = -\left\{ \frac{1}{6}\ln\frac{(\xi-1)^2}{\xi^2+\xi+1} + \frac{1}{\sqrt{3}}\operatorname{arc\,ctg}\frac{2\,\xi+1}{\sqrt{3}}\right\}$$

zu nachstehendem Zusammenhange der Wertepaare x, t an den Stellen **(1)** und **(2)** führt

$$t_1 - t_2 = i(x_1 - x_2) + t_o\left(1 - \frac{t_{gr}^3}{t_o^3}\right)\left\{B(\xi_1) - B(\xi_2)\right\}, \tag{5}$$

worin $\dfrac{t_{gr}^3}{t_o^3} = \dfrac{q^2}{g\,t_o^3} = \dfrac{c^2 i}{g}$ zu setzen ist.

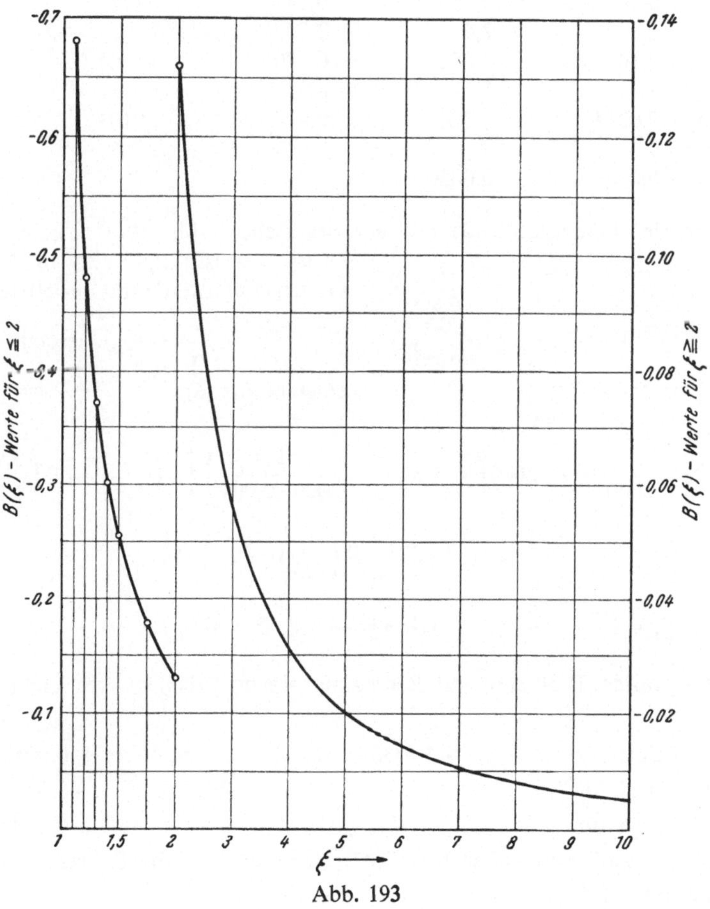

Abb. 193

Das der Grenztiefe entsprechende Grenzgefälle ergibt sich aus

$$v_{gr} = \sqrt{g\,t_{gr}} = c\,\sqrt{t_{gr}\,J_{gr}} \text{ zu } J_{gr} = \frac{g}{c^2};$$

demnach kann man für (5) auch schreiben

$$t_1 - t_2 = i\,(x_1 - x_2) + t_o\left(1 - \frac{i}{J_{gr}}\right)\left\{B\,(\xi_1) - B\,(\xi_2)\right\}. \tag{6}$$

Die Werte $B\,(\xi)$ für den Bereich $\xi = 1$ bis 10 sind aus der folgenden Tabelle oder aus Abb. 193 zu entnehmen.

Tabelle der Funktion $B\,(\xi)$ für $\xi = 1$ bis 10.

$\xi =$	1	1,05	1,1	1,2	1,3
$-\,B\,(\xi) =$	∞	0,88	0,681	0,480	0,373
$\xi =$	1,4	1,5	1,7	1,75	2
$-\,B\,(\xi) =$	0,303	0,255	0,187	0,178	0,132
$\xi =$	2,2	2,5	2,7	3	3,5
$-\,B\,(\xi) =$	0,107	0,082	0,070	0,0564	0,0412
$\xi =$	4	5	6	7	8
$-\,B\,(\xi) =$	0,0314	0,020	0,0143	0,0107	0,0082
$\xi =$	9	10			
$-\,B\,(\xi) =$	0,0062	0,0050			

Wenn der Querschnitt (2) mit der Staustelle (Abb. 194) zusammenfällt, so ist $t_2 = t_o + 2,6 = 3,9$ m. Für das Grenzgefälle werde mit $c \sim 50$ der Wert

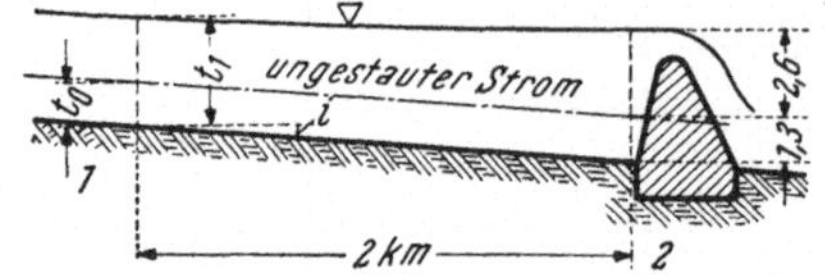

Abb. 194

$$J_{gr} = \frac{g}{c^2} = \frac{1}{250}\ (4^0/_{00})\ \text{gesetzt. Damit}$$

entsteht aus (6):

$$t_1 - 3,9 = \frac{1}{2000}\,(0 - 2000) + 1,3\left(1 - \frac{1}{2000 \cdot 0,004}\right)\left\{B\left(\frac{t_1}{1,3}\right) - B\left(\frac{3,9}{1,3}\right)\right\} =$$

$$= -1 + 1,1375\left\{B\left(\frac{t_1}{1,3}\right) - 0,0564\right\},$$

oder mit $\xi_1 = \dfrac{t_1}{t_o} = \dfrac{t_1}{1,3}:$ $1,143\,\xi_1 - 2,4935 = B\,(\xi_1),$

woraus ξ_1 durch Probieren mit Benutzung obiger Tabellenwerte leicht zu bestimmen ist.

$\xi_1 = 3$ liefert für $1,143\,\xi_1 - 2,4935 - B\,(\xi_1) = \varDelta$ den Wert $+\,0,9919$,

$\xi_1 = 2$ liefert für $\varDelta$ $-\,0,0757$,

$\xi_1 = 2,2$ liefert für $\varDelta$ $+\,0,1285$,

woraus $\xi_1 = 2,07$ und daher $t_1 = 2,07 \cdot 1,3 = \underline{2,7\ \text{m}}$; die Spiegelhebung beträgt hier noch 1,4 m.

Für die Stelle x_1 mit der Spiegelhebung 0,13 m ist $t_1 = t_0 + 0,13 = 1,43$ m,

somit $\xi_1 = \dfrac{1,43}{1,3} = 1,1$. Hiemit ergibt sich aus Gl. (6) wegen $B(1,1) = -0,681$:

$$i\,(x_2 - x_1) = (3,90 - 1,43) + 1,3 \left(1 - \frac{1}{2000 \cdot 0,004}\right)(0,681 - 0,0564) =$$

$$= 2,47 - 1,1375 \cdot 0,6246 \ \text{oder} \ \underline{x_2 - x_1 = 3,519 \ \text{km.}}$$

22. Wegen $i = 0$ lautet Gl. (3) der Aufg. **21**:

$$\frac{dt}{dx} = \frac{-q^2}{c^2\left(t^3 - \dfrac{q^2}{g}\right)} = -\frac{q^2}{c^2(t^3 - t_{gr}{}^3)},$$

wo $\quad t_{gr}{}^3 = \dfrac{q^2}{g}$.

Nach Integration folgt mit der Bedingung $t = H$ am Einlaufe $x = 0$:

$$\frac{q^2}{c^2}\,x = \frac{1}{4}\,(H^4 - t^4) - (H - t)\,t_{gr}{}^3. \tag{a}$$

Der reine Fließvorgang bleibt erhalten, solange die kleinste Wassertiefe h an der Mündung des Gerinnes $\geqq t_{gr}$ bleibt; demnach ist

$$h = \sqrt[3]{\frac{q^2}{g}} = 0,403 \ \text{m.}$$

Hiemit liefert Gl. (a) für die maximale Länge l_{max} des Gerinnes

$$l_{max} = \frac{c^2}{q^2}\left[\frac{H}{4\cdot}\,(H^3 - 4\,h^3) + \frac{3}{4}\,h^4\right];$$

mit der Annahme $c = 50\,\text{m}^{1/2}/\text{s}$ ergibt sich $l_{max} = 50,60$ m.

Die Senkungskurve ist durch Gl. (a) gegeben; aus ihr können für Werte der Tiefen t, die zwischen H und h angenommen werden, die zugehörigen x leicht berechnet werden (Abb. 195).

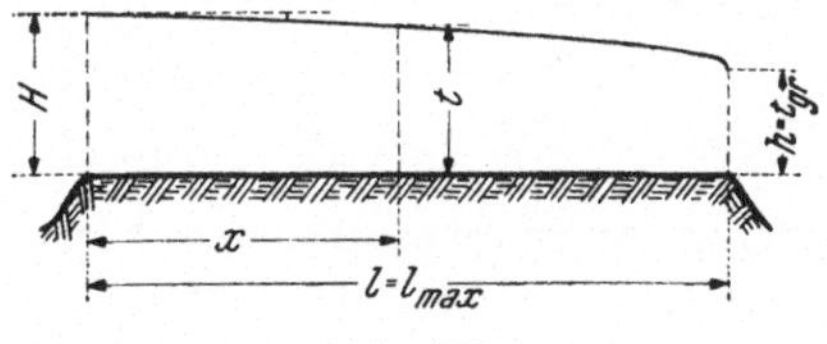

Abb. 195

Es ergibt sich z. B. für	$t =$	0,55	0,50	0,45	0,42 m
das zugehörige	$x =$	24,46	40,04	48,29	50,30 m

23. Ist t die Wassertiefe eines Querschnittes in der Entfernung x von der Absturzstelle (Abb. 196), so gilt nach Gl. (2) der Aufg. **21** und mit Benutzung der Forchheimer-Formel $v = k\,t^{0,7}\,J^{0,5}$:

$$\frac{dt}{dx} = i - \frac{v^2}{k^2\,t^{1,4}} - \frac{1}{2\,g}\,\frac{dv^2}{dx}. \tag{1}$$

Mit $q = v_0\, t_0 = v\, t$ als Durchfluß durch die Breiteneinheit geht (1) über in

$$\frac{dt}{dx}\left(1 - \frac{q^2}{g\,t^3}\right) = i - \frac{q^2}{k^2\,t^{3,4}},$$

oder wegen
$$q^2 = v_0{}^2\, t_0{}^2 = k^2\, i\, t_0{}^{3,4}$$

in
$$\frac{dt}{dx}\left(1 - \frac{q^2}{g\,t^3}\right) = i\left[1 - \left(\frac{t_0}{t}\right)^{3,4}\right].$$

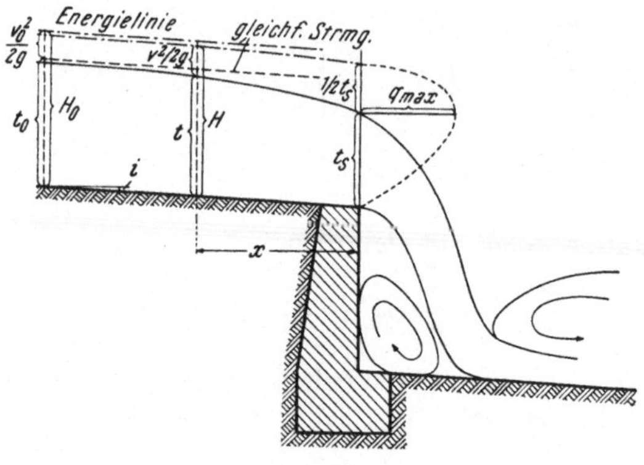

Abb. 196

Setzt man $\dfrac{t}{t_0} = \zeta\,(< 1)$ und den konstanten Wert $\dfrac{i\,k^2}{g}\,t_0{}^{0,4} = \alpha$,

so erhält man die Differentialgleichung der Absenkungskurve in der Form

$$\frac{i\,dx}{t_0\,d\zeta} = \frac{\zeta^{3,4} - \alpha\,\zeta^{0,4}}{\zeta^{3,4} - 1} = -\sum_{n=1}^{\infty}\zeta^{3,4\,n} + \alpha\sum_{1}^{\infty}\zeta^{3,4\,n\,+\,0,4}$$

mit dem Integral

$$\frac{i\,x}{t_0} = -\sum_{n=1}^{\infty}\frac{\zeta^{3,4\,n\,+\,1}}{3,4\,n + 1} + \alpha\sum_{n=1}^{\infty}\frac{\zeta^{3,4\,n\,+\,1,4}}{3,4\,n + 1,4} + C,$$

oder mit leicht erkenntlicher Abkürzung

$$\frac{i\,x}{t_0} = -\,\varPhi_1(\zeta) + \alpha\,\varPhi_2(\zeta) + C. \tag{2}$$

Sei t_s die Wassertiefe an der Absturzstelle $x = 0$ und $\zeta_s = \dfrac{t_s}{t_0}$,

so gilt nach Gl. (2)

$$0 = -\,\varPhi_1(\zeta_s) + \alpha\,\varPhi_2(\zeta_s) + C,$$

womit die Gleichung der Absenkungskurve übergeht in

$$\frac{i\,x}{t_0} = \varPhi_1(\zeta_s) - \varPhi_1(\zeta) + \alpha\{\varPhi_2(\zeta) - \varPhi_2(\zeta_s)\}. \tag{3}$$

Die Wassertiefe t_s folgt aus der Erwägung, daß die Energielinie an der Absturzstelle die möglichst tiefe Lage annehmen muß, wobei der Durchfluß seinen Größtwert erreicht. Es ist dann (vgl. Aufg. **15**, Gl. 3)

$$t_s = \sqrt[3]{\frac{q^2}{g}},$$

daher

$$\zeta_s = \frac{t_s}{t_0} = \sqrt[3]{\frac{q^2}{g\,t_0^3}} = \sqrt[3]{\frac{k^2}{g}\,i\,t_0^{0,4}} = \sqrt[3]{\alpha}.$$

Für die Funktionen Φ_1 und Φ_2 gilt nach J. K o z e n y folgende Tabelle:

$\xi = \dfrac{t}{t_0} =$	0,1	0,2	0,3	0,4	0,5	0,6
$10^4\,\Phi_1(\zeta) =$	0,09	1,9	11,5	41	114	267
$10^4\,\Phi_2(\zeta) =$	284	751	1351	2006	2787	3696
	0,7	0,8	0,9	0,95		
	574	1190	2605	4316		
	4794	6270	8521	—		

Mit den Zahlenangaben der Aufgabe ergibt sich

$$\alpha = \frac{i\,k^2}{g}\,t_0^{0,4} = \frac{4,9 \cdot 10^{-4}}{9,81} \cdot 3600 \cdot 1,6^{0,4} = 0,216,$$

somit $\zeta_s = \sqrt[3]{\alpha} = 0,6$; daher beträgt die Wassertiefe an der Absturzstelle

$$t_s = \zeta_s\,t_0 = 0,96 \text{ m}.$$

Für die Stelle x_1, wo die Wassertiefe t_0 sich um $\dfrac{t_0}{5}$ verringert hat, ist

$$t_1 = \frac{4}{5}\,t_0,\text{ somit } \zeta_1 = \frac{t_1}{t_0} = 0,8.$$

Aus obigen Zahlenreihen entnimmt man

$$\Phi_1(\zeta_s) = \frac{267}{10^4}, \quad \Phi_1(\zeta_1) = \frac{1190}{10^4},$$

$$\Phi_2(\zeta_s) = \frac{3696}{10^4}, \quad \Phi_2(\zeta_1) = \frac{6270}{10^4},$$

womit sich x_1 aus Gl. (3) ergibt zu

$$x_1 = \frac{1,6}{4,9 \cdot 10^{-4}} \cdot \frac{1}{10^4}\,[(267 - 1190) + 0,216\,(6270 - 3696)],$$

$$x_1 = -120 \text{ m (flußaufwärts)};$$

ohne Berücksichtigung des mit dem Faktor α behafteten Korrektionsgliedes würde sich ergeben

$$x_1 = -\frac{1,6}{4,9} \cdot 923 = -300 \text{ m}.$$

24. Setzt man zylindrisches Bett beliebiger Querschnittsform voraus (Abb. 197), so bilden die Querschnitte an verschiedenen Stellen des Gerinnes Teile derselben Figur und es ist für eine Stelle mit der Tiefe t und der Spiegelbreite b:

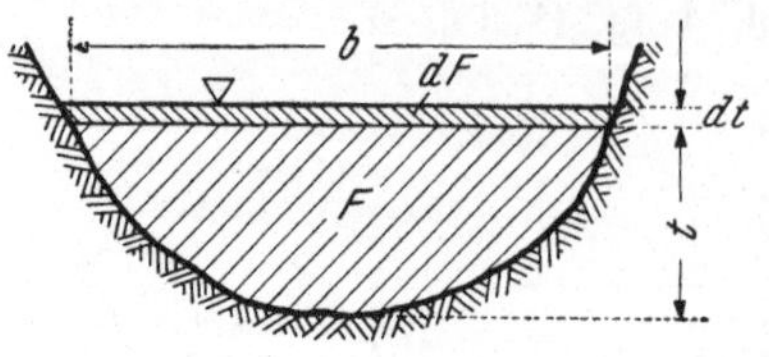

Abb. 197

$$dF = b\,dt, \text{ also } \frac{dF}{dx} = b\,\frac{dt}{dx}.$$

Mit $v^2 = v_0{}^2 \left(\dfrac{F_0}{F}\right)^2$ lautet Gl. (2) der Aufg. **21**

$$\frac{dt}{dx} = i - \frac{v_0{}^2 F_0{}^2}{c^2 \dfrac{F^3}{U}} + \frac{1}{2g}\,\frac{2\,v_0{}^2 F_0{}^2}{F^3}\,\frac{dF}{dx}$$

oder wegen $v_0{}^2 = c_0{}^2 \dfrac{F_0}{U_0}\,i$:

$$\frac{dt}{dx}\left(1 - \frac{b\,v_0{}^2 F_0{}^2}{g\,F^3}\right) = i\left(1 - \frac{c_0{}^2}{c^2}\,\frac{u}{u_0}\,\frac{F_0{}^3}{F^3}\right).$$

Setzt man hierin $\dfrac{b\,v_0{}^2 F_0{}^2}{g} = F_0{}^3\,\dfrac{b}{b'}$, wo $b' = \dfrac{g\,F_0}{v_0{}^2}$,

so ergibt sich die Differentialgleichung des Stauspiegels eines zylindrischen Gerinnes:

$$\frac{dt}{dx} = i\,\frac{F^3 - F_0{}^3\left(\dfrac{c_0}{c}\right)^2 \dfrac{U}{U_0}}{F^3 - F_0{}^3\,\dfrac{b}{b'}} = f(x).$$

Ersetzt man sie durch die Differenzengleichung

$$\frac{\Delta t}{\Delta x} = f(x), \tag{1}$$

so sind in $f(x)$ an der Staustelle (Abb. 198) die Werte $t_1 = T$, ferner F, b, U, c (letzteres entweder genähert gleich 50 oder genauer berechnet nach den Formeln c, d), sowie im ungestauten Bereich c_0, F_0, U_0, v_0, daher auch b' als gegeben anzusehen.

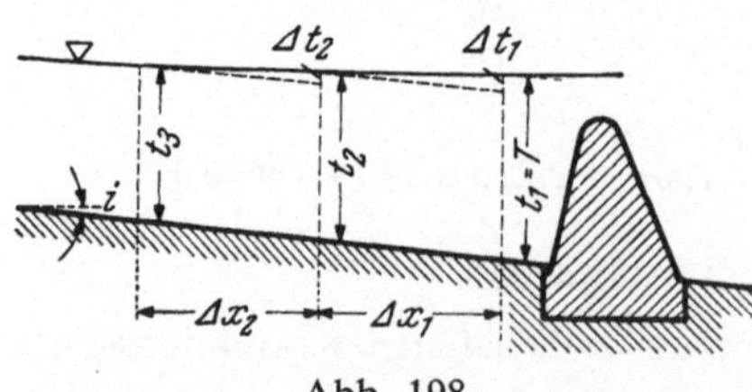

Abb. 198

Hiemit ist nach (1) der einem beliebig wählbaren $\Delta x_1\{$meist 100 m und noch mehr$\}$ entsprechende Wert Δt_1 bestimmt, womit $t_2 = t_1 - \Delta t_1$ wird.

Die Fortsetzung dieses Verfahrens liefert eine den Stauspiegel darstellende gebrochene Linie (Abb. 198).

25. Das Schiff befindet sich gewissermaßen auf einer schiefen Ebene mit der Neigung J (Gefälle des Wasserspiegels) und erfährt somit eine treibende Kraft GJ (G = Gewicht des Schiffes, gleich dem Gewichte der verdrängten Wassermasse).

Für eine gewöhnliche Wassermasse vom Gewichte G wäre die Antriebskraft auch gleich GJ; infolge der turbulenten Vermischung mit der Umgebung würde ihr aber ein sehr großer Widerstand entgegenstehen. Die feste Gestalt des Schiffes verhindert aber die Vermischung und setzt an ihre Stelle lediglich eine turbulente Reibungsschicht mit einem viel kleineren Widerstand, so daß das Schiff dem Wasser des Flusses beträchtlich vorauseilt. (L. P r a n d t l, Strömungslehre, 1949, S. 169; über die Ergebnisse einer größeren Zahl von Treibversuchen normaler Schleppkähne auf der Rheinstrecke Köln—Duisburg berichtete W. A s t h ö w e r, Diss. T. H. Berlin 1911.)

X. Schwingungen

1. In der Gleichgewichtslage ist das Gewicht G des Körpers gleich dem Auftriebe A.

Mit γ_1 als Einheitsgewicht des Körpers ist

$$G = \gamma_1 \frac{r^3 \pi}{3} \left(2 + 3\,\frac{h}{r} \right) = \frac{7}{4}\,\gamma_1\,r^3\,\pi; \quad A = \gamma\,\frac{2}{3}\,\pi\,r^3.$$

Hienach muß $\gamma_1 = \dfrac{8}{21}\,\gamma$ sein.

Die metazentrische Höhe ergibt sich zu $m = \dfrac{3}{28}\,r > 0.$

Sinkt der Körper noch um z unter die Gleichgewichtslage, so nimmt bei kleinem z die Verdrängung um $r^2\,\pi\,z$ zu, womit ein zusätzlicher Auftrieb $\gamma\,r^2\,\pi\,z$ entsteht.

Mit $-\ddot{z}$ als Beschleunigung der Aufwärtsbewegung des Körpers vom Gewichte G gilt

$$-\frac{G}{g}\,\ddot{z} = \gamma\,r^2\,\pi\,z,$$

oder wegen $G = \gamma\,\dfrac{2\,\pi\,r^3}{3}$:

$$\ddot{z} + \omega^2\,z = 0, \qquad\qquad\qquad (a)$$

wo $$\omega^2 = \frac{3\,g}{2\,r}.$$

Mit den für den Anfang geltenden Bedingungen $z = z_0$ und $\dot{z} = 0$ lautet die Lösung von (a): $z(t) = z_0 \cos \omega\,t.$

Die Schwingungsdauer beträgt $T = \dfrac{2\,\pi}{\omega} = 2\,\pi\,\sqrt{\dfrac{2\,r}{3\,g}}.$

2. Bei einer sehr kleinen Auslenkung φ des schwimmenden Körpei s (Abb. 199) entsteht das rücktreibende Moment des Auftriebes $A\,m\,\varphi$, wo $m = \overline{SM}$ die metazentrische Höhe. Da $A = G = Mg$, so lautet die Bewegungsgleichung für die Drehung des Körpers um eine horizontale Schwerachse mit dem Trägheitshalbmesser i_s:

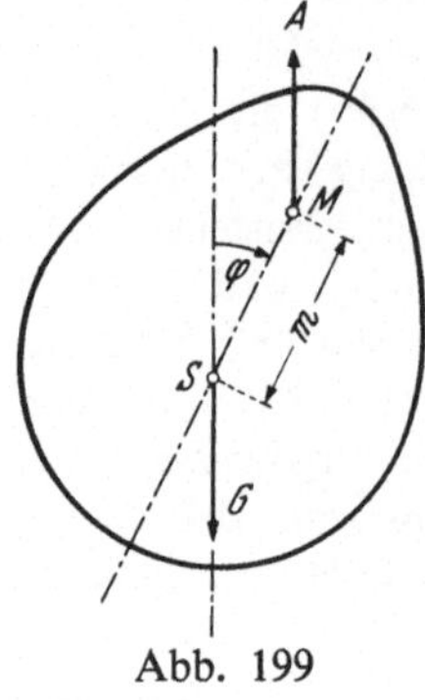

$$M\,i_s{}^2\,\ddot{\varphi} = -\,M\,g\,m\,\varphi,$$

oder

$$\ddot{\varphi} + \frac{g\,m}{i_s{}^2}\,\varphi = 0.$$

Dies ist die Differentialgleichung harmonischer Schwingungen mit der Kreisfrequenz $\omega = \sqrt{\dfrac{m\,g}{i_s{}^2}}$

Abb. 199

und der Schwingungsdauer $T = \dfrac{2\,\pi}{\omega} = \dfrac{2\,\pi\,i_s}{\sqrt{g\,m}}$.

3. Nach der vorhergehenden Aufgabe gilt für die Schwingungsdauer

$$T = 2\,\pi\,\frac{i_s}{\sqrt{g\,m}}.$$

Mit a als Basishalbmesser und h als Höhe des Kegels ist der Trägheitshalbmesser

$$i_s = \sqrt{\frac{3}{20}\left(a^2 + \frac{h^2}{4}\right)}.$$

Die metazentrische Höhe m berechnet sich zu

$$m = \frac{3}{4}\,h\left[\left(1 + \frac{a^2}{h^2}\right)\sqrt[3]{\frac{\gamma_1}{\gamma}} - 1\right],$$

worin γ_1 das Einheitsgewicht des Kegels, γ jenes der Flüssigkeit ist. Da die Tauchtiefe $t = h\sqrt[3]{\dfrac{\gamma_1}{\gamma}}$ ist, so muß $\dfrac{\gamma_1}{\gamma} < 1$ sein; außerdem verlangt die Stabilität des Schwimmens: $m > 0$, demnach

$$\left(1 + \frac{a^2}{h^2}\right)\sqrt[3]{\frac{\gamma_1}{\gamma}} > 1.$$

4. Die erweiterte B e r n o u l l i sche Gleichung für nichtstationäre Strömung lautet, angeschrieben für die Querschnitte 1 und 2 mit $p_1 = p_2 = p_0$ und ohne Rücksicht auf die nicht gleichmäßige Geschwindigkeitsverteilung in den einzelnen Querschnitten

$$\frac{v_1{}^2}{2\,g} + H + z_1 = \frac{v_2{}^2}{2\,g} + H - z_2 + \sum_1^2 h_v + \frac{1}{g}\int_1^2 \frac{\partial v_s}{\partial t}\,ds, \qquad (1)$$

wo v_s die Geschwindigkeit an einer Stelle vom Querschnitt F_s bedeutet, welcher in der längs der Behältermittellinie gemessenen Entfernung s von der Spiegelgleiche liegt.

Wegen der Gleichheit des Durchflusses in den Behältern ist $F_1 v_1 = F_2 v_2$

oder
$$F_1 \dot{z}_1 = F_2 \dot{z}_2;$$

da wegen
$$z_1 + z_2 = z$$

auch
$$\dot{z}_1 + \dot{z}_2 = \dot{z},$$

so folgt
$$\dot{z}_1 = \dot{z}\,\frac{F_2}{F_1 + F_2}\,,\quad \dot{z}_2 = \dot{z}\,\frac{F_1}{F_1 + F_2}\,,$$

womit (1) übergeht in

$$-\frac{1}{2g}\,\dot{z}^2\,\frac{F_1 - F_2}{F_1 + F_2} + z = \sum_1^2 h_v + \frac{1}{g}\int_1^2 \frac{\partial v_s}{\partial t}\,ds. \tag{2}$$

Nun ist $v_s F_s = v_1 F_1$ oder mit $v_1 = -\dot{z}_1$ (wegen Abwärtsbewegung)

$$v_s = -\frac{F_1}{F_s}\,\dot{z}_1,$$

daher
$$\frac{\partial v_s}{\partial t} = -\frac{F_1}{F_s}\,\ddot{z}_1 = -\frac{F_1 F_2}{F_s (F_1 + F_2)}\,\ddot{z}\,,$$

womit sich ergibt
$$\int_1^2 \frac{\partial v_s}{\partial t}\,ds = -\frac{F_1 F_2}{F_1 + F_2}\,\ddot{z}\int_1^2 \frac{ds}{F_s}\,.$$

Hiemit entsteht aus (2) die verlangte Differentialgleichung für den Schwingungsvorgang $z(t)$:

$$\ddot{z}\,\frac{F_1 F_2}{F_1 + F_2}\int_1^2 \frac{ds}{F_s} - \frac{1}{2}\,\dot{z}^2\,\frac{F_1 - F_2}{F_1 + F_2} + g z = g \sum_1^2 h_v. \tag{3}$$

Sie vereinfacht sich durch Fortfall des Gliedes mit $\dot{z}^2$ zu

$$\ddot{z}\,\frac{F_1 F_2}{F_1 + F_2}\int_1^2 \frac{ds}{F_s} + g z = g \sum_1^2 h_v, \tag{4}$$

wenn $F_1 = F_2$ ist oder wenn bei ungleichen und veränderlichen F_1 und F_2 die Geschwindigkeit $\dot{z}$ als sehr klein vorausgesetzt wird.

In den Gln. (3) und (4) sind F_1, F_2 als durch die Gestalt der Behälter gegebene Funktionen von z anzusehen. Bleiben die Schwingungsausschläge in engen Grenzen, so können F_1, F_2 als konstant (gleich den Mittelwerten im Bereiche der Schwingung) angenommen werden.

Für prismatische oder zylindrische Behälter sind F_1 und F_2 konstant, eine

Beschränkung auf kleine Schwingungsausschläge entfällt sodann. Setzt man für das über den wassererfüllten Raum erstreckte Integral

$$\int_{1}^{2} \frac{ds}{F_s} = \frac{L}{F},$$ (5)

gleichbedeutend mit dem Ersatz der beiden kommunizierenden Gefäße durch ein Rohr von der Länge L und dem Querschnitte F, so lautet Gl. (3)

$$\frac{F_1 F_2}{F_1 + F_2} \frac{L}{F} \ddot{z} - \frac{1}{2} \frac{F_1 - F_2}{F_1 + F_2} \dot{z}^2 + g z = g \sum_{1}^{2} h_v .$$ (6)

5. Die Gl. (3) der Aufg. **4** vereinfacht sich wegen $F_1 = F_2 = F_3 = F$ und

$$\int_{1}^{2} \frac{ds}{F_s} = \frac{l}{F} \quad \text{in} \quad z + \frac{2g}{l} z = 0,$$

oder mit $\dfrac{2g}{l} = \omega^2$ in die Differentialgleichung der einfachen harmonischen Schwingung mit der Kreisfrequenz ω

$$\ddot{z} + \omega^2 z = 0.$$

Die Schwingungsdauer T beträgt $T = \dfrac{2\pi}{\omega} = 2\pi \sqrt{\dfrac{l}{2g}}$.

In der Zeit $T/4$ wird, von irgend einer Anfangslage ausgehend, der erste Spiegelausgleich erreicht.

Bei kleinen Ausschlägen beträgt die Schwingungsdauer des Punktpendels von der Länge l^*: $\quad T = 2\pi \sqrt{\dfrac{l^*}{g}}$, somit ist $l^* = \dfrac{l}{2}$.

6. Es ist die Verlusthöhe $h_v = Jl$, wo nach Aufg. (VII **2**) mit d als Rohrdurchmesser:

$$J = \frac{32\, \nu\, v}{g\, d^2}.$$

Da $v = -\dot{z}_1 = -\dfrac{\dot{z}}{2}$, so wird $h_v = -\dfrac{16\,\nu\,l}{g\,d^2}\,\dot{z}$,

womit Gl. (3) in Aufg. **4** übergeht in

$$\ddot{z} + \frac{32\,\nu}{d^2}\,\dot{z} + \frac{2g}{l}\,z = 0,$$

oder mit den Abkürzungen $\dfrac{32\,\nu}{d^2} = 2\,\delta,\ \dfrac{2g}{l} = \omega^2$ in

$$\ddot{z} + 2\,\delta\,\dot{z} + \omega^2 z = 0.$$ (1)

Mit dem Ansatze $z = e^{\varrho t}$ ergibt sich für ϱ die charakteristische Gleichung

$$\varrho^2 + 2\,\varrho\,\delta + \omega^2 = 0$$

mit den Wurzeln $\qquad \varrho_{1,\,2} = -\,\delta \pm \sqrt{\delta^2 - \omega^2}\,;$

hienach entstehen gedämpfte Schwingungen, wenn $\omega > \delta$, somit

$$\frac{16\,\nu}{d^2} < \sqrt{\frac{2\,g}{l}}\,.$$

Mit $\sqrt{\omega^2 - \delta^2} = \gamma_1$ und den Integrationskonstanten A_1, A_2 lautet dann die Lösung von (1)

$$z\,(t) = e^{-\delta t}\,(A_1 \cos \gamma_1\,t + A_2 \sin \gamma_1\,t).$$

Mit Erfüllung der Anfangsbedingungen $z = a$ und $\dot z = 0$ für $t = 0$ ergibt sich

$$z\,(t) = a\,e^{-\delta t}\left(\cos \gamma_1\,t + \frac{\delta}{\gamma_1}\sin \gamma_1\,t\right) \tag{2}$$

und

$$\dot z\,(t) = -\,\frac{a\,\omega^2}{\gamma_1}\,e^{-\delta t}\sin \gamma_1\,t. \tag{3}$$

Die Schwingungsdauer T dieser gedämpften Schwingung mit der Abklingkonstanten δ folgt aus Gl. (2) zu

$$T = \frac{2\,\pi}{\gamma_1} = \frac{2\,\pi}{\sqrt{\omega^2 - \delta^2}}\,;$$

auch diese Schwingung ist isochron.

Da nach den Gln. (2 und 3) das Verhältnis zweier aufeinanderfolgender Schwingungsausschläge gleichen Vorzeichens gleich ist $v_1 = e^{\delta T} =$ konst., so beträgt das logarithmische Dekrement

$$\vartheta = \ln v_1 = \delta\,T = \frac{2\,\pi\,\delta}{\gamma_1}\,,$$

oder mit Einführung der Dämpfungszahl $\quad D = \dfrac{\delta}{\omega} = \dfrac{16\,\nu}{d^2}\sqrt{\dfrac{l}{2\,g}}:$

$$\vartheta = 2\,\pi\,\frac{D}{\sqrt{1 - D^2}}\,.$$

7. Nach Aufg. 4 (Gl. 3) lautet die Bewegungsgleichung für den Spiegelunterschied z mit $\dot z^2 = 0$ wegen $F_2 = f$:

$$\ddot z\,\frac{Ff}{F+f}\int_1^2 \frac{ds}{F_s} + g\,z = 0. \tag{a}$$

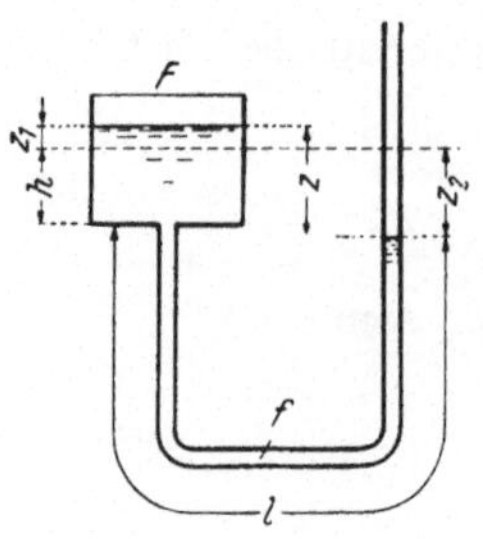

Abb. 200

Hierin ist mit den Bezeichnungen der Abb. (200)

$$\int_1^2 \frac{ds}{F_s} = \frac{h+z_1}{F} + \frac{h-z_2}{f} + \frac{l}{f}$$

oder wegen $\quad z_1 = \dfrac{f}{F+f}\,z, \quad z_2 = \dfrac{F}{F+f}\,z:$

$$\int_1^2 \frac{ds}{F_s} = \frac{F+f}{Ff}\left(h + \frac{F}{F+f}\,l\right) - \frac{F-f}{Ff}\,z = \frac{F+f}{Ff}\left(l^* - \frac{F-f}{F+f}\,z\right),$$

wo

$$l^* = h + l\,\frac{F}{F+f}.$$

Somit geht Gl. (a) über in

$$\ddot{z}\left(l^* - \frac{F-f}{F+f}\,z\right) + g\,z = 0,$$

oder mit

$$l^* - \frac{F-f}{F+f}\,z \sim l^*$$

in

$$\ddot{z} + \frac{g}{l^*}\,z = 0,$$

wonach

$$T = 2\,\pi\,\sqrt{\frac{l^*}{g}}.$$

Es bedeutet daher $l^* = h + l\,\dfrac{F}{F+f}$ die Länge des gleichwertigen mathematischen Pendels (reduzierte Pendellänge).

Mit den gegebenen Abmessungen wird $l^* = 138{,}8$ cm, womit sich für die Schwingungsdauer $T = 2{,}3''$ ergibt.

8. Die Lage h der Spiegelgleiche ergibt sich aus

$$(h - h_1)\,F_1 = (h_2 - h)\,F_2$$

zu

$$h = \frac{F_1 h_1 + F_2 h_2}{F_1 + F_2}.$$

Für das $\displaystyle\int_1^2 \frac{ds}{F_s}$ in Gl. (3) der Aufg. **4** ergibt sich, wenn z_1, z_2 die Entfernungen der Spiegel F_1, F_2 von der Spiegelgleiche und z den Spiegelunterschied zur Zeit t bedeuten,

$$\int_1^2 \frac{ds}{F_s} = \frac{h-z_1}{F_1} + \frac{l}{f} + \frac{h+z_2}{F_2}.$$

Da $F_1 z_1 = F_2 z_2$ und $z_1 + z_2 = z$,

$$\text{so wird} \qquad \int_1^2 \frac{ds}{F_s} = \left(\frac{l}{f} + \frac{F_1 + F_2}{F_1 F_2} h \right) + \frac{F_1 - F_2}{F_1 + F_2} \cdot z ;$$

hiemit lautet Gl. (3) der Aufg. **4** bei Vernachlässigung von h_v und mit den Abkürzungen

$$a = h + l \frac{F_1 F_2}{f(F_1 + F_2)} , \qquad b = \frac{F_1 - F_2}{F_1 + F_2} :$$

$$(a + b z) \ddot{z} - \frac{b}{2} \dot{z}^2 + g z = 0 . \tag{a}$$

Setzt man $\dot{z}^2 = u(z)$, so entsteht aus (a) die Differentialgleichung 1. Ordnung für u

$$(a + b z) \frac{du}{dz} - b u + 2 g z = 0,$$

mit der Lösung $u(z) = C(a + b z) - \dfrac{2 g}{b^2} (a + b z) \ln (a + b z) - \dfrac{2 g a}{b^2},$ \qquad (b)

wo die Integrationskonstante C durch die Bedingung $\dot{z} = 0$ für $t = 0$, d. h. für $z_0 = h_2 - h_1$ bestimmt ist.

Wenn sich der Spiegel F_1 bis zur größten Höhe $z_1{}^*$ über Spiegelgleiche erhebt, so entspricht diesem $z_1{}^*$ ein Spiegelunterschied

$$z^* = \frac{F_1 + F_2}{F_2} z_1{}^* .$$

Da in der höchsten Lage von F_1 die Geschwindigkeit v_1 verschwindet und da sie mit $\dot{z}$ proportional ist, so ist z^* durch die aus (b) folgende Gleichung

$$C(a + b z^*) - \frac{2 g}{b^2} (a + b z^*) \ln (a + b z^*) - \frac{2 g a}{b^2} = 0$$

bestimmt.

Für die Geschwindigkeit v_1 im linken Behälter gilt $v_1 = - \dfrac{F_2}{F_1 + F_2} \dot{z},$

somit ergibt sich für die Geschwindigkeit von F_1 bei Durchgang durch die Spiegelgleiche aus (b) mit $z = 0$

$$v_1{}^2 = \left(\frac{F_2}{F_1 + F_2} \right)^2 [\dot{z}(0)]^2,$$

oder wegen $[\dot{z}(0)]^2 = u(0):$

$$v_1{}^2 = \left(\frac{F_2}{F_1 + F_2} \right)^2 \left[C a - \frac{2 g}{b^2} a \ln a - \frac{2 g a}{b^2} \right].$$

Im Sonderfalle $F_1 = F_2$ wird $b = 0$, $a = h + \dfrac{F_1}{f} \dfrac{l}{2},$

womit sich Gl. (a) vereinfacht in $a \ddot{z} + g z = 0;$

die Schwingungsdauer T ergibt sich mit $T = 2 \pi \sqrt{\dfrac{a}{g}},$

hienach ist die Länge l^* des Punktpendels gleicher Schwingungsdauer gleich a.

9. Da $F_1 \gg F_2$, so vereinfacht sich Gl. (a) der vorherigen Aufg. **8** wegen $a = h + l\dfrac{F_2}{f}$ und $b = 1$ in:

$$\left(h + l\frac{F_2}{f} + z\right)\ddot{z} - \frac{\dot{z}^2}{2} + g\,z = 0,$$

wofür bei sehr kleinen Ausschlägen mit Unterdrückung von $z\ddot{z}$ und $\dot{z}^2$

$$\left(h + l\frac{F_2}{f}\right) z + g z = 0$$

gesetzt werden kann. Darnach beträgt die Schwingungsdauer

$$T = 2\pi \sqrt{\frac{h + l\dfrac{F_2}{f}}{g}}\;.$$

10. Mit $F_1 = F_2 = F$ wird bei einem Spiegelunterschiede z zur Zeit t:

$$\int_{1}^{2} \frac{ds}{F_s} = \frac{l}{f} + \frac{2h}{F}.$$

Die Verlusthöhe infolge laminarer Reibung im engen Verbindungsrohr beträgt mit $f = \dfrac{d^2\pi}{4}$:

$$h_v = -\frac{4\pi}{g}\,\nu\,\frac{l}{f}\,\dot{z}\;.$$

Hiemit liefert Gl. (3) der Aufg. (X 4):

$$\left(h + l\frac{F}{2f}\right)\ddot{z} + 4\pi\,\nu\,\frac{l}{f}\,\dot{z} + g z = 0,$$

oder mit $a = h + l\dfrac{F}{2f}$, $\quad 2\delta = \dfrac{4\pi\nu}{a}\dfrac{l}{f}$, $\quad \omega^2 = \dfrac{g}{a}$:

$$z + 2\delta\,\dot{z} + \omega^2 z = 0. \tag{a}$$

Eine Kriechbewegung ergibt sich, wenn die Dämpfungszahl $D = \dfrac{\delta}{\omega} > 1$ (vgl. Aufg. X **6**), demnach die Bedingung

$$\left(2\pi\,\nu\,\frac{l}{f}\right)^2 > g\left(h + l\frac{F}{2f}\right)$$

erfüllt ist.

Die Lösung der Gl. (a) lautet mit den Anfangsbedingungen $z(0) = z_0$ und $\dot{z}(0) = 0$:

$$z = z_0\,e^{-\delta t}\left(\mathrm{Cos}\,\gamma t + \frac{\delta}{\gamma}\,\mathrm{Sin}\,\gamma t\right),$$

worin $\gamma = \sqrt{\delta^2 - \omega^2}$ ist.

Im Grenzfalle $\delta = \omega$ $(\gamma = 0)$ wird demnach $z = z_0\, e^{-\delta t}$.

Da

$$\delta = \frac{2\,\pi\,v}{a}\,\frac{l}{f} = \frac{2\,\pi\,v\,\dfrac{l}{f}}{h + l\,\dfrac{F}{f}},$$

so wird, wenn $F \gg f$: $\delta \doteq \dfrac{2\,\pi\,v}{F}$, d. h. der zeitliche Verlauf dieses Vorganges mit der Abklingkonstanten δ ist dann unabhängig von der Länge der Verbindungsleitung.

11. Ist f die Fläche des Ventils, p der Flüssigkeitsdruck auf die Flächeneinheit, P die Kraft der Feder, so ist für den Schwebezustand des Ventils:

$$P = p\,f.$$

Für die Federkraft darf gesetzt werden

$$P = P_0\,(1 + k\,x),$$

worin P_0 die Federkraft für $x = 0$, also bei geschlossenem Ventil ist. Wird durch eine Störung x um z verkleinert, so wird die Flüssigkeit nicht mehr durch die Fläche $u\,x$ ausfließen, sondern durch $u\,(x - z)$; die Ausflußgeschwindigkeit, die früher c war, ist jetzt $c\,\dfrac{x}{x - z}$

und da

$$c = \sqrt{2\,g\,\frac{p}{\gamma}}$$

ist, so wird sich auch der Druck p ändern in

$$p_1 = p\left(\frac{x}{x - z}\right)^2.$$

Aber auch die Federkraft wird kleiner, und zwar um

$$P - P_1 = P_0\,(1 + k\,x) - P_0\,[1 + k\,(x - z)] = P_0\,k\,z.$$

Das Ventil erhält also eine nach aufwärts gerichtete Kraft

$$K = (p_1 - p)\,f + (P - P_1) = p\,f\left[\left(\frac{x}{x - z}\right)^2 - 1\right] + P_0\,k\,z =$$

$$= P_0\left[(1 + k\,x)\,\frac{(2\,x - z)\,z}{(x - z)^2} + k\,z\right],$$

welche es in seine Gleichgewichtslage zurücktreibt. Da z klein gegen x ist, kann es in den Ausdrücken $2\,x - z$ und $x - z$ vernachlässigt werden; dann bleibt

$$K = P_0\,z\left(\frac{2}{x} + 3\,k\right)$$

und da diese Kraft z zu verkleinern sucht, so ist die Beschleunigung der Ventilmasse m

$$\frac{d^2 z}{dt^2} = -\frac{P_0}{m}\left(\frac{2}{x} + 3\,k\right) z = -a^2 z,$$

worin a^2 eine von der Schwebelage des Ventils abhängige Konstante ist. Die Lösung dieser Differentialgleichung ist

$$z = A \sin at + B \cos at,$$

die Ventilgeschwindigkeit: $\quad v = \dfrac{dz}{dt} = A\,a \cos at - B\,a \sin at.$

Wenn für die anfängliche Störung:

$$t = 0,\ z = z_0,\ v = 0$$

gesetzt wird, so bleibt $A = 0$, $B = z_0$ und somit die Gleichung der Ventilbewegung:

$$z = z_0 \cos at.$$

12. Nach der Zeit t betrage der Spiegelunterschied $z < z_0$, so daß der Spiegel links um $\dfrac{z}{2}$ über der Spiegelgleiche und rechts um $\dfrac{z}{2}$ unter ihr liegt. Demnach

ist $\displaystyle\int_1^2 \dfrac{ds}{F_s}$ in Gl. (3) der Aufg. **4** gleich $\dfrac{h + z/2}{F} + \dfrac{h - z/2}{F} + \dfrac{l}{f}$, also gleich

$\dfrac{2}{F}\left(h + l\,\dfrac{F}{2f}\right)$ zu setzen.

Die Verlusthöhe h_v berechnet sich aus

$$h_v = \int_1^2 J\,ds \ \text{zu} \ h_v = \left(h + \frac{z}{2}\right)\frac{\lambda_1\,\dot{z}^2}{32\,g\,R_h} + \left(h - \frac{z}{2}\right)\frac{\lambda_2\,\dot{z}^2}{32\,g\,R_h} + l\,\frac{\lambda\,\dot{z}^2}{32\,g\,R_{h,l}}\,\frac{F^2}{f^2},$$

wo R_h den für beide Behälter gleichen hydraulischen Halbmesser, $R_{h,l}$ jenen für den Verbindungskanal angibt und die Werte $\lambda_1 = \lambda_2$ und λ durch die Angaben im Abschnitte VIII gegeben sind.

Es wird demnach

$$h_v = \frac{\dot{z}^2}{b},$$

wo abkürzend $\dfrac{1}{b} = \dfrac{1}{32\,g}\left(\dfrac{2\,h\,\lambda_1}{R_h} + \dfrac{l\,\lambda}{R_{h,l}}\,\dfrac{F^2}{f^2}\right)$ und b ersichtlich die Dimension einer Beschleunigung hat.

Hiemit geht Gl. (3) der Aufg. (X 4) über in

$$\ddot{z}\left(h + l\,\frac{F}{2f}\right) + g\,z = g\,h_v = \frac{g}{b}\,\dot{z}^2,$$

oder mit

$$p = \frac{g}{\pm b\left(h + l\,\dfrac{F}{2f}\right)}\ [\mathrm{m}^{-1}],$$

$$q = \frac{g}{h + l\,\dfrac{F}{2f}}\ [\mathrm{sec}^{-2}],$$

in $\qquad\qquad\qquad\qquad\qquad \ddot{z} - p\,\dot{z}^2 + q\,z = 0.$ $\qquad\qquad\qquad$ (a)

Das Vorzeichen von h_v (also jenes von p) ist immer so zu wählen, daß das Glied mit dem Faktor p in Gl. (a) eine Verzögerung bedeutet,

$$\text{also } p > 0, \quad \text{wenn } \dot{z} < 0$$

$$\text{und } p < 0, \quad \text{wenn } \dot{z} > 0.$$

Setzt man $\dot{z}^2 = u(z)$, so geht Gl. (a) über in

$$\frac{du}{dz} - 2\,p\,u + 2\,q\,z = 0.$$

Die Lösung lautet

$$u(z) = \dot{z}^2 = C\,e^{2\,p\,z} + \frac{q}{2\,p^2}\,(2\,p\,z + 1).$$

Da am Anfange beim Spiegelunterschiede z_0 die Geschwindigkeit $\dot{z}(0) = 0$, so ergibt sich für die Integrationskonstante

$$C = -\frac{q}{2\,p^2}\,(2\,p\,z_0 + 1)\,e^{-2\,p\,z_0},$$

so daß
$$\dot{z} = \pm \sqrt{\frac{q}{2\,p^2}\,[(2\,p\,z + 1) - (2\,p\,z_0 + 1)\,e^{2\,p\,(z - z_0)}]}. \tag{b}$$

Da für die darauffolgende Umkehrstelle z_1 wieder $\dot{z}$ verschwinden muß (wobei beim Gang von z_0 nach z_1 kein Vorzeichenwechsel von p eintritt), so folgt notwendig aus (b):

$$(2\,p\,z_0 + 1)\,e^{-2\,p\,z_0} = (2\,p\,z_1 + 1)\,e^{-2\,p\,z_1}$$

oder logarithmiert

$$(2\,p\,z_0 + 1) - \ln(2\,p\,z_0 + 1) = (2\,p\,z_1 + 1) - \ln(2\,p\,z_1 + 1). \tag{c}$$

(Erstmals abgeleitet von F. Prašil, Schweiz. Bauz. 52, 1908, S. 334.)

Aus Gl. (c) kann z_1 berechnet werden, es ergibt sich z_1 negativ und mit kleinerem absolutem Werte als z_0. Die Gl. (c) gilt allgemein für zwei aufeinanderfolgende größte Spiegelunterschiede z_n und z_{n+1}. Durch Integration der Gl. (b) in den Grenzen z_n und z_{n+1} ergibt sich die Dauer eines Hin- und Rückganges, doch ist eine Integration in geschlossener Form nicht möglich.

Ist hingegen die Bewegung schon so weit fortgeschritten, daß $e^{2\,p\,(z - z_n)}$ sehr klein geworden ist, dann geht Gl. (b) über in

$$\dot{z} = \pm \sqrt{\frac{q}{2\,p^2}\,(2\,p\,z + 1)}.$$

Hienach erfolgt die Verringerung eines kleinen Spiegelunterschiedes z_n auf z_{n+1} in der Zeit

$$t_{n,\,n+1} = \sqrt{\frac{2}{q}}\left[\sqrt{2\,p\,z_n + 1} - \sqrt{2\,p\,z_{n+1} + 1}\right].$$

13. Ist z der Spiegelunterschied zur Zeit t (Abb. 201), v_1 die Geschwindigkeit im Stollen, $v_2 = -\dot{z}$ jene im Wasserschlosse, dann liefert die erweiterte Bernoullische Gleichung für die instationäre Strömung, bezogen auf die beiden Spiegel mit $v_o \doteq 0$:

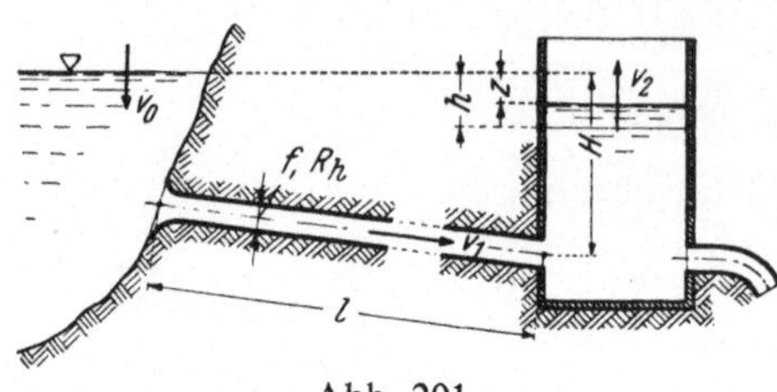

Abb. 201

$$z = \frac{v_2{}^2}{2\,g} + h_v + \frac{1}{g} \int_{s_1}^{s_2} \frac{\partial v}{\partial t}\,ds, \quad \text{(a)}$$

worin
$$h_v = \frac{\lambda\,v_1{}^2\,l}{8\,g\,R_h}\,.$$

Da
$$v_1 = \frac{F}{f}\,v_2 = -\frac{F}{f}\,\dot{z}$$

und bei prismatischem Wasserschloß ($F = \text{konst.}$)

$$\int_1^2 \frac{\partial v}{\partial t}\,ds = \int_{(l)} \frac{\partial v_1}{\partial t}\,ds + \int_{(H-z)} \frac{\partial v_2}{\partial t}\,ds = \frac{dv_1}{dt}\,l + (H-z)\,\frac{dv_2}{dt}\,,$$

wofür wegen $l \gg H-z$ einfach $-\dfrac{F}{f}\,l\,\ddot{z}$ zu setzen ist, so geht (a) über in

$$z = \frac{\dot{z}^2}{2\,g} + \frac{\lambda\,l}{8\,g\,R_h}\,\frac{F^2}{f^2}\,\dot{z}^2 - \frac{F}{f}\,l\,\ddot{z}\,,$$

oder
$$\ddot{z} - \left(\frac{f}{2\,F\,l} + \frac{\lambda\,F}{8\,R_h\,f}\right)\dot{z}^2 + \frac{f}{F}\,\frac{g}{l}\,z = 0\,.$$

Mit
$$p = \frac{f}{2\,F\,l} + \frac{\lambda\,F}{8\,R_h\,f}\,, \quad q = \frac{g}{l}\,\frac{f}{F}$$

ergibt sich schließlich als Differentialgleichung für die Wasserschloßschwingungen

$$\ddot{z} - p\,\dot{z}^2 + q\,z = 0, \qquad\qquad \text{(b)}$$

formal übereinstimmend mit Gl. (a) der Aufg. **12**.

Für die in Abb. 201 angegebene Richtung von v_2 ist λ positiv und daher $p > 0$; bei der Bewegungsumkehr ist $p < 0$ zu nehmen.

Die Lösung der Gl. (a) lautet nach Aufg. **12**:

$$\dot{z} = \pm \sqrt{C\,e^{2\,p\,z} + \frac{q}{2\,p^2}\,(2\,p\,z + 1)}\,. \qquad\qquad \text{(c)}$$

Wenn die Turbinen im Beharrungszustande die Menge Q verarbeiten, so beträgt die Geschwindigkeit im Stollen $v_1 = \dfrac{Q}{f}$, während jene im Wasserschloß $v_2 = 0$ ist.

Der Spiegelunterschied am Beginne der Spiegelbewegung ist dann gleich dem Druckabfall h. Bei plötzlicher Absperrung des Zuflusses in das Fallrohr erhält der Spiegel des Wasserschlosses die Anfangsgeschwindigkeit $v_{2,0} = \dfrac{Q}{F}$, während die Spiegelbeschleunigung $\ddot{z} = 0$ ist.

Mit diesen Anfangswerten ergibt sich aus (b):

$$p\,(\dot{z}^2)_{z=h} = q\,h$$

und aus (c) für die Integrationskonstante

$$C = -\frac{q}{2\,p^2}\,e^{-2\,p\,h},$$

womit aus (c) folgt

$$\dot{z} = \pm\sqrt{\frac{q}{2\,p^2}\,[2\,p\,z + 1 - e^{2\,p\,(z-h)}]}. \tag{d}$$

Bezeichnet h_1 den höchsten Spiegelausschlag im Wasserschlosse über den Stauseespiegel, so liefert hiefür Gl. (d), da dann $-z = h_1$ und $\dot{z} = 0$ zusammengehörige Werte sein müssen, die Beziehung von Ph. Forchheimer

$$-2\,p\,h_1 + 1 = e^{-2\,p\,(h_1 + h)},$$

aus der h_1 zu berechnen ist.

14. Es bezeichne $s_1\,(t)$ den Abstand des Kolbens zur Zeit t von jener Nullage, in der die Feder spannungslos ist. Dann hat sich der Spiegel F_2 um $s_2 = \alpha\,s_1$ über h_0 erhoben, wobei $\alpha = F_1\big/F_2$.

Ist p_1 der vom Kolben auf die Flüssigkeit ausgeübte Druck, p_0 der atmosphärische Druck auf die Außenfläche des Kolbens und auf den Spiegel F_2, so lautet die Bewegungsgleichung des Kolbens von der Masse m:

$$m\,\ddot{s}_1 = F_1\,(p_0 - p_1) - c\,s_1$$

oder

$$m\,\ddot{s}_1 + F_1\,(p_1 - p_0) + c\,s_1 = 0. \tag{1}$$

Die Druckdifferenz $p_1 - p_0$ läßt sich nach der verallgemeinerten Bernoullischen Gleichung für instationäre Strömung angeben:

$$\frac{p_1}{\gamma} + \frac{v_1^2}{2\,g} = \frac{p_2}{\gamma} + \frac{v_2^2}{2\,g} + (h_0 + \alpha\,s_1) + \frac{1}{g}\int_1^2 \frac{\partial v_s}{\partial t}\,ds.$$

Da $p_2 = p_0$, so ergibt sich hieraus

$$p_1 - p_0 = \frac{\varrho}{2}\,(v_2^2 - v_1^2) + \gamma\,(h_0 + \alpha\,s_1) + \varrho\int_1^2 \frac{\partial v_s}{\partial t}\,ds.$$

Beachtet man, daß $v_2 = \alpha\,v_1 = \alpha\,\dot{s}_1$ und $\displaystyle\int_1^2 \frac{\partial v_s}{\partial t}\,ds = \frac{dv_1}{dt}\int_1^2 \frac{F_1}{F_s}\,ds = L\,\ddot{s}_1,$

wo
$$L = F_1 \int_1^2 \frac{ds}{F_s},\qquad\qquad (2)$$

so entsteht $\quad p_1 - p_0 = \dfrac{\varrho}{2}\,(\alpha^2 - 1)\,\dot{s}_1^2 + \gamma\,(h_0 + \alpha\,s_1) + \varrho\,L\,\ddot{s}_1,$

womit (1) übergeht in die Differentialgleichung des Schwingungssystems

$$(m + \varrho\,F_1\,L)\,\ddot{s}_1 + \frac{\varrho}{2}\,F_1\,(\alpha^2 - 1)\,\dot{s}_1^2 + (c + \gamma\,F_1\,\alpha)\,s_1 + \gamma\,F_1\,h_0 = 0. \qquad (3)$$

Bezeichnet l_0 die Länge des Rohrstranges, gemessen von der Nullage bis zur Spiegelhöhe h_0, so ergibt sich nach Gl. (2)

$$L = F_1 \left(\int_0^{l_0} \frac{ds}{F_s} + \frac{s_2}{F_2} - \frac{s_1}{F_1} \right),$$

wobei vorausgesetzt ist, daß bei der Bewegung der Enden der Flüssigkeitssäule nur konstante Rohrabschnitte bestrichen werden.

Mit
$$L_0 = F_1 \int_0^{l_0} \frac{ds}{F_s} = \text{konst.}$$

wird $\quad\quad L = L_0 + \alpha\,s_2 - s_1 = L_0 + (\alpha^2 - 1)\,s_1\,;$
hiemit lautet Gl. (3):

$$[m + \varrho\,F_1\,L_0 + \varrho\,F_1\,(\alpha^2 - 1)\,s_1]\,\ddot{s}_1 + \frac{\varrho}{2}\,F_1\,(\alpha^2 - 1)\,\dot{s}_1^2 + (c + \gamma\,F_1\,\alpha)\,s_1 +$$
$$+ \gamma\,F_1\,h_0 = 0.$$

Mit der neuen Veränderlichen
$$\xi = s_1 + \gamma\,\frac{F_1\,h_0}{c_1}$$

und mit den Abkürzungen
$$c_1 = c + \gamma\,F_1\,\alpha, \qquad 2\,a = \varrho\,F_1\,(\alpha^2 - 1),$$
$$m_1 = m + \varrho\,F_1\,L_0 - 2\,a\,\gamma\,\frac{F_1\,h_0}{c_1}$$

entsteht $\quad\quad (m_1 + 2\,a\,\xi)\,\ddot{\xi} + a\,\dot{\xi}^2 + c_1\,\xi = 0.\qquad\qquad (4)$

Die Multiplikation dieser nicht linearen Differentialgleichung mit $\dot{\xi}$ liefert
$$\frac{d}{dt} \left(\frac{m_1}{2}\,\dot{\xi}^2 + a\,\xi\,\dot{\xi}^2 + \frac{c_1}{2}\,\xi^2 \right) = 0,$$

daher ergibt eine erste Integration
$$\frac{m_1}{2}\,\dot{\xi}^2 + a\,\xi\,\dot{\xi}^2 + \frac{c_1}{2}\,\xi^2 = A,\qquad\qquad (5)$$

worin die Integrationskonstante A durch die Anfangsbedingung $t = 0$, $\xi = \xi_0$, $\dot{\xi}(0) = 0$ mit $A = \dfrac{1}{2}\,c_1\,\xi_0^2$ bestimmt ist.

Hiemit wird aus (5)

$$|\dot\xi| = \sqrt{c_1}\,\sqrt{\frac{\xi_0{}^2 - \xi^2}{m_1 + 2\,a\,\xi}} \qquad (6)$$

und daher die Beschleunigung

$$\ddot\xi = -\,c_1\,\frac{a\,\xi_0{}^2 + m_1\,\xi + a\,\xi^2}{(m_1 + 2\,a\,\xi)^2}. \qquad (7)$$

Aus Gl. (6) ist zu ersehen, daß die Maximalausschläge auf beiden Seiten der Gleichgewichtslage gleich sind, nämlich $\xi_{max} = \pm\,\xi_0$, daß aber im Gegensatze zu den einfachharmonischen Schwingungen die absoluten Werte der Geschwindigkeit für zwei zur Gleichgewichtslage symmetrische Stellen wegen des in ξ linearen Gliedes im Nenner von Gl. (6) nicht gleich sind. Für den Ort ξ^* der Maximalwerte von $\dot\xi$ ergibt sich aus $\ddot\xi = 0$ die Bedingung

$$\xi^{*2} + \frac{m_1}{a}\,\xi^* + \xi_0{}^2 = 0,$$

wonach

$$\xi^* = -\,\frac{m_1}{2\,a} \pm \sqrt{\left(\frac{m_1}{2\,a}\right)^2 - \xi_0{}^2}. \qquad (8)$$

Hierin gilt das positive Zeichen vor der Wurzel für den Fall $a > 0$, das negative für $a < 0$. Mit (8) ergibt sich aus Gl. (6)

$$(\dot\xi)^2{}_{max} = \frac{c_1}{a}\left[\frac{m_1}{2\,a} \mp \sqrt{\left(\frac{m_1}{2\,a}\right)^2 - \xi_0{}^2}\,\right].$$

Auch die Beschleunigung $\ddot\xi$ ist nach Gl. (7) nicht mehr symmetrisch zur Gleichgewichtslage und für $\xi = 0$ nicht gleich Null, sondern

$$\ddot\xi\,(0) = -\,c_1\,\frac{a\,\xi_0{}^2}{m_1{}^2}.$$

Schwingungsdauer. Da nach Gl. (6)

$$dt = \frac{1}{\sqrt{c_1}}\,\sqrt{\frac{m_1 + 2\,a\,\xi}{\xi_0{}^2 - \xi^2}}\,d\xi,$$

so ergibt die Integration

$$t - t_0 = \frac{1}{\sqrt{c_1}}\int_{\xi_0}^{\xi}\sqrt{\frac{m_1 + 2\,a\,\xi}{\xi_0{}^2 - \xi^2}}\,d\xi.$$

Setzt man $\xi = \xi_0\cos\varphi$, so entsteht

$$t - t_0 = \sqrt{\frac{2\,a\,\xi_0}{c_1}}\int_{\varphi}^{\varphi_0}\sqrt{\frac{m_1}{2\,a\,\xi_0} + \cos\varphi}\,d\varphi;$$

mit

$$\varphi = 2\,\psi,\quad 0 < k^2 = \frac{4\,a\,\xi_0}{m_1 + 2\,a\,\xi_0} < 1,\quad a > 0$$

wird schließlich

$$t - t_0 = 2 \left| \sqrt{\frac{m_1 + 2 a \, \xi_0}{c_1}} \int_{\psi}^{\psi_0} \sqrt{1 - k^2 \sin^2 \psi} \; d\psi \, .$$

Die Dauer der Schwingung aus der Lage $\xi = 0$ bis ξ_0 und wieder zurück nach $\xi = 0$ ergibt sich hieraus, da sie in den Grenzlagen

$$\varphi_0 = \frac{\pi}{2} \text{ bis } \pi \left(\psi_0 = \frac{\pi}{4} \text{ bis } \frac{\pi}{2} \right) \text{ erfolgt,}$$

zu

$$t_1 = 4 \left| \sqrt{\frac{m_1 + 2 a \, \xi_0}{c_1}} \; E\left(k, \frac{\pi}{4} \right),$$

wo $E\left(k, \dfrac{\pi}{4} \right)$ das elliptische Integral zweiter Art bedeutet.

Für die darauffolgende Halbschwingung von $\xi = 0$ nach $-\xi_0$ und zurück nach $\xi = 0$ ergibt sich analog

$$t_2 = 4 \left| \sqrt{\frac{m_1 + 2 a \, \xi_0}{c_1}} \left[E\left(k, \frac{\pi}{2} \right) - E\left(k, \frac{\pi}{4} \right) \right].$$

Demnach beträgt die Dauer einer vollen Schwingung

$$T^* = t_1 + t_2 = 4 \left| \sqrt{\frac{m_1 + 2 a \, \xi_0}{c_1}} \; E\left(k, \frac{\pi}{2} \right),$$

wo $E\left(k, \dfrac{\pi}{2} \right)$ das vollständige elliptische Integral zweiter Art angibt.

Besitzt der Rohrstrang durchwegs konstanten Querschnitt und hat die Flüssigkeitssäule die Länge L_0, so ist die Schwingungsdauer unabhängig von der Größe der Amplitude; denn es ist dann $\alpha = 1$, also $a = 0$, womit sich Gl. (4) vereinfacht in jene der einfachharmonischen Schwingung

$$m_1 \, \ddot{\xi} + c_1 \, \xi = 0$$

mit der Schwingungsdauer

$$T = 2 \pi \left| \sqrt{\frac{m_1}{c_1}} = 2 \pi \left| \sqrt{\frac{m + \varrho \, F_1 \, L_0}{c + \gamma \, F_1}} \, .$$

Es läßt sich zeigen, daß prinzipiell stets $T^* < T$ ist.

(Hsien-Chi Liu, Ing. Arch. Bd. 20, 1952, S. 302.)

XI. Anwendungen des Impuls- und Energiesatzes

1. Bezeichnet v die Geschwindigkeit bei einem Wandabstand y (Abb. 202),

so gilt mit

$$\frac{y}{R} = \eta$$

angenähert die Beziehung

$$v = v_1 \, \eta^{1/7}. \tag{a}$$

Die mittlere Geschwindigkeit c ist aus der Bedingung

$$R^2 \pi c = 2 \pi \int_0^R v\, r\, dr \qquad \text{(b)}$$

zu berechnen, worin $r = R - y$ und $dr = -dy$.

Wegen Gl. (a) geht (b) über in

$$c = 2 v_1 \int_0^1 (1 - \eta)\, \eta^{1/7}\, d\eta,$$

woraus

$$c = \frac{98}{120} v_1$$

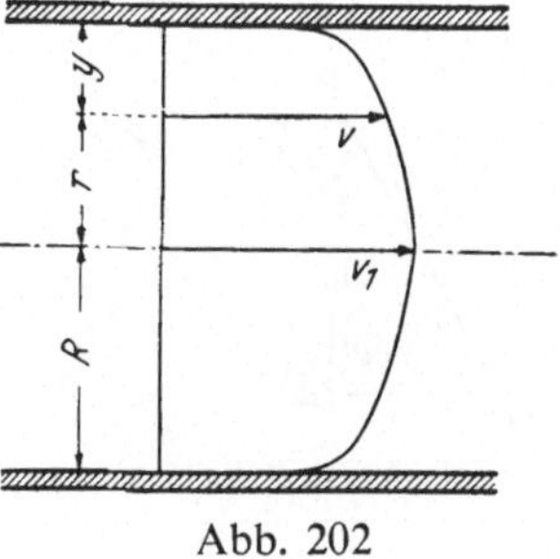

Abb. 202

oder

$$v_1 = 1{,}225\, c. \qquad \text{(c)}$$

Der durch den Rohrquerschnitt strömende Impuls J beträgt je Sekunde

$$J = \int_0^R dm\, v, \quad \text{wo} \quad dm = \varrho\, 2 \pi r v\, dr.$$

Hiemit wird

$$J = 2 \pi \varrho \int_0^R v^2 r\, dr = 2 \pi \varrho\, R^2 v_1^2 \int_0^1 (1 - \eta)\, \eta^{2/7} d\eta = \frac{98}{144} \varrho\, R^2 \pi v_1^2,$$

oder wegen (c):

$$J = \frac{100}{98} \varrho\, R^2 \pi c^2.$$

Da der sekundliche Durchfluß $Q = R^2 \pi c$, so ergibt sich schließlich

$$J = 1{,}02\, \varrho\, Q\, c, \qquad \text{(d)}$$

wo $\varrho\, Q\, c$ den Impuls bei gleichförmiger Verteilung der Geschwindigkeiten angibt.

Die kinetische Energie beträgt

$$T = \frac{1}{2} \int_0^R dm\, v^2 = \varrho\, \pi \int_0^R v^3 r\, dr.$$

Hieraus wird mit (a):

$$T = \varrho\, \pi\, R^2 v_1^3 \int_0^1 (1 - \eta)\, \eta^{3/7} d\eta = \frac{49}{170} \varrho \pi\, R^2 v_1^3,$$

oder wegen (c):

$$T = 0{,}53\, \varrho\, Q\, c^2.$$

Da bei gleichförmiger Strömung $T_c = \frac{1}{2} \varrho\, Q\, c^2,$

so ergibt sich $T = 1{,}06\, T_c$, also ein Energieunterschied von $6\,\%$ infolge der ungleichförmigen Geschwindigkeitsverteilung.

2. Sind H, V die horizontale und vertikale Komponente der Gesamtwirkung $\Re$ (Abb. 203), so ist

$$H = \varrho\, Q\, (v_e - v_a \cos 60^0),$$

$$V = \varrho\, Q\, v_a \sin 60^0.$$

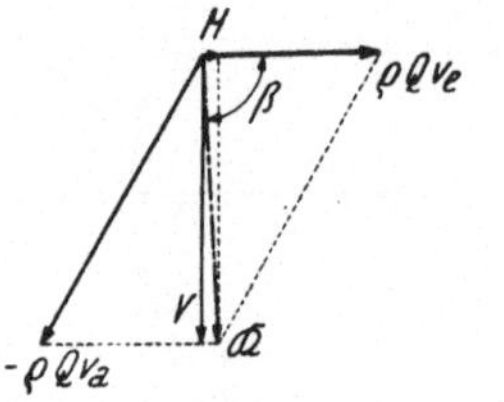

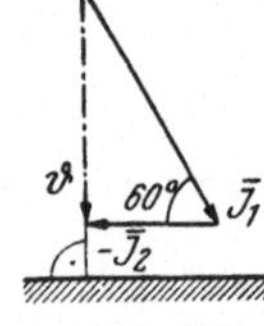

Abb. 203

Da $Q = F_e\, v_e = F_a\, v_a$, so ergibt sich

$$H = \varrho\, \frac{Q^2}{F_e}\, \frac{1}{9},$$

$$V = \varrho\, \frac{Q^2}{F_e}\, \frac{8}{9}\, \sqrt{3},$$

somit $|\Re| = \sqrt{H^2 + V^2} = \varrho\, \frac{Q^2}{F_e}\, \frac{\sqrt{193}}{9} = 32{,}06\ \text{kp}$

und $\operatorname{tg}\beta = \dfrac{H}{V}\, 8\,\sqrt{3}$, wonach $\beta = 85^0\, 52'\, 20''$.

3. Die Gesamtwirkung auf die Rohrwand besteht in einer zu den Rohrschenkeln parallelen Kraft

$$K = \varrho\, Q\, (v_e + v_a) = \varrho\, Q\, v_e \left(1 + \frac{F_e}{F_a}\right) = 12{,}2\ \text{kp};$$

ihre Wirkungslinie hat von v_e den Abstand $e\,\dfrac{5}{6} = 25$ cm.

4. Der Impuls der am Boden auftreffenden Menge q_0 ist $J_1 = \varrho\, q_0 v_0$, jener der mit ungeänderter Geschwindigkeit abströmenden Menge: $J_2 = \varrho\, (q_2 - q_1)\, v_0$;

da $\overline{J_1} - \overline{J_2}$ (Abb. 204) gleich dem zum Boden normalen Strahldrucke sein muß, so ist $J_2 = \dfrac{J_1}{2}$, woraus folgt $q_2 - q_1 = \dfrac{q_0}{2}$.

Im Vereine mit $q_2 + q_1 = q_0$ ergibt sich $\dfrac{q_2}{q_1} = 3$.

Abb. 204

5. Kommt das Wasser mit der Geschwindigkeit v zur Platte, so ist der Strahldruck

$$P = \varrho\, Q\, v.$$

Mit $P = G$ und $v^2 = v_0^2 - 2\, g\, x$

folgt $x = \dfrac{v_0^2}{2\, g} \left[1 - \left(\dfrac{G}{\varrho\, Q\, v_0}\right)^2\right]$.

Da $\dfrac{v_0^2}{2\, g} = 1{,}835$ m, $\varrho\, Q\, v_0 = \varrho\, \dfrac{\pi\, d^2}{4}\, v_0^2 = 7{,}205$ kp,

so wird $x = 0{,}307$ m.

6. Wenn die Platte um den Winkel α ausschlägt, so wirkt normal zu ihr die Kraft $N = \varrho\, Q\, v \cos \alpha$; das Momentengleichgewicht um 0 liefert

$$N \frac{e}{\cos \alpha} = G \frac{a}{2} \sin \alpha\,,$$

somit $\sin \alpha = 2\,\varrho\, \dfrac{Q\,v}{G}\, \dfrac{e}{a} = 0{,}3755$, woraus $\alpha = 22^0\, 3'\, 11''$.

Da dann $\cos \alpha = 0{,}927$, so wird $N = 9{,}64$ kp.

Wird der Gelenkdruck D zerlegt in D_h und D_v, so ist

$$D_h = N \cos \alpha = 8{,}93 \text{ kp},$$

$$D_v = G - N \sin \alpha = 41{,}83 \text{ kp},$$

daher $\quad D = \sqrt{D_h{}^2 + D_v{}^2} = 42{,}335$ kp.

Aus $\operatorname{tg} \beta = \dfrac{D_v}{D_h} = 4{,}633$ folgt $\beta = 77^0\, 49'\, 12''$.

7. Die Kontinuitätsgleichung liefert $c_m = \dfrac{3}{4}\, c_1$.

Da die sekundliche kinetische Energie

$$T_A = \frac{\varrho}{2}\left[\left(\frac{F}{2}\, c_1\right) c_1{}^2 + \left(\frac{F}{2}\, \frac{c_1}{2}\right) \frac{c_1{}^2}{4}\right] = \frac{9}{32}\, \varrho\, F\, c_1{}^3\,,$$

$$T_B = \frac{\varrho}{2}\, (F\, c_m)\, c_m{}^2 = \frac{27}{128}\, \varrho\, F\, c_1{}^3\,,$$

so ist $T_B = \dfrac{3}{4}\, T_A$ und $T_A - T_B = \dfrac{1}{4}\, T_A = \dfrac{9}{128}\, \varrho\, F\, c_1{}^3$.

Ein Teil dieses Energieverlustes geht bei der Vermischung in Wärme über, während sich der Rest in potentielle Energie umsetzt, somit einen Druckanstieg bewirkt. Letzterer ergibt sich aus dem Impulssatz für die durch die Querschnitte A, B begrenzte Kontrollfläche; mit Vernachlässigung der Wandschubspannungen ist

$$J_A - J_B + (p_A - p_B)\, F = 0,$$

oder

$$p_B - p_A = \frac{1}{F}\, (J_A - J_B) = \frac{\varrho}{F}\left[\left(\frac{F}{2}\, c_1{}^2 + \frac{F}{2}\, \frac{c_1}{2} \cdot \frac{c_1}{2}\right) - F\, c_m{}^2\right] = \frac{\varrho\, c_1{}^2}{16}\,.$$

Die dieser Drucksteigerung entsprechende potentielle Energie beträgt

$$(p_B - p_A)\, Q,$$

wofür sich mit $Q = \dfrac{3}{4}\, F\, c_1$ ergibt: $\dfrac{3}{64}\, \varrho\, F\, c_1{}^3$.

Demnach geht ein Energiebetrag $\varrho\, F\, c_1{}^3 \left(\dfrac{9}{128} - \dfrac{3}{64}\right) = \dfrac{3}{128}\, \varrho\, F\, c_1{}^3$ in Wärme über.

8. Infolge der Richtungsänderung des sekundlichen Impulses $\varrho\,Q\,v$ des oberen Rohrstranges um den Winkel α (Abb. 205), entsteht die vom Verankerungsklotz aufzunehmende Kraft

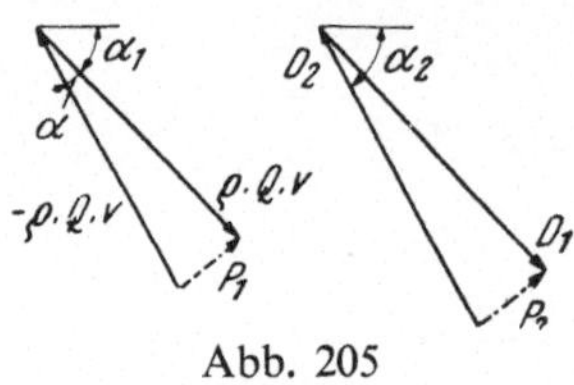

Abb. 205

$$P_1 = 2\,\varrho\,Q\,v\sin\frac{\alpha}{2} = \frac{8\,\gamma\,Q^2}{\pi\,g\,d^2}\sin\frac{\alpha}{2} = 847\ \text{kp},$$

die in der Symmetralen des Knickwinkels wirkt.

Hiezu tritt noch die resultierende Wirkung der Drücke auf die unter dem Winkel α gegeneinander geneigten Durchflußquerschnitte.

Bei der im Vergleiche zum Rohrdurchmesser großen Druckhöhe h genügt es, den Druckmittelpunkt der Druckkraft im Schwerpunkt des Rohrquerschnittes anzunehmen, so daß die beiden Kräfte $D_1 = D_2 = \gamma\,\dfrac{\pi\,d^2}{4}\,h$ in den Rohrachsen wirken; sie liefern die Mittelkraft

$$P_2 = \gamma\,\frac{\pi\,d^2}{4}\,h\sin\frac{\alpha}{2} = 12{,}300\ \text{kp},$$

deren Wirkungslinie und Richtungssinn mit P_1 übereinstimmt.

Somit $P = P_1 + P_2 = 13{,}147\ \text{kp}.$

9. Die zwischen den Kontrollflächen 1 und 2 (Abb. 206) durchströmende Flüssigkeitsmasse $\varrho\,Q$ erfährt die sekundliche Impulsänderung $P = \varrho\,Q\,(v_1 - v_2)$. Unter der Voraussetzung, daß im Querschnitt 1 überall derselbe Druck p_1 und im Querschnitt 2 der Druck p_2 herrsche, ist $P = (p_2 - p_1)\,F_2$, so daß sich mit $Q = F_1\,v_1 = F_2\,v_2$ ein Druckanstieg

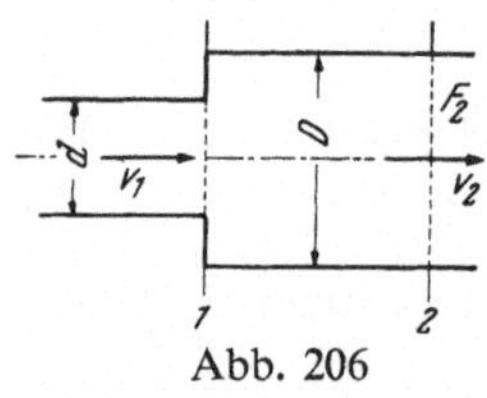

Abb. 206

$$\Delta p = p_2 - p_1 = \varrho\,(v_1 - v_2)\,v_2 \qquad\qquad \text{(a)}$$

ergibt.

Aus $\quad \dfrac{d\,(\Delta p)}{d\,v_2} = 0\,$ folgt $\,v_2 = \dfrac{v_1}{2}$,

sonach wegen $\,d^2\,v_1 = D^2\,v_2:\ \dfrac{D}{d} = \sqrt{2}.$

In Flüssigkeitshöhe gemessen beträgt die Druckzunahme nach (a) mit $v_2 = \dfrac{v_1}{2}$:

$$\frac{\Delta p}{\gamma} = \frac{1}{2}\left(\frac{v_1^{\,2}}{2\,g}\right). \qquad\qquad \text{(b)}$$

Bei **verlustfreier** Strömung liefert die **Bernoulli**sche Gleichung einen Druckanstieg

$$(\Delta p)_0 = \frac{\varrho}{2}\,(v_1^{\,2} - v_2^{\,2})$$

oder

$$\frac{(\Delta p)_0}{\gamma} = \frac{3}{4}\left(\frac{v_1^{\,2}}{2\,g}\right).$$

Der Vergleich mit (a) zeigt eine Verlusthöhe $h_v = \left(\dfrac{3}{4} - \dfrac{1}{2}\right) \dfrac{v_1{}^2}{2g} = \dfrac{1}{4}\left(\dfrac{v_1{}^2}{2g}\right)$,

die der Wirbelbildung im Übergangsraum zuzuschreiben ist. Vgl. Abschnitt VIII,

S. 117.   Mischverlust $h_v = \dfrac{(v_1 - v_2)^2}{2g}$, oder mit $v_2 = \dfrac{v_1}{2} : h_v = \dfrac{1}{4}\left(\dfrac{v_1{}^2}{2g}\right)$.

10. Mit Druck sei hier ebenso, wie in einigen folgenden Aufgaben, der um den hydrostatischen Anteil verminderte statische Druck in der Flüssigkeit bezeichnet. Bezeichnet p_1 den Druck vor dem Gitter, $p_1 - p_2$ die Druckabsenkung im Gitter, dann gilt für die in das Rohr eintretenden Stromlinien bis zum Gitter

$$\frac{p_0}{\gamma} + \frac{c_0{}^2}{2g} = \frac{p_1}{\gamma} + \frac{c^2}{2g}$$

und

$$\frac{p_1 - p_2}{\gamma} = \zeta\,\frac{c^2}{2g}.$$

Da sich hinter dem Gitter der Rohrquerschnitt nicht ändert und die Stromlinien parallel austreten, muß p_2 mit dem Druck p_0 der Umgebung übereinstimmen. Mit $p_2 = p_0$ ergibt sich dann aus vorstehenden Gleichungen

$$c = \frac{c_0}{\sqrt{1 + \zeta}}.\tag{a}$$

Die von der stationären Strömung auf das Rohr und Gitter ausgeübte Kraft ergibt sich aus dem Impulssatz, indem die Änderung des Impulses der Wassermasse bestimmt wird, die sich innerhalb eines das Rohr umgebenden zylindrischen Kontrollraumes vom großen Querschnitt F_0 befindet.

Der Eintrittsimpuls beträgt $J_1 = (\varrho\,F_0\,c_0)\cdot c_0$.

Der Austrittsimpuls setzt sich zusammen aus dem Impuls der mit c_0 strömenden Masse $\varrho\,(F_0\,c_0 - F\,c)$ und dem Impuls der aus dem Rohr mit c strömenden Masse $\varrho\,F\,c$; somit ist

$$J_2 = \varrho\,[(F_0\,c_0 - F\,c)\,c_0 + (F\,c)\,c].$$

Für die Impulsänderung ergibt sich daher

$$J_1 - J_2 = \varrho\,F\,c\,(c_0 - c),$$

oder wegen (a):

$$J_1 - J_2 = \varrho\,F\,c_0{}^2\,\frac{\sqrt{1 + \zeta} - 1}{1 + \zeta}.$$

Ist W der vom Rohr $+$ Gitter verursachte Widerstand, so folgt

$$W = J_1 - J_2.$$

Da die auf das Gitter wirkende Kraft

$$P = F\,(p_1 - p_0) = \frac{\varrho\,F\,(c_0{}^2 - c^2)}{2} = \frac{\varrho\,F}{2}\,\frac{\zeta}{1 + \zeta}\,c_0{}^2,$$

so wird

$$\frac{P}{W} = \frac{\zeta}{2\,(\sqrt{1 + \zeta} - 1)} = \alpha > 1$$

und $P - W = P\,(\alpha - 1)$. Diese Kraft wirkt als Sogkraft auf die zylindrische Verkleidung entgegen der Strömung (Nasenschub).

11. Für eine Kontrollfläche (Abb. 207 punktiert eingetragen), die von zwei um die Schaufelteilung $\dfrac{b}{5}$ versetzten Stromflächen und von zwei zur Gitter-

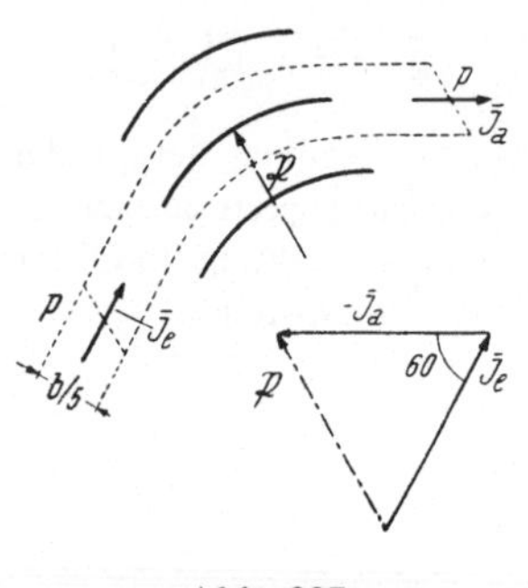

achse parallelen und von dieser weit entfernten Rechteckflächen begrenzt ist, findet durch die Stromflächen kein Impulsaustausch statt. Die Drücke auf die Kontrollflächen liefern bei der getroffenen Wahl ihrer Lage keine Mittelkraft.

Da der Eintrittsimpuls

$$|J_e| = \varrho\,\frac{b\,h}{5}\,c_0{}^2 = |J_a|,$$

so liefert der Impulssatz für die auf eine Schaufel wirkende Kraft $\mathfrak{P} = \overline{J_e} - \overline{J_a}$ und es bilden $\mathfrak{P}$, $\overline{J_e}$ und $\overline{J_a}$ ein gleichseitiges Dreieck (Abb. 207). Die Kraft $\mathfrak{P}$ wirkt in der Achse des Schaufelgitters

Abb. 207

mit dem Betrage $|\mathfrak{P}| = \varrho\,\dfrac{b\,h}{5}\,c_0{}^2$.

12. Den in Abb. 208 eingetragenen Geschwindigkeitsdreiecken entnimmt man

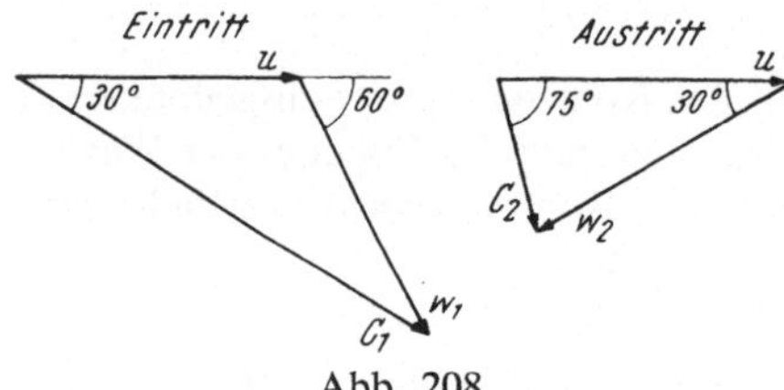

Abb. 208

c_1 = absolute Eintrittsgeschwindigkeit = $2\,u\cos 30^0$ = 17,32 m/s,

w_1 = relative Eintrittsgeschwindigkeit = u = 10 m/s,

c_2 = absolute Austrittsgeschwindigkeit = $2\,u\cos 75^0$ = 5,177 m/s.

Für die sekundliche Impulsänderung in Richtung u ergibt sich

$$P = \varrho\,Q\,(c_1\cos 30^0 - c_2\cos 75^0) = 41{,}77\ \text{kp},$$

somit Leistung

$$L = \frac{Pu}{75} = 5{,}57\ \text{PS}.$$

Ohne vorherige Berechnung von P ergibt sich die Leistung auch in folgender Art:

Die Änderung der kinetischen Energie der mit c_1 eintretenden und mit c_2 austretenden kinetischen Energie der sekundlichen Masse $\varrho\,Q$ beträgt

$$\varrho\,Q\,\frac{c_1{}^2 - c_2{}^2}{2} = 417{,}9\ \text{kp m/s};$$

sie ist gleich der Leistung der Kraft P; daher $L = \dfrac{417{,}9}{75} = 5{,}57\ \text{PS}.$

13. Der absolute Impuls beim Eintritte beträgt $\varrho\,Q\,\bar c_1$, jener beim Austritte $\varrho\,Q\,\bar c_2$, somit ist die sekundliche Änderung ihres Momentes um O (des Dralles) gleich $\varrho\,Q\,(c_1\,d_1 - c_2\,d_2)$; diese muß nach dem Drallsatze gleich sein dem Momente M der eingeprägten Kräfte.

Hiernach ergibt sich wegen $d_1 = r_1 \cos \alpha_1$, $d_2 = r_2 \cos \alpha_2$:

$$M = \varrho\, Q\, (c_1\, r_1 \cos \alpha_1 - c_2\, r_2 \cos \alpha_2) \quad \text{(Eulersche Turbinengleichung)}.$$

Mit den Zahlenwerten der Aufgabe wird $M = 85{,}96$ kpm.

Für die Winkelgeschwindigkeit ω der Drehung gilt $\omega = \dfrac{n\,\pi}{30} = 8\,\pi\ \mathrm{sec}^{-1}$,

somit ist die Leistung $L = M\omega = 2160\,\dfrac{\mathrm{kp\,m}}{\mathrm{s}} = 28{,}8$ PS.

14. Ist v die Wassergeschwindigkeit in den Ausflußröhrchen, also $Q = Fv$ die sekundliche Ausflußmenge, dann beträgt die absolute Geschwindigkeit c des Wassers nach dem Verlassen der Röhrchen:

$$c = v - a\,\omega. \tag{1}$$

Da das Moment der Reaktionskraft $\varrho\, Q\, c$ gleich ist $\varrho\, Q\, c \cdot a$, so gilt bei stationärer Bewegung

$$M = \varrho\, Q\, c\, a = \varrho\, F\, a\, v\, c. \tag{2}$$

Die vom Wasser sekundlich abgegebene Energie muß gleich sein der Leistung $M\omega$, also

$$\gamma Q \left(h - \frac{c^2}{2\,g} \right) = M\,\omega. \tag{3}$$

Setzt man den gegebenen Wert $\dfrac{M}{\varrho\, Fa}$ gleich k, so lauten obige drei Gleichungen

$$c = v - a\,\omega, \tag{a}$$
$$k = v \cdot c, \tag{b}$$
$$2\,a\,k\,\omega = v\,(2\,g\,h - c^2). \tag{c}$$

Aus (b) und (c) folgt $\qquad 2\,a\,\omega\,c = 2\,g\,h - c^2 \tag{d}$

und aus (a) und (b): $\qquad c^2 = k - a\,\omega\,c$,

so daß $\qquad c^2 = 2\,(k - g\,h)$.

Hiemit liefert Gl. (d) für die Winkelgeschwindigkeit

$$\omega = \frac{2\,g\,h - k}{a\,\sqrt{2\,(k - g\,h)}} = \frac{\sqrt{2\,g}}{a}\,\frac{h - \dfrac{k}{2\,g}}{\sqrt{\dfrac{k}{g} - h}}.$$

Daher sind die Grenzen für h durch die Ungleichungen

$$\frac{k}{2\,g} < h < \frac{k}{g}$$

bestimmt, wo

$$k = \frac{M}{\varrho\, Fa}.$$

15. Beim Strahleintritte ist die Relativgeschwindigkeit des Strahles

$$w_1 = c_1 - u;$$

da sie bei vorausgesetzter Reibungslosigkeit ihren Wert beibehält, so zeigt das Geschwindigkeitsdreieck (Abb. 209) am Austritt nach abgelenktem Strahle,

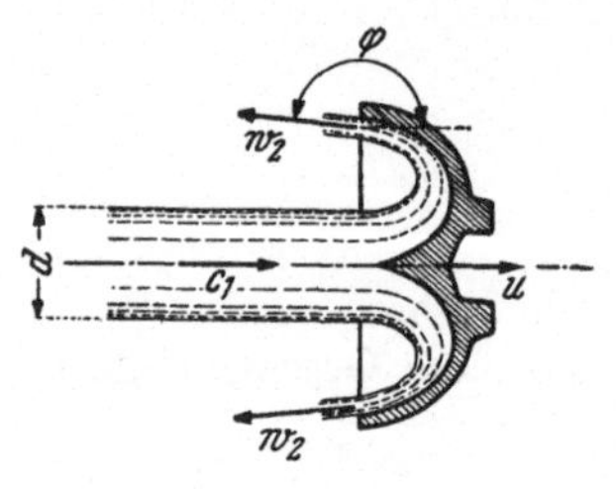

daß die absolute Austrittsgeschwindigkeit c_2 eine Komponente in der Umfangsrichtung des Rades vom Betrage $v_2 = u - w_2 \cos(180 - \varphi)$ besitzt;

wegen $\qquad w_2 = w_1 = c_1 - u$

wird $\qquad v_2 = u + (c_1 - u) \cos \varphi.$

Die Impulsänderung in Richtung u beträgt je Sekunde

$$P = \varrho\, Q\, (c_1 - v_2) = \varrho\, Q\, (c_1 - u)\, (1 - \cos \varphi),$$

und die an das Rad abgegebene Leistung ergibt sich zu

$$L = P\,u = \varrho\, Q\, (c_1 - u)\, u\, (1 - \cos \varphi).$$

Abb. 209

Sie wird am größten, wenn $\dfrac{dL}{du} = 0$, woraus $u = \dfrac{c_1}{2}$,

und daher $\qquad L_{max} = \varrho\, Q\, \dfrac{c_1{}^2}{4}\, (1 - \cos \varphi).$

Da der mit c_1 eintretende Strahl die sekundliche Energie $\gamma\, Q\, \dfrac{c_1{}^2}{2g}$ besitzt, so beträgt der Wirkungsgrad $\eta = \dfrac{1}{2}\, (1 - \cos \varphi).$

Im Falle $\varphi = \pi$ wäre bei Vernachlässigung aller Reibungen $\eta = 1$. Die Wiederholung der Rechnung mit $w_2 = k\, w_1$
liefert $\qquad L = \varrho\, Q\, (c_1 - u)\, u\, (1 - k \cos \varphi);$

L_{max} ergibt sich wie vorhin für $u = \dfrac{c_1}{2}$ und beträgt daher

$$L_{max} = \varrho\, Q\, \dfrac{c_1{}^2}{4}\, (1 - k \cos \varphi).$$

Der Wirkungsgrad sinkt daher auf $\eta = \dfrac{1}{2}\, (1 - k \cos \varphi)$

und beträgt im Falle $\alpha = \pi$: $\eta = \dfrac{1}{2}\, (1 + k) < 1.$

16. Mit der für eine Düse zutreffenden Geschwindigkeitsziffer $\mu = 0{,}98$ ist die absolute Geschwindigkeit des Düsenstrahles

$$c_1 = \mu\, \sqrt{2\, g\, H} = 0{,}98\, \sqrt{2 \cdot 9{,}81 \cdot 50} = 30{,}7\ \text{m/s};$$

hiemit wird nach Aufg. **15** die Umfangsgeschwindigkeit u des Rades

$$u = \frac{c_1}{2} = 15{,}35\ \text{m/s}.$$

Da dann der Wirkungsgrad

$$\eta = \frac{1}{2}\,(1 - \cos\varphi),$$

somit wegen $\varphi = 160^0$: $\eta = 0{,}97$ wird, und da die Nutzleistung $N = 200\,\text{PS}$ eine absolute Leistung

$$L_a = \frac{75\,N}{\eta} = 15{,}462\ \text{kp}\,\text{m}/\text{s}$$

erfordert, so ergibt sich aus

$$L_a = \gamma\,Q\,\frac{c_1{}^2}{2\,g}$$

die erforderliche Betriebswassermenge $Q = 0{,}032\ \text{m}^3/\text{s}$.

Schließlich liefert $Q = \dfrac{\pi\,d^2}{4}\,c_1$ für den Strahldurchmesser $d = 3{,}64$ cm.

Da $u = \dfrac{D\,n\,\pi}{60}$, so ergibt sich mit $n = 270/\text{min}$ für den Raddurchmesser D:

$$D = 1{,}085\ \text{m}.$$

17. Man umschließe den Flügel mit einer kreiszylindrischen Kontrollfläche vom Halbmesser r und der Länge Eins. Die Impulsänderung der innerhalb dieses Raumes befindlichen Flüssigkeitsmasse ergibt sich als Überschuß des in der Zeiteinheit durch den Kreisumfang austretenden über den eintretenden Impuls.

Mit $v_r = V\cos\varphi$ als nach auswärts positiver radialer Geschwindigkeit beträgt die in der Zeiteinheit durch ein Bogenelement $r\,d\varphi$ austretende Masse $\varrho\,v_r\,r\,d\varphi$, womit sich für die Impulsänderung in Richtung der x, y-Achsen ergibt

$$\left.\begin{aligned}
\frac{d J_x}{dt} &= \int_0^{2\pi} \varrho\,r\,v_r\,v_x\,d\varphi,\\[2ex]
\frac{d J_y}{dt} &= \int_0^{2\pi} \varrho\,r\,v_r\,v_y\,d\varphi.
\end{aligned}\right\} \qquad (a)$$

Hat die Anströmungsgeschwindigkeit V die Richtung der positiven X-Achse, so ist nach Abb. 210: $v_x = V + w\sin\varphi$,

$$v_y = -\,w\cos\varphi.$$

Hiemit vereinfachen sich die Gln. (a) nach Ausführung der Integrationen in

$$\left.\begin{aligned}
\frac{d J_x}{dt} &= 0,\\[2ex]
\frac{d J_y}{dt} &= -\varrho\,r\,V\,w\,\pi = -\frac{\varrho\,\Gamma\,V}{2}.
\end{aligned}\right\} \qquad (b)$$

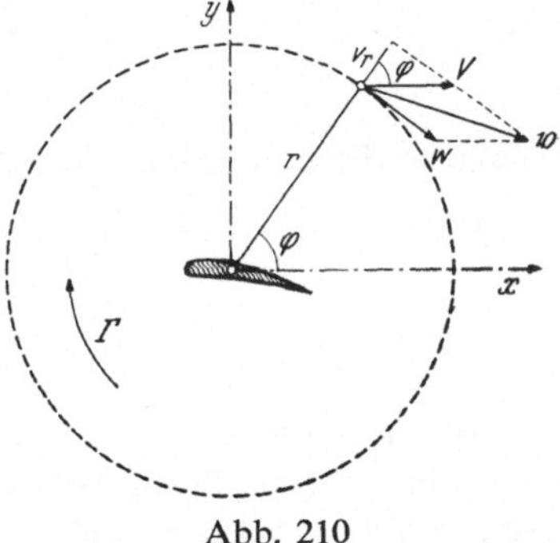

Abb. 210

Für den Druck p an der Stelle r, φ gilt nach der Energiegleichung bei Abwesenheit von Massenkräften

$$p + \frac{\varrho}{2}\, v^2 = \text{konst.} \tag{c}$$

Die Gesamtheit der am Umfange der Kontrollfläche wirkenden Drücke liefert die Kraftkomponenten

$$X_p = -\int_0^{2\pi} p\, r \cos \varphi\, d\varphi,$$

$$Y_p = -\int_0^{2\pi} p\, r \sin \varphi\, d\varphi,$$

oder wegen (c):

$$X_p = -r \int_0^{2\pi} \left(k - \frac{\varrho}{2}\, v^2 \right) \cos \varphi\, d\varphi,$$

$$Y_p = -r \int_0^{2\pi} \left(k - \frac{\varrho}{2}\, v^2 \right) \sin \varphi\, d\varphi.$$

Da

$$v^2 = (V + w \sin \varphi)^2 + w^2 \cos^2 \varphi = V^2 + w^2 + 2Vw \sin \varphi,$$

so ergibt sich bei Beachtung der Konstanz von V und w:

$$X_p = 0,$$

$$Y_p = \frac{\varrho V \Gamma}{2}. \tag{d}$$

Sind P_x, P_y die Komponenten der vom Flügel auf die Flüssigkeit ausgeübten Kraft P (entgegengesetzt gleich dem Auftriebe A), zu denen die Kräfte X_p und Y_p als äußere Kräfte treten, so folgt aus dem Impulssatze

$$\frac{d J_x}{dt} = P_x + X_p,$$

$$\frac{d J_y}{dt} = P_y + Y_p,$$

woraus bei Beachtung der Gln. (b, d) folgt

$$P_x = 0,$$

$$P_y = -\frac{\varrho V \Gamma}{2} - \frac{\varrho V \Gamma}{2} = -\varrho V \Gamma.$$

Hienach ergibt sich der Auftrieb $A = -P_y = \varrho V \Gamma$ (Kutta, Joukowsky) in Richtung der positiven Y-Achse, wenn die Zirkulation Γ im Sinne des Uhrzeigers positiv gerechnet wird.

18. Unmittelbar vor der Propellerkreisfläche (Abb. 211), steigt die Geschwindigkeit von v_0 auf $v_0 + \Delta v'$ und der Druck fällt von p_0 auf p.

Knapp hinter der Scheibe steigt der Druck auf $p + p'$ und sinkt dann im Schraubenstrom wieder auf den ursprünglichen Wert p_0.

Für die Bewegung vor der Scheibe liefert die Bernoullische Gleichung

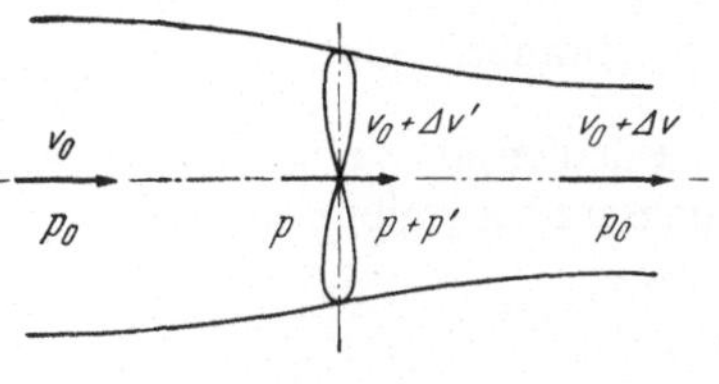

Abb. 211

$$H_0 = p_0 + \frac{1}{2}\,\varrho\,v_0{}^2 = p + \frac{1}{2}\,\varrho\,(v_0 + \Delta v')^2,$$

und für jene hinter der Scheibe

$$H_1 = p + p' + \frac{1}{2}\,\varrho\,(v_0 + \Delta v')^2 = p_0 + \frac{1}{2}\,\varrho\,(v_0 + \Delta v)^2.$$

Damit ergibt sich für den Drucksprung

$$p' = H_1 - H_0 = \frac{1}{2}\,\varrho\,[(v_0 + \Delta v)^2 - v_0{}^2]$$

oder

$$p' = \varrho\left(v_0 + \frac{1}{2}\,\Delta v\right)\Delta v. \tag{a}$$

Durch die Propellerkreisfläche F strömt die Masse $\varrho\,F(v_0 + \Delta v')$; der Zuwachs an axialem Impuls in der Zeiteinheit beträgt, da sich die Geschwindigkeit von v_0 auf $v_0 + \Delta v$ vergrößert hat,

$$\varrho\,F(v_0 + \Delta v')\,\Delta v = S,$$

wo S den Schraubenschub bedeutet.

Da dieser aber bei Annahme gleichmäßiger Verteilung von S über die Scheibe gleich ist $F \cdot p'$, so folgt

$$p' = \varrho\,(v_0 + \Delta v')\,\Delta v. \tag{b}$$

Die Gleichsetzung von (a) und (b) liefert

$$\Delta v' = \frac{1}{2}\,\Delta v. \tag{c}$$

Demnach entfällt die Hälfte des Geschwindigkeitszuwachses des Schraubenstromes auf den Bereich vor der Luftschraube, die andere Hälfte auf jenen hinter ihr und es ergibt sich für den Schraubenschub

$$S = 2\,\varrho\,F(v_0 + \Delta v')\,\Delta v'. \tag{d}$$

Die Erhöhung der kinetischen Energie der Luft pro Zeiteinheit beträgt

$$E = \frac{1}{2}\,\varrho\,F(v_0 + \Delta v')\,[(v_0 + \Delta v)^2 - v_0{}^2] = 2\,\varrho\,F(v_0 + \Delta v')^2\,\Delta v',$$

oder wegen Gl. (d):

$$E = S\,(v_0 + \Delta v').$$

Diese durch den Schraubenschub an der Luft geleistete Arbeit ist gleich $M \cdot \omega$, mit M als Drehmoment der mit der Winkelgeschwindigkeit ω rotierenden Luftschraube, somit

$$M \cdot \omega = S\,(v_0 + \Delta v'). \tag{e}$$

Für den als Verhältnis der nutzbaren zur gesamten Arbeit definierten Wirkungsgrad η ergibt sich

$$\eta = \frac{S\,v_0}{M\,\omega},$$

somit zufolge (e) und (c):

$$\eta = \frac{v_0}{v_0 + \Delta v'} = \frac{1}{1 + \dfrac{\Delta v}{2\,v_0}}. \tag{f}$$

In Wirklichkeit wird der Wirkungsgrad kleiner sein als der hier ermittelte, da bei seiner Berechnung auf die Energieverluste infolge des Reibungswiderstandes der Blätter der Luftschraube, auf die kinetische Energie der Rotation des Schraubenstromes und auf die ungleichmäßige Verteilung des Schraubenschubes über die Scheibe keine Rücksicht genommen wurde.

19. Setzt man in Gl. (f) der vorstehenden Aufgabe $\dfrac{\Delta v}{2\,v_0} = \alpha$,

$$\text{so ist } \eta = \frac{1}{1 + \alpha} \text{ und } \alpha = \frac{\Delta v'}{v_0}.$$

Hiemit liefert Gl. (d) für den Schraubenschub mit $F = \dfrac{D^2\,\pi}{4}$

$$S = \frac{\pi\,\varrho\,D^2}{2}\,v_0^2\,(1 + \alpha)\,\alpha.$$

Da $75\ \eta\ N\left[\dfrac{\mathrm{kp\,m}}{\mathrm{s}}\right] = S\,v_0$, so wird $75\,\eta\,N = \dfrac{\pi\,\varrho\,D^2}{2}\,v_0^3\,(1 + \alpha)\,\alpha$, woraus

wegen $\alpha = \dfrac{1}{\eta} - 1$ die gesuchte Gleichung folgt

$$\frac{1 - \eta}{\eta^3} = \frac{150}{\pi} \cdot \frac{N}{\varrho\,v_0^3\,D^2}.$$

Die graphische Darstellung dieses Zusammenhanges zeigt Abb. 212.

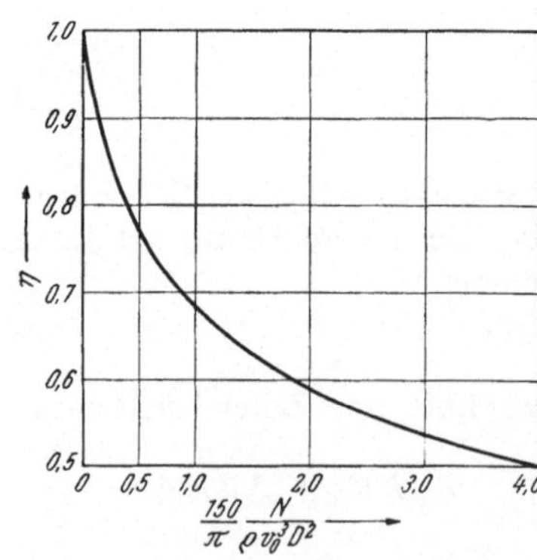

Abb. 212

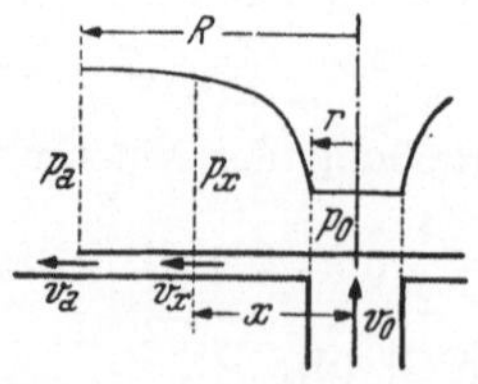

Abb. 213

20. Sei v_x die Geschwindigkeit des Wassers an den Punkten des Kreisumfanges vom Halbmesser x (Abb. 213), so ist der sekundliche Durchfluß durch die Fläche $2\,\pi\,x\cdot e$ gleich $2\,\pi\,x\,e\,v_x$; er wird gedeckt durch die Einströmung $r^2\,\pi\,v_0$, woraus folgt $v_x = v_0\,\dfrac{r^2}{2\,e\,x}$.

Daher beträgt die Austrittsgeschwindigkeit $v_a = v_0\,\dfrac{r^2}{2\,e\,R} = 4{,}46\,\dfrac{\mathrm{m}}{\mathrm{s}}$.

Da hienach $v_x = v_a\,\dfrac{R}{x}$, so nimmt die Geschwindigkeit nach außen ab, was ein Ansteigen des Strömungsdruckes p_x nach außen zur Folge hat. Letzterer berechnet sich bei verlustfreier Strömung aus

$$\frac{p_a}{\gamma} + \frac{v_a^2}{2\,g} = \frac{p_x}{\gamma} + \frac{v_x^2}{2\,g} = H$$

mit
$$p_x = p_a - \frac{\gamma\,v_a^2}{2\,g}\left(\frac{R^2}{x^2} - 1\right). \tag{a}$$

(Druckverteilung in Abb. 213.)

Aus
$$H = \frac{p_a}{\gamma} + \frac{v_a^2}{2\,g} = \frac{p_0}{\gamma} + \frac{v_0^2}{2\,g}$$

ergibt sich der Druck p_0 im Rohre zu $p_0 = p_a + \dfrac{\gamma}{2\,g}\,v_0^2\left[\left(\dfrac{r^2}{2\,e\,R}\right)^2 - 1\right] = 0{,}974$ at.

Die Überdruckhöhe an der Stelle x beträgt nach Gl. (a):

$$\frac{p_a - p_x}{\gamma} = \frac{v_a^2}{2\,g}\left(\frac{R^2}{x^2} - 1\right).$$

Auf einen schmalen Ringstreifen von der Breite dx wirkt die elementare Druckkraft

$$dD = 2\,\pi\,x\,dx\,(p_a - p_x) = \pi\,\gamma\,\frac{v_a^2}{g}\left(\frac{R^2}{x^2} - 1\right)x\,dx.$$

Daher beträgt der nach abwärts gerichtete Gesamtdruck auf die obere Scheibe

$$D = \pi\,\gamma\,\frac{v_a^2}{g}\int_r^R\left(\frac{R^2}{x^2} - 1\right)x\,dx = \pi\,\gamma\,\frac{v_a^2}{g}\left[R^2\ln\frac{R}{r} - \frac{1}{2}(R^2 - r^2)\right] = 74{,}23\,\mathrm{kp};$$

er ist noch zu vermehren um den auf die Fläche $r^2\,\pi$ wirkenden Druck

$$\pi\,r^2\,(p_a - p_0) = 2{,}03\,\mathrm{kp}.$$

Nicht berücksichtigt sind dabei das Scheibengewicht und der beim Auftreffen des aus dem Rohre mit v_0 austretenden Strahles auf die Scheibe ausgeübte Strahldruck.

21. Bei einer Geschwindigkeit v des Flügels erhält in jeder Sekunde eine Masse $\varrho\,F'v$ den Impuls $\varrho\,F'v\cdot w$, wo w die Abwärtsgeschwindigkeit ist; dieser Impuls ist die Gegenwirkung zum erzeugten Auftriebe A, somit

$$A = \varrho\,F'\,v\,w.$$

Andrerseits ist die sekundlich neu erzeugte kinetische Energie $\varrho\, F'\, v\, \dfrac{w^2}{2}$ gleich der sekundlichen Arbeit des induzierten Widerstandes W_i, also

$$\varrho\, F'\, v\, \frac{w^2}{2} = W_i\, v.$$

Durch Beseitigung von w folgt

$$W_i = \frac{A^2}{2\,\varrho\, F'\, v^2} = \frac{A^2}{4\, q\, F'}.$$

Die Größe F' hängt ab von der Flügelbreite b und von der Art der Verteilung des Auftriebes der Quere nach. Wenn diese einer halben Ellipse über die Spannweite b entspricht, so ergibt die genaue Theorie eine Fläche $F' = \dfrac{\pi}{4}\, b^2$, also gleich der Kreisfläche über b als Durchmesser.

Hiemit wird

$$W_i = \frac{A^2}{\pi\, q\, b^2}.$$

Die elliptische Auftriebsverteilung liefert überdies den kleinsten induzierten Widerstand.

Mit $A = c_a\, q\, F$, $W_i = c_{wi}\, q\, F$, wo F die Draufsichtfläche des Tragflügels ist und c_a, c_{wi} die Auftriebs- und Widerstandszahlen bedeuten, ergibt sich für diese die Beziehung

$$c_{wi} = c_a^2\, \frac{F}{\pi\, b^2}.$$

(Parabel des induzierten Widerstandes.)

XII. Elemente der mathematischen Strömungslehre

1. Mit Φ_0 als Potential an der Stelle O ist jenes an der Stelle A (Abb. 214),

$$\Phi_A = \Phi_0 + \int_0^A \mathfrak{v}\cdot d\mathfrak{s},$$

oder wegen $\mathfrak{v}\cdot d\mathfrak{s} = v_x\, dx + v_y\, dy = v\,(\cos\alpha\, dx + \sin\alpha\, dy)$ und mit $\Phi_0 = 0$:

$$\Phi_A = v\,(x\cos\alpha + y\sin\alpha). \tag{a}$$

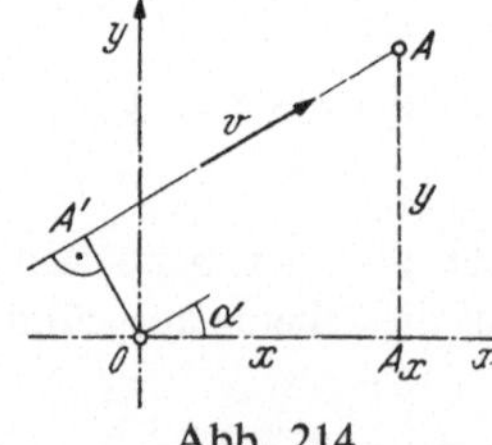

Abb. 214

Da die Stromfunktion Ψ_A die durch eine von O nach A beliebig gezogene Linie (z. B. $O\,A'A$) strömende Flüssigkeitsmenge bedeutet, so ist

$$\Psi_A = v\cdot \overline{OA'} = v\,(y\cos\alpha - x\sin\alpha). \tag{b}$$

Mit (a) und (b) ergibt sich für die komplexe Strömungsfunktion

$$w(z) = \Phi + i\,\Psi = v\,[(x + i\,y)\cos\alpha + (y - i\,x)\sin\alpha] = v\,(x + i\,y)(\cos\alpha - i\sin\alpha),$$

oder mit $z = x + i\,y = r\, e^{+i\alpha}$:

$$w(z) = v\, z\, e^{-i\alpha}.$$

Die an der reellen Achse gespiegelte Geschwindigkeit ist

$$\bar{v} = \frac{dw}{dz} = v\,e^{-i\alpha}.$$

2. Bei einer Dicke „Eins" der strömenden Schicht ist in der Entfernung r vom Loche die Strömungsgeschwindigkeit v_r in radialer Richtung $v_r = \dfrac{E}{2\pi r}$, während $v_z = 0$ ist. (Die Ergiebigkeit ist dann $E\,\mathrm{m^2/s}$.)

Die Komponenten des Wirbelvektors $\mathfrak{w} = \dfrac{1}{2}\,\mathrm{rot}\,\mathfrak{v}$, dargestellt in Zylinderkoordinaten (r, φ, z) sind

$$2\,\omega_r = \frac{1}{r}\left[\frac{\partial v_z}{\partial \varphi} - \frac{\partial(r\,v_\varphi)}{\partial z}\right],$$

$$2\,\omega_\varphi = \frac{\partial v_r}{\partial z} - \frac{\partial v_z}{\partial r},$$

$$2\,\omega_z = \frac{1}{r}\left[\frac{\partial(r\,v_\varphi)}{\partial r} - \frac{\partial v_r}{\partial \varphi}\right],$$

wo v_r, v_φ, v_z die Komponenten der Geschwindigkeit $\mathfrak{v}$ bedeuten. Für die vorliegende ebene Strömung ist $v_z = 0$, so daß wegen $v_r = \dfrac{E}{2\pi r}$ und $v_\varphi = 0$ der Wirbelvektor $\mathfrak{w}$ verschwindet. Demnach besteht ein Geschwindigkeitspotential Φ. Die Kontinuitätsgleichung div $\mathfrak{v} = 0$ ist an allen Stellen mit Ausnahme des Quellpunktes ($r = 0$) erfüllt.

Aus $v_r = \dfrac{\partial \Phi}{\partial r} = \dfrac{E}{2\pi r}$ folgt $\Phi = \dfrac{E}{2\pi}\ln\dfrac{r}{r_0}$,

wenn der Stelle $r = r_0$ das Potential 0 zugeordnet wird.

Der Quellpunkt $r = 0$ ist wegen $v = \infty$ ein singulärer Punkt. $\Phi = $ konst. liefert als Potentiallinien das Büschel konzentrischer Kreise um O.

Aus $v_r = \dfrac{\partial \Psi}{r\,\partial \varphi}$ ergibt sich für die Stromfunktion $\Psi = \dfrac{E}{2\pi}\,\varphi$.

Bei jedem Umlauf vergrößert sich Ψ um den Wert E. Die Mehrdeutigkeit von Ψ wird ausgeschaltet durch die Festsetzung, daß φ nur einmal den Winkelraum 0 bis 2π überstreiche.

Die komplexe Strömungsfunktion $w(z)$, wo $z = r\,e^{i\varphi}$, ergibt sich aus

$$w(z) = \Phi + i\,\Psi \quad (i^2 = -1)$$

mit den schon ermittelten Funktionen Φ und Ψ zu $w(z) = \dfrac{E}{2\pi}\ln\dfrac{z}{r_0}$.

Da $\dfrac{dw}{dz} = \bar{v}$ die an der reellen Achse $\varphi = 0$ gespiegelte (konjugierte) Geschwindigkeit v angibt, so wird

$$\bar{v} = \frac{E}{2\pi z} = \frac{E}{2\pi r}\,e^{-i\varphi} = v_r\,e^{-i\varphi}.$$

3. Mit den Bezeichungen der Abb. 215 gilt für die Stromfunktionen der beiden Quellen nach Aufg. **2**:

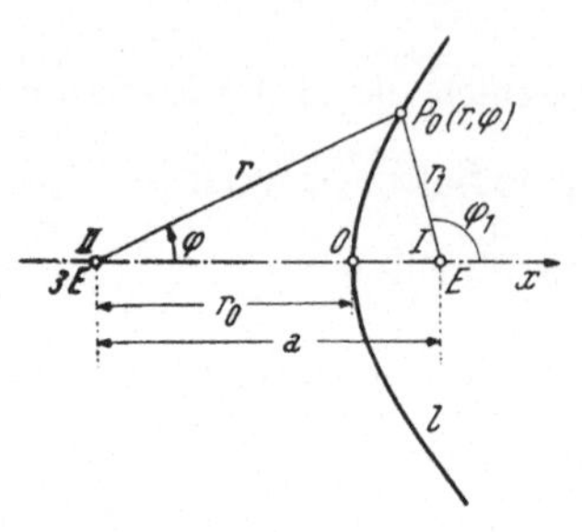

Abb. 215

$$\Psi_{\mathrm{I}} = \frac{E}{2\,\pi}\,\varphi_1, \quad \Psi_{\mathrm{II}} = \frac{3\,E}{2\,\pi}\,\varphi.$$

Es sei $P_0\,(r,\varphi)$ ein Punkt der Nullstromlinie, die symmetrisch zur X-Achse liegt und diese im Punkte O schneidet; dort müssen sich die von beiden Quellen herrührenden Geschwindigkeiten tilgen.

Die Entfernung $r_0 = \overline{IIO}$ ergibt sich daher aus

$$\frac{3\,E}{2\,\pi\,r_0} = \frac{E}{2\,\pi\,(a - r_0)}\ \text{mit}$$

$$r_0 = \frac{3}{4}\,a.$$

Da durch eine Stromlinie keine Flüssigkeit strömen kann, so muß die durch das Kurvenstück OP_0 der Nullstromlinie strömende Menge gleich Null sein, d. h.

$$\Psi_0 = \frac{3\,E}{2\,\pi}\,\varphi - \frac{E}{2\,\pi}\,(\pi - \varphi_1) = 0,$$

woraus $\varphi_1 = \pi - 3\,\varphi$. Nun ist $r\cos\varphi - r_1\cos\varphi_1 = a$ und $r\sin\varphi = r_1\sin\varphi_1$, woraus sich durch Beseitigung von r_1 und φ_1 die auf den Pol II bezogene Polargleichung der Nullstromlinie ergibt:

$$r = \frac{a}{\cos\varphi + \sin\varphi\,\operatorname{ctg}3\,\varphi}.$$

Für die Stromfunktion Ψ der resultierenden Strömung gilt

$$\Psi = \frac{3\,E}{2\,\pi}\,\varphi + \frac{E}{2\,\pi}\,\varphi_1 + k;$$

da für die Nullstromlinie $\Psi_0 = 0$ und $3\,\varphi + \varphi_1 = \pi$, so ist die Konstante $k = -\dfrac{E}{2}$.

Wird Ψ gleich einer beliebigen Konstanten c gesetzt, so lautet daher die Gleichung der durch c festgelegten Stromlinie

$$3\,\varphi - (\pi - \varphi_1) = \frac{2\,\pi\,c}{E},$$

oder mit $\pi - \varphi_1 = \varphi'$:
$$3\,\varphi - \varphi' = \frac{2\,\pi\,c}{E}.$$

Die Zeichnung des Stromlinienbildes geschieht zweckmäßig in folgender Art: (Abb. 216). Man zeichnet mit den Grundpunkten II und I die Strahlenbüschel, die den Stromlinien jeder Quelle entsprechen, wobei die Menge $3E$ etwa in 36 Teile, die Menge E in 12 gleiche Teile unterteilt wird. Die einzelnen Strahlen werden entsprechend den zugehörigen Winkeln φ und $-\varphi'$ beziffert.

Die Punkte der Nullstromlinie ergeben sich dann als Schnittpunkte der Strahlen $+1, +2 \ldots$ (Grundpunkt II) mit den Strahlen $-1, -2 \ldots$ (Grundpunkt I). Die Stromlinie „1" verbindet die Schnittpunkte $(+2, -1)$, $(+3, -2)$ usf.

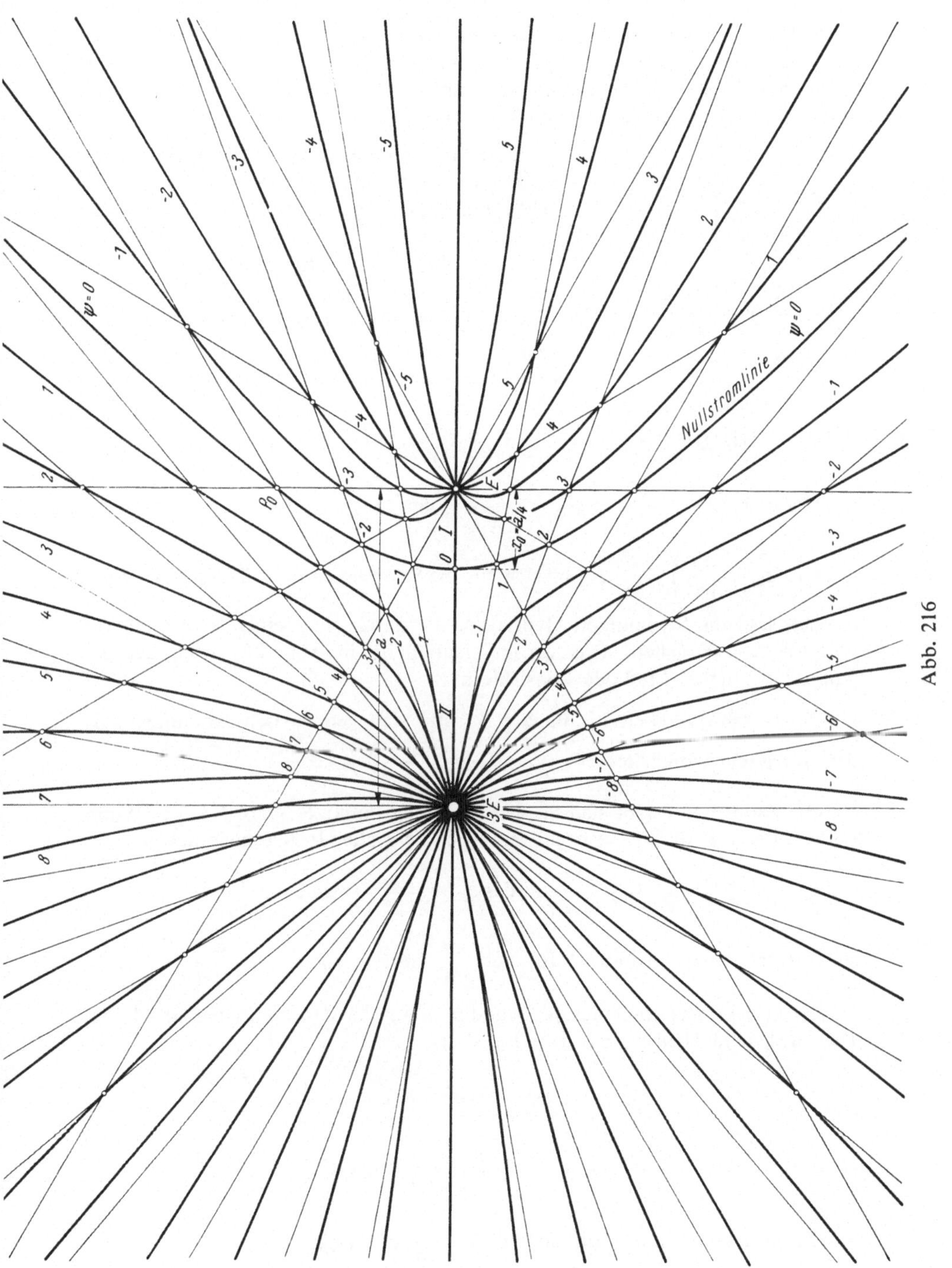

Abb. 216

4. Die Strömung bei Vorhandensein der ebenen Wand kann man durch Hinzunahme des Spiegelbildes in bezug auf die Wand erhalten, denn die dann entsprechende Strömung ist offenbar symmetrisch in bezug auf W und besitzt deren Spur in der Strömungsebene als Stromlinie.

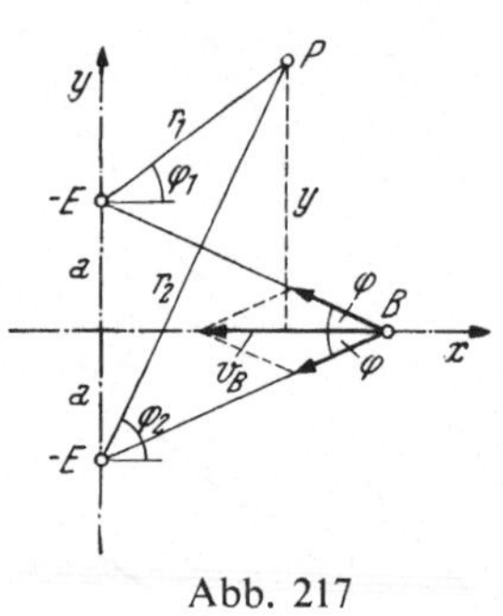

Abb. 217

Die Stromfunktion an der Stelle P (Abb. 217) ergibt sich als Summe der Stromfunktionen der Senke und ihres Spiegelbildes; also nach Aufg. **2**:

$$\Psi_P = -\frac{E}{2\pi}(\varphi_1 + \varphi_2).$$

Für die Punkte der Wand ist $\varphi_1 = -\varphi_2$, somit $\Psi = 0$ (Nullstromlinie); $\Psi = c$ ist die Gleichung einer beliebigen Stromlinie; also

$$\varphi_1 + \varphi_2 = -\frac{2\pi c}{E}.$$

Aus $\operatorname{tg}\varphi_1 = \dfrac{y-a}{x}$, $\operatorname{tg}\varphi_2 = \dfrac{y+a}{x}$ folgt $\operatorname{tg}(\varphi_1 + \varphi_2) = \dfrac{2xy}{x^2 - y^2 + a^2}$.

Mit $\operatorname{tg}\left(\dfrac{2\pi c}{E}\right) = \dfrac{1}{k}$ ergibt sich für die Stromlinien $y^2 - 2kxy - x^2 = a^2$; hienach sind die Stromlinien Hyperbeln, die durch die beiden Senkenpunkte $y = \pm a$, $x = 0$ gehen. Das Stromlinienbild ist in Abb. 218 nach der bei Aufg. **3** benutzten Methode konstruiert.

Die Geschwindigkeit im Punkte P setzt sich geometrisch zusammen aus den Teilgeschwindigkeiten $-\dfrac{E}{2\pi r_1}$ und $-\dfrac{E}{2\pi r_2}$.

Im besonderen ergibt sich hienach für einen Punkt B (Abb. 218) der Wand mit $r\sin\varphi = a$ die in die negative x-Richtung fallende Geschwindigkeit

$$v_B = -2\frac{E}{2\pi r}\cos\varphi = -\frac{E}{2\pi a}\sin 2\varphi;$$

sie erreicht ihren Größtwert für $\varphi = \dfrac{\pi}{4}$ mit $v_{B,max} = -\dfrac{E}{2\pi a}$.

Die Druckverteilung längs der Wand folgt aus der Bernoullischen Gleichung. Da im Unendlichen $v = 0$, $p = p_0$, so ist

$$p_B + \frac{\varrho}{2}v_B^2 = p_0,$$

somit

$$p_B = p_0 - \frac{\varrho}{2}\left(\frac{E}{2\pi a}\right)^2 \sin^2 2\varphi.$$

Das Druckminimum ergibt sich für $\varphi = \dfrac{\pi}{4}$ mit $p_{B,min} = p_0 - \dfrac{\varrho}{2}\left(\dfrac{E}{2\pi a}\right)^2$.

Längs der Wand stellt sich gegenüber p_0 ein Unterdruck ein (Abb. 218).

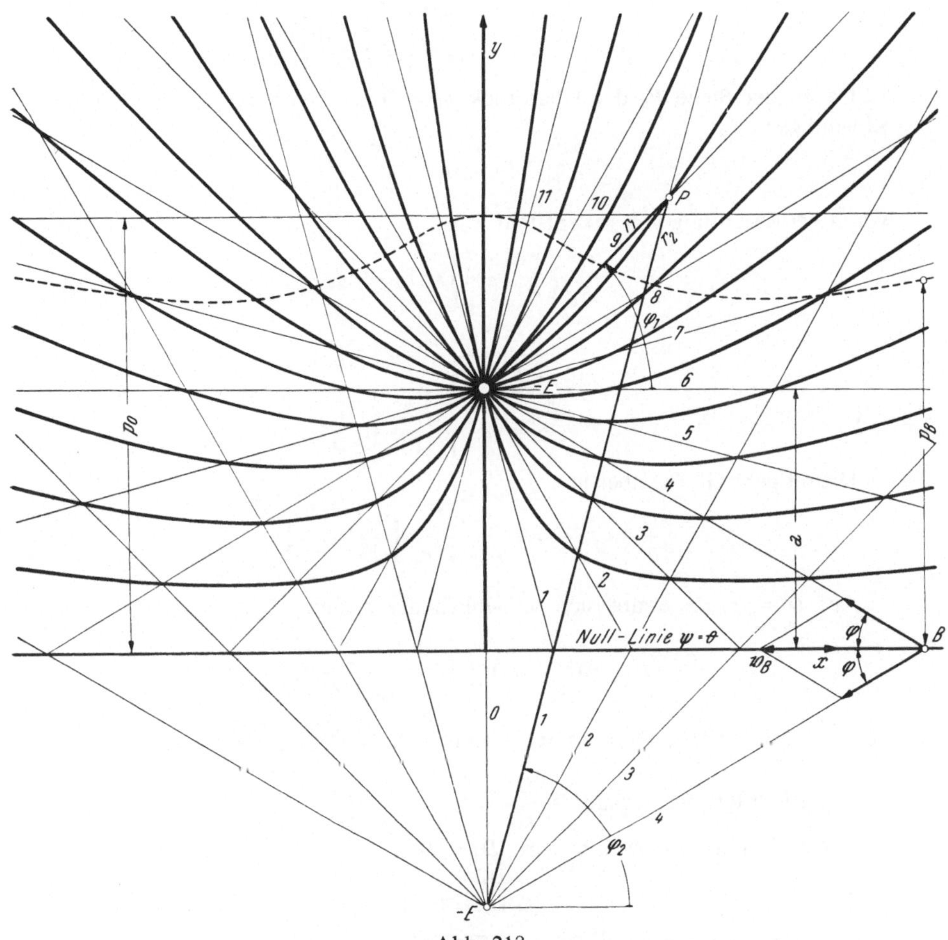

Abb. 218

5. Sind v_0, v, v_a die den Punkten P_0, P, P_a der Schütztafel entsprechenden Geschwindigkeiten, dann gilt für die Senkenströmung (Abb. 219)

$$v_a = \frac{v_0 \, r_0}{r_a}, \quad v = \frac{v_0 \, r_0}{r}. \qquad (a)$$

Aus der Bernoullischen Gleichung folgt

$$\frac{p_0}{\gamma} + \frac{v_0^2}{2g} + r_0 = \frac{p}{\gamma} + \frac{v^2}{2g} + r,$$

Abb. 219

woraus

$$\frac{p - p_0}{\gamma} = r_0 - r - \frac{v^2 - v_0^2}{2g}, \qquad (b)$$

oder wegen (a) und mit $p - p_0 = p_{\ddot u}$:

$$\frac{p_{\ddot u}}{\gamma} = r_0 - r - \frac{v_0{}^2}{2g}\left[\left(\frac{r_0}{r}\right)^2 - 1\right].$$

Da an der Stelle P_a der Überdruck $p_{\ddot u} = 0$, so liefert Gl. (b) für die Geschwindigkeit v_a:

$$\frac{v_a{}^2}{2g} = r_0 - r_a + \frac{v_0{}^2}{2g},$$

womit bei Beachtung von (a) entsteht

$$\frac{v_0{}^2}{2g}\left(\frac{r_0{}^2}{r_a{}^2} - 1\right) = r_0 - r_a,$$

oder

$$\frac{v_0{}^2}{2g} = \frac{r_a{}^2}{r_0 + r_a}$$

und

$$\frac{v^2}{2g} = \frac{r_0{}^2}{r^2}\,\frac{r_a{}^2}{r_0 + r_a}.$$

Hiemit geht Gl. (b) über in

$$\frac{p_{\ddot u}}{\gamma} = r_0 - r - \frac{r_a{}^2}{r_0 + r_u}\left(\frac{r_0{}^2}{r^2} - 1\right).$$

Aus $D = \int_{r_a}^{r_0} p_{\ddot u}\,dr$ ergibt sich schließlich die gesamte Druckkraft

$$D = \gamma\,(r_0 - r_a)^2\left(\frac{1}{2} - \frac{r_a}{r_0 + r_a}\right),$$

wogegen die statische Druckkraft gleich ist $D_s = \gamma\,\dfrac{(r_0 - r_a)^2}{2}$.

Somit beträgt das Verhältnis $\dfrac{D}{D_s} = 1 - \dfrac{2\,r_a}{r_0 + r_a}$.

Mit $r_0 = 5$ m, $r_a = 0{,}25$ m wird $D = 10{,}21$ t

$$D_s = 11{,}28 \text{ t}$$
$$D/D_s = 0{,}905.$$

6. Die Stromfunktion Ψ für diese Strömung ist die Summe jener der beiden Einzelströmungen, somit nach Aufg. **1** und **2**:

$$\Psi = -c_0\,y + \frac{E}{2\,\pi}\,\varphi,$$

oder mit Einführung der Länge $a = \dfrac{E}{2\,c_0}$:

$$\Psi = c_0\left(a\,\frac{\varphi}{\pi} - y\right). \tag{1}$$

Das hiezu gehörige Stromlinienbild ist in Abb. 220 nach der in Aufg. **3** benutzten Methode mit der Annahme $c_0 = 1$ m$/$s, $a = 1$ m gezeichnet. Man sieht, daß die Quellströmung vollständig innerhalb der zur X-Achse symmetrischen Nullstromlinie BAB' liegt.

Asymptote der Null-Linie
Null-Linie w = 0
$\frac{E}{2c_0}$
$\frac{E \cdot \varphi}{c_0 \cdot 2\pi}$
69°
c_0
A
B
B'
a
$\frac{a}{2}$
x
y
12 11 10 9 8 7 6 5 4 3 2 1
0
gez. für $c_0 = -1\,m/s$ $a = \frac{E}{2c_n} = 1\,m$

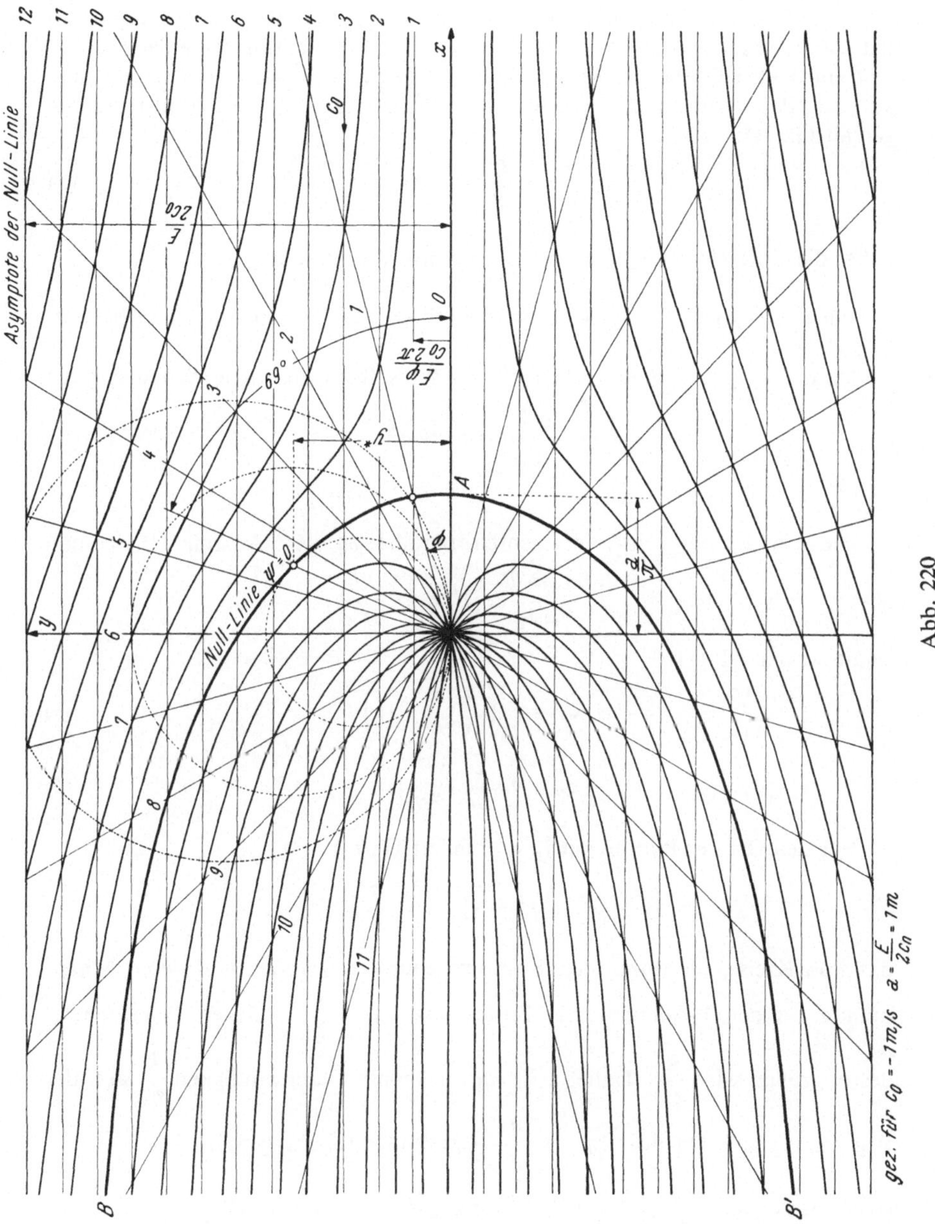

Abb. 220

Der Parallelstrom teilt sich im Scheitel A und fließt ober- und unterhalb dieser Kurve.

Da jede Stromlinie durch eine feste Begrenzung ersetzt werden kann, so hat man durch den Kunstgriff der Überlagerung einer dem Bereiche der Flüssigkeit entrückten Quelle die Möglichkeit, die Wirkung dieser festen Begrenzung auf den Parallelstrom darzustellen. Aus $\Psi = 0$ folgt für die Nullstromlinie gemäß Gl. (1):

$$y = a\,\frac{\varphi}{\pi} = r\sin\varphi, \tag{2}$$

daher die Polargleichung $r = \dfrac{a}{\pi}\,\dfrac{\varphi}{\sin\varphi}$, wo $0 < \varphi < \pi$.

Für $\varphi = \pi$ wird $r = \infty$, daher stellt nach Gl. (2) die Länge a den Größtwert von y dar.

Da $x = y\operatorname{ctg}\varphi$, so ergeben sich mit $\varphi = 0$ die Koordinaten des Scheitels A zu:

$$x_A = \frac{a}{\pi}\,\lim_{\varphi \to 0}(\varphi\operatorname{ctg}\varphi) = \frac{a}{\pi},$$

$$y_A = 0.$$

Die Geschwindigkeitskomponenten parallel zu den Achsen erhält man

aus $\qquad v_x = \dfrac{\partial\Psi}{\partial y},\; v_y = -\dfrac{\partial\Psi}{\partial x},$

somit wegen Gl. (1):

$$v_x = c_0\left(\frac{a}{\pi}\,\frac{x}{r^2} - 1\right), \tag{3}$$

$$v_y = c_0\,\frac{a}{\pi}\,\frac{y}{r^2}. \tag{4}$$

Für den Ort der Punkte mit $v_y = k$ liefert Gl. (4)

$$r^2 = x^2 + y^2 = \frac{c_0}{k}\,\frac{a}{\pi}\,y,$$

das sind Kreise, die durch den Koordinatenursprung gehen und deren Mittelpunkte auf der Y-Achse in der Entfernung $y_0 = \dfrac{c_0\,a}{2\,k\,\pi}$ liegen. Je kleiner y_0, desto größer wird $\dfrac{k}{c_0}$. Daher tritt die maximale Geschwindigkeit $\dfrac{k}{c_0}$ auf der Begrenzung auf. Da dort $v_y = c_0\,\dfrac{a}{\pi}\,\dfrac{y}{r^2}$ wegen Gl. (2) übergeht in $v_y = c_0\,\dfrac{\sin^2\varphi}{\varphi}$, so ergibt sich aus $\dfrac{dv_y}{d\varphi} = 0$ die Bedingung $\operatorname{tg}\varphi = \dfrac{1}{2\,\varphi}$, wonach $\varphi = 69^0$.

Hiemit entsteht $(v_y)_{max}$ auf der Begrenzung an der Stelle $y^* = 0{,}383\,a$ mit dem Betrage $0{,}67\,c_0$.

7. Für die Stromfunktion Ψ der kombinierten Strömung an beliebiger Stelle P (Abb. 221) gilt

$$\Psi = - c_0\, y + \frac{E}{2\pi}\, (\varphi_1 - \varphi_2),$$

oder mit $\Theta = \varphi_1 - \varphi_2$:

$$\Psi = - c_0\, y + \frac{E}{2\pi}\, \Theta.$$

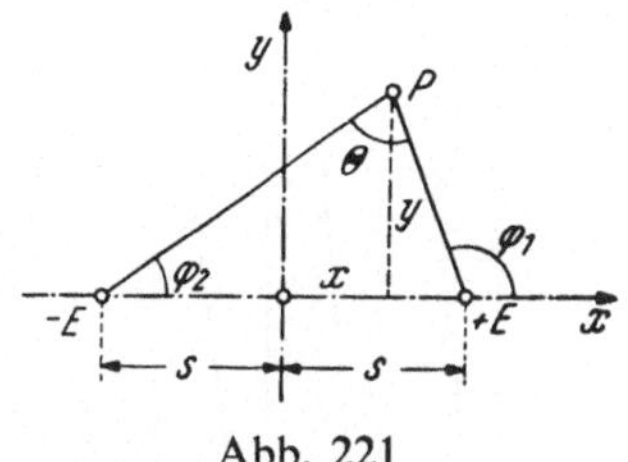

Abb. 221

Da
$$\operatorname{tg} \varphi_1 = \frac{y}{x-s}, \quad \operatorname{tg} \varphi_2 = \frac{y}{x+s},$$

so ist
$$\operatorname{tg} \Theta = \operatorname{tg}(\varphi_1 - \varphi_2) = \frac{2\,y\,s}{x^2 + y^2 - s^2},$$

somit
$$\Psi = - c_0\, y + \frac{E}{2\pi}\, \operatorname{arc\,tg} \frac{2\,y\,s}{x^2 + y^2 - s^2}.$$

Mit $\Psi = 0$ ergibt sich demnach für die Nullstromlinie die Gleichung

$$x^2 + y^2 - s^2 = 2\,y\,s \operatorname{ctg} \frac{2\pi c_0}{E}\, y.$$

Wird hierin $x = 0$ gesetzt, so folgt zur Berechnung der Halbachse b (Abb. 222) die transzendente Gleichung

$$b^2 - s^2 = 2\,b\,s \operatorname{ctg} \frac{2\pi c_0}{E}\, b.$$

Mit dem Parameter $k = \dfrac{\pi c_0 s}{E}$ entsteht hieraus für die homogene Halbachse $\beta = \dfrac{b}{s}$ die Gleichung

$$\beta^2 - 1 = 2\,\beta \operatorname{ctg}(2\,k\,\beta)$$

oder
$$\beta^2 - 1 = \beta \operatorname{ctg}(k\,\beta) - \frac{\beta}{\operatorname{ctg}(k\,\beta)}$$

wonach
$$\beta = \operatorname{ctg}(k\,\beta).$$

Die Länge der Halbachse a folgt aus der Bedingung, daß der Punkt $(a,\,0)$ ein Staupunkt der Strömung ist.

Da dort
$$v_x = 0 = - c_0 + \frac{E}{2\pi}\left(\frac{1}{a-s} - \frac{1}{a+s}\right) = - c_0 + \frac{E\,s}{\pi\,(a^2 - s^2)},$$

so wird
$$a^2 - s^2 = \frac{E\,s}{\pi c_0}.$$

Mit der homogenen Halbachse $\alpha = \dfrac{a}{s}$ entsteht hieraus

$$\alpha^2 = 1 + \frac{1}{k}.$$

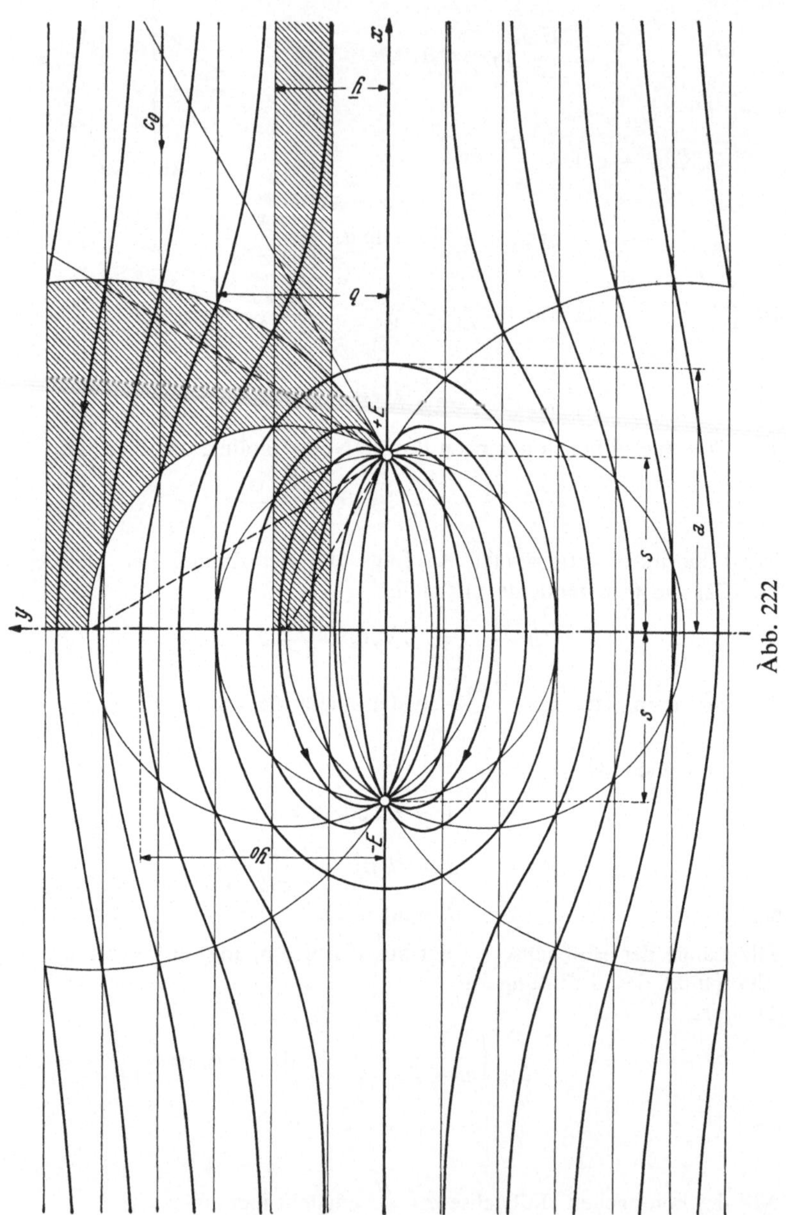
x
h
c₀
q
+E
s
a
s
y
-E
h
Abb. 222

Durch den Parameter k sind daher die beiden homogenen Halbachsen α und β vollständig bestimmt.

Da sich an den Endpunkten der Achse $2b$ (Abb. 222) die Teilgeschwindigkeiten der Quelle und Senke zu einer zur $-x$-Achse parallelen Geschwindigkeit vom Betrage

$$2 \frac{E}{2 \pi r_1} \cos \varphi_2 = \frac{E s}{\pi r_1^2} = \frac{E s}{\pi (s^2 + b^2)}$$

zusammensetzen, so ergibt sich die Geschwindigkeit an den beiden Endpunkten mit

$$v_1 = - c_0 \frac{E s}{\pi (s^2 + b^2)},$$

$$\text{oder} \quad v_1 = - c_0 \left[1 + \frac{1}{k (1 + \beta^2)} \right].$$

8. Aus

$$\Psi = - c_0 y + \frac{E}{2 \pi} \arctan \frac{2 y s}{x^2 + y^2 - s^2}$$

folgt mit $m = 2 E s$:

$$\Psi = - c_0 y + \frac{m}{4 \pi s} \arctan \frac{2 y s}{x^2 + y^2 - s^2};$$

für $s = 0$ ergibt sich der Grenzwert

$$\Psi = - c_0 y + \frac{m}{2 \pi} \frac{y}{x^2 + y^2}. \tag{1}$$

Hienach besteht die Nullstromlinie $\Psi = 0$ aus der X-Achse und dem Kreise

$$x^2 + y^2 = \frac{m}{2 \pi c_0} = a^2.$$

Gemäß Gl. (1) ist

$$\Psi = - c_0 y \left(1 - \frac{a^2}{x^2 + y^2} \right),$$

oder mit $y = r \sin \varphi$, $x = r \cos \varphi$:

$$\Psi = - c_0 \left(r - \frac{a^2}{r} \right) \sin \varphi.$$

Aus $v_r = \dfrac{\partial \Psi}{r \partial \varphi}$, $v_\varphi = - \dfrac{\partial \Psi}{\partial r}$ folgt daher

$$v_r = - c_0 \left(1 - \frac{a^2}{r^2} \right) \cos \varphi,$$

$$v_\varphi = c_0 \left(1 + \frac{a^2}{r^2} \right) \sin \varphi$$

und speziell für die Punkte am Kreisumfange $r = a$:

$$v_r = 0,$$
$$v_\varphi = 2 c_0 \sin \varphi.$$

Der Größtwert $v_{\varphi,\,max}$ bei $\varphi = \dfrac{\pi}{2}$ beträgt $2 c_0$.

Für die Verteilung der Drücke p entlang des Kreisumfanges liefert die
Bernoullische Gleichung $p = p_o + \dfrac{\varrho}{2} (c_o{}^2 - v_\varphi{}^2) = p_o + \dfrac{\varrho}{2} c_a{}^2 (1 - 4 \sin^2 \varphi)$.

Da sie symmetrisch bezüglich der x, y-Achsen ist, so ist die resultierende
Gesamtkraft auf den Zylinder gleich Null.

9. Der Einfluß der Strebe auf die Parallelströmung kann nach Aufg. **7**
durch Überlagerung einer Quelle und Senke gleicher Menge E berücksichtigt
werden.

Hiefür bestehen mit dem Parameter $k = \dfrac{\pi \, c_o \, s}{E}$ die beiden Gleichungen

$$\beta = \operatorname{ctg} (k \, \beta), \tag{a}$$

$$\alpha^2 = 1 + \frac{1}{k}. \tag{b}$$

Da $\dfrac{\alpha}{\beta} = \dfrac{a}{b} = 5$, so liefert (b):

$$k = \frac{1}{\alpha^2 - 1} = \frac{1}{25 \, \beta^2 - 1}, \tag{c}$$

womit Gl. (a) übergeht in

$$\beta = \operatorname{ctg} \frac{\beta}{25 \, \beta^2 - 1}$$

oder

$$\frac{\beta}{25 \, \beta^2 - 1} = \operatorname{arc\,ctg} \beta. \tag{d}$$

Da bei dünner Strebe der Wert $\beta = \dfrac{b}{s} \ll 1$, so kann Gl. (d) ersetzt werden

durch $\dfrac{\pi}{2} - \beta = \dfrac{\beta}{25 \, \beta^2 - 1}$, woraus $\beta = 0{,}2153$.

Der genaue Wert für β nach Gl. (d) beträgt $\beta = 0{,}21536$.

Mit $\beta = 0{,}2153$ ergibt sich $s = \dfrac{b}{0{,}2153} = 2{,}79$ cm und aus Gl. (c) der
Parameter $k = 6{,}2952$.

Da $E = \dfrac{\pi \, c_o \, s}{k}$, so wird die Quell- und Senkenmenge $E = 1{,}3907 \, c_o \, [\text{cm}^2/\text{s}]$.

Die Geschwindigkeit c_l an der Stelle $(l, 0)$ der X-Achse ist

$$c_l = - c_o + \frac{E}{2 \pi} \left(\frac{1}{l - s} - \frac{1}{l + s} \right)$$

$$= - c_o \left[1 - \frac{1}{k} \, \frac{1}{\left(\dfrac{l}{s} \right)^2 - 1} \right] = - 0{,}9701 \, c_o \, [\text{m}/\text{s}].$$

Die Bernoullische Gleichung $p_o + \dfrac{\varrho}{2} c_o{}^2 = p_l + \dfrac{\varrho}{2} c_l{}^2$

ergibt

$$\frac{p_l - p_o}{\frac{\varrho}{2} c_o^2} = 0{,}0589$$

oder

$$p_l = p_o + 0{,}0589 \, \frac{\varrho}{2} \, c_o^2.$$

Gegenüber dem $p_{ges} = p_o + \frac{\varrho}{2} c_o^2$ besteht daher ein Unterschied

$$p_{ges} - p_l = 0{,}9411 \, \frac{\varrho}{2} \, c_o^2,$$

woraus $c_o = 1{,}0308 \sqrt{\dfrac{2}{\varrho} (p_{ges} - p_l)}$ folgt.

10. Ist $\mathfrak{r}$ der Ortsvektor eines Teilchens mit der Geschwindigkeit $\mathfrak{v}$, demnach $\mathfrak{v} = c \, \mathfrak{r}$, so geht die Kontinuitätsgleichung

$$\frac{\partial \varrho}{\partial t} + \operatorname{div}(\varrho \, \mathfrak{v}) = 0$$

über in

$$\frac{\partial \varrho}{\partial t} + c \left[\frac{\partial (\varrho \, x)}{\partial x} + \frac{\partial (\varrho \, y)}{\partial y} + \frac{\partial (\varrho \, z)}{\partial z} \right] = 0,$$

oder

$$\frac{\partial \varrho}{\partial t} + c \left[3 \, \varrho + \left(x \frac{\partial \varrho}{\partial x} + y \frac{\partial \varrho}{\partial y} + z \frac{\partial \varrho}{\partial z} \right) \right] = 0. \tag{a}$$

Nun ist

$$\frac{d \varrho}{dt} = \frac{\partial \varrho}{\partial t} + v_x \frac{\partial \varrho}{\partial x} + v_y \frac{\partial \varrho}{\partial y} + v_z \frac{\partial \varrho}{\partial z},$$

womit sich Gl. (a) vereinfacht in $\dfrac{d \varrho}{dt} + 3c \, \varrho = 0$

mit der Lösung $\varrho = \varrho_0 \, e^{-3ct}$.

11. Die Wirbelgleichung $\dfrac{d \mathfrak{w}}{dt} = (\mathfrak{w} \cdot \nabla) \, \mathfrak{v}$

lautet im Falle der Bewegung parallel der x, y-Ebene:

$$\frac{d \mathfrak{w}}{dt} = w_x \frac{\partial \mathfrak{v}}{\partial x} + w_y \frac{\partial \mathfrak{v}}{\partial y} \cdot \left(v_z = 0, \frac{\partial \mathfrak{v}}{\partial z} = 0 \right).$$

Da vom Wirbelvektor $\mathfrak{w} = \dfrac{1}{2} \operatorname{rot} \mathfrak{v}$ die Komponenten w_x und w_y verschwinden und nur $w_z = \dfrac{\partial v_y}{\partial x} - \dfrac{\partial v_x}{\partial y}$ bleibt, so wird $\dfrac{d \mathfrak{w}}{dt} = 0$, somit $\mathfrak{w}$ zeitlich konstant.

12. Sei P der momentane Drehpol und A ein beliebiger Systempunkt $\left(\overrightarrow{PA} = \mathfrak{a} \right)$, so ist mit ω als Winkelgeschwindigkeit: $\dfrac{\mathfrak{v}_A}{\omega} = \hat{\mathfrak{a}}$ (Quervektor von $\mathfrak{a}$),

demnach

$$\frac{v_{A,x}}{\omega} = -y, \quad \frac{v_{A,y}}{\omega} = +x, \tag{a}$$

wonach $\operatorname{div} \mathfrak{v} = \dfrac{\partial v_x}{\partial x} + \dfrac{\partial v_y}{\partial y}$ den Wert 0 erhält.

Für den Wirbelvektor $\mathfrak{w}$ gilt $\mathfrak{w} = \dfrac{1}{2} \operatorname{rot} \mathfrak{v} = \dfrac{1}{2} \begin{vmatrix} \mathfrak{i} & \mathfrak{j} & \mathfrak{k} \\ \dfrac{\partial}{\partial x} & \dfrac{\partial}{\partial y} & \dfrac{\partial}{\partial z} \\ v_x & v_y & 0 \end{vmatrix}$;

somit wird $\mathfrak{w} = \dfrac{1}{2} \mathfrak{k} \left(\dfrac{\partial v_y}{\partial x} - \dfrac{\partial v_x}{\partial y} \right),$

oder wegen (a): $\mathfrak{w} = \mathfrak{k}\omega$ ($\mathfrak{k}$ Einheitsvektor senkrecht zum ebenen System).

13. Sind u, v, w die Geschwindigkeitskomponenten von c, so lautet die Bewegungsgleichung in der x-Richtung

$$ u \frac{\partial u}{\partial x} + v \frac{\partial u}{\partial y} + w \frac{\partial u}{\partial z} + \frac{1}{\varrho} \frac{\partial}{\partial x} (p + U) = 0. $$

Subtrahiert man hievon den durch Differentiation von

$$ c^2 = u^2 + v^2 + w^2 $$

entstehenden Ausdruck

$$ u \frac{\partial u}{\partial x} + v \frac{\partial v}{\partial x} + w \frac{\partial w}{\partial x} - \frac{1}{\varrho} \frac{\partial}{\partial x} \left(\frac{\varrho c^2}{2} \right) = 0, $$

so erhält man wegen $E = \dfrac{\varrho c^2}{2} + p + U$:

$$ v \left(\frac{\partial u}{\partial y} - \frac{\partial v}{\partial x} \right) + w \left(\frac{\partial u}{\partial z} - \frac{\partial w}{\partial x} \right) + \frac{1}{\varrho} \frac{\partial E}{\partial x} = 0 \qquad (a) $$

und die analogen Gleichungen für die y- und z-Richtung.

Sind ω_x, ω_y, ω_z die Komponenten des Rotors von c,

demnach

$$ \omega_x = \frac{\partial w}{\partial y} - \frac{\partial v}{\partial z}, $$

$$ \omega_y = \frac{\partial u}{\partial z} - \frac{\partial w}{\partial x}, $$

$$ \omega_z = \frac{\partial v}{\partial x} - \frac{\partial u}{\partial y}, $$

so geht (a) über in

$$ \frac{1}{\varrho} \frac{\partial E}{\partial x} = v\,\omega_z - w\,\omega_y; $$

analog wird

$$ \frac{1}{\varrho} \frac{\partial E}{\partial y} = w\,\omega_x - u\,\omega_z $$

und

$$ \frac{1}{\varrho} \frac{\partial E}{\partial z} = u\,\omega_y - v\,\omega_x. $$

Es ist also der Gradient von E bis auf einen konstanten Faktor das Vektorprodukt von $\overline{c}$ und $\overline{\omega}$ und dieses verschwindet nur, wenn $\overline{\omega} = 0$ oder $\overline{\omega}$ parallel $\overline{c}$ ist.

14. Der Annahme eines Potentialwirbels entsprechend ist die Geschwindigkeit v an der Stelle r gegeben durch $v = \dfrac{c}{r}$.

Die Konstante c ergibt sich aus der Kontinuitätsbedingung

$$v_0 \, (r_a - r_i) = \int\limits_{r_i}^{r_a} v \, dr = c \int\limits_{r_i}^{r_a} \frac{dr}{r}$$

zu
$$c = v_0 \, \frac{r_a - r_i}{\ln \dfrac{r_a}{r_i}}.$$

Hiemit wird
$$\frac{v}{v_0} = \frac{r_a - r_i}{r} \, \frac{1}{\ln \dfrac{r_a}{r_i}}.$$

Da in der reibungs- und drehungsfreien Strömung die Konstante H der Bernoullischen Gleichung auf allen Stromlinien den gleichen Wert $H = p_0 + \dfrac{\varrho}{2} v_0^2$ besitzt, so gilt für die Stelle r:

$$p + \frac{\varrho}{2} \, v^2 = H.$$

Hienach ergibt sich als Gesetz der Druckverteilung

$$p \, (r) = H - \frac{\varrho}{2} \, v_0^2 \left[\frac{r_a - r_i}{\ln \dfrac{r_a}{r_i}} \right]^2 \cdot \frac{1}{r^2}.$$

Der niedrigste Druck herrscht an der Innenwand des Krümmers ($r = r_i$) und beträgt

$$p_i = H - \frac{\varrho}{2} \, v_0^2 \left[\frac{\dfrac{r_a}{r_i} - 1}{\ln \dfrac{r_a}{r_i}} \right]^2.$$

15. Die Kontinuitätsgleichung div $\mathfrak{v} = 0$ ist von der Wahl des Koordinatensystems unabhängig. Für ein festes $x\,y\,z$-System ist

$$\text{div } \mathfrak{v} = \frac{\partial v_x}{\partial x} + \frac{\partial v_y}{\partial y} + \frac{\partial v_z}{\partial z} = 0.$$

Für die Zylinderkoordinaten r, φ, z und die entsprechenden Geschwindigkeitskomponenten v_r, v_φ, v_z ist der nach vorstehendem gebildete Ausdruck $\dfrac{\partial v_r}{\partial r} + \dfrac{\partial v_\varphi}{r \, \partial \varphi} + \dfrac{\partial v_z}{\partial z}$ noch zu ergänzen durch $\dfrac{v_r}{r}$, da das konstant gehaltene v_r bei Zunahme von φ um $\partial \varphi$ in tangentialer Richtung den Beitrag $\dfrac{v_r \, d\varphi}{r \, d\varphi} = \dfrac{v_r}{r}$ liefert.

Hiemit ergibt sich unmittelbar

$$\operatorname{div} \mathfrak{v} = \frac{\partial\,(r\,v_r)}{\partial\,r} + \frac{\partial\,(r\,v_\varphi)}{r\,\partial\,\varphi} + \frac{\partial\,(r\,v_z)}{\partial\,z} = 0. \tag{a}$$

Bei **wirbelfreier** Strömung besteht ein Geschwindigkeitspotential $\Phi\,(r,\varphi,z)$, so daß $v_r = \dfrac{\partial\,\Phi}{\partial\,r}$, $v_\varphi = \dfrac{\partial\,\Phi}{r\,\partial\,\varphi}$, $v_z = \dfrac{\partial\,\Phi}{\partial\,z}$.

Das Potential Φ hat dann gemäß (a) der Gleichung

$$\frac{\partial^2\,\Phi}{\partial\,r^2} + \frac{1}{r}\,\frac{\partial\,\Phi}{\partial\,r} + \frac{\partial^2\,\Phi}{(r\,\partial\,\varphi)^2} + \frac{\partial^2\,\Phi}{\partial\,z^2} = 0 \tag{b}$$

zu genügen.

16. Aus

$$v_r = \frac{\partial\,\Phi}{\partial\,r} = \frac{a\,z}{r},$$

$$v_\varphi = \frac{\partial\,\Phi}{r\,\partial\,\varphi} = 0,$$

$$v_z = \frac{\partial\,\Phi}{\partial\,z} = a \ln \frac{r}{r_0}$$

ergibt sich

$$|\mathfrak{v}| = a \sqrt{\frac{z^2}{r^2} + \left(\ln\frac{r}{r_0}\right)^2}.$$

Die Kontinuitätsgleichung

$$\frac{\partial\,(r\,v_r)}{\partial\,r} + \frac{\partial\,(r\,v_\varphi)}{r\,\partial\,\varphi} + \frac{\partial\,(r\,v_z)}{\partial\,z} = 0 \quad \text{(vgl. Aufg. 15)}$$

ist mit obigen Geschwindigkeitskomponenten erfüllt.

Ist $\mathfrak{r}$ der Ortsvektor eines Punktes der Stromlinie des Flüssigkeitsteilchens mit der Geschwindigkeit $\mathfrak{v}$, so ist $d\,\mathfrak{r} \,/\!/ \,\mathfrak{v}$, demnach $\mathfrak{v} \times d\,\mathfrak{r} = 0$. Mit den Komponenten dr und dz von $d\,\mathfrak{r}$ muß also $v_r\,dz - v_z\,dr = 0$ sein,

oder

$$\frac{a\,z}{r}\,dz - a \ln\left(\frac{r}{r_0}\right)dr = 0.$$

Die Integration ergibt als Gleichung der Stromlinien

$$r^2\left(\ln\frac{r}{r_0} - \frac{1}{2}\right) = z^2 + C,$$

wo C eine beliebige Konstante.

17. Da nach Voraussetzung $v_\varphi = 0$, so vereinfacht sich die Kontinuitätsgleichung (Aufg. 15) in $\dfrac{\partial\,(r\,v_r)}{\partial\,r} + \dfrac{\partial\,(r\,v_z)}{\partial\,z} = 0$ (a)

oder

$$\frac{\partial^2\,\Phi}{\partial\,r^2} + \frac{1}{r}\,\frac{\partial\,\Phi}{\partial\,r} + \frac{\partial^2\,\Phi}{\partial\,z^2} = 0. \tag{b}$$

Von den drei Wirbelkomponenten ω_r, ω_z, ω_φ verschwinden wegen der Rotationssymmetrie um die Z-Achse und wegen $v_\varphi = 0$ die beiden ersten und es bleibt

$$\omega_\varphi = \frac{\partial v_z}{\partial r} - \frac{\partial v_r}{\partial z}.$$

Ist die Strömung wirbelfrei, so daß ein Geschwindigkeitspotential Φ existiert, so ist wegen $v_r = \dfrac{\partial \Phi}{\partial r}$ und $v_z = \dfrac{\partial \Phi}{\partial z}$ auch $\omega_\varphi = 0$.

Schreibt man dann Gl. (a) in der Form $\dfrac{\partial}{\partial r}\left(r\dfrac{\partial \Phi}{\partial r}\right) + \dfrac{\partial}{\partial z}\left(r\dfrac{\partial \Phi}{\partial z}\right) = 0$

und setzt
$$r\frac{\partial \Phi}{\partial r} = -\frac{\partial \Psi}{\partial z}, \quad r\frac{\partial \Phi}{\partial z} = \frac{\partial \Psi}{\partial r}, \tag{c}$$

worin $\Psi(r, z)$ eine Funktion von r und z ist, so folgt zunächst

$$\frac{\dfrac{\partial \Phi}{\partial r}}{\dfrac{\partial \Phi}{\partial z}} = -\frac{\dfrac{\partial \Psi}{\partial z}}{\dfrac{\partial \Psi}{\partial r}},$$

d. h. die durch die Gleichungen

$$\Phi(r, z) = \text{konst.}, \quad \Psi(r, z) = \text{konst.}$$

dargestellten Kurvenscharen durchschneiden einander orthogonal, die Funktion Ψ stellt also die Schar der Stromlinien dar.

Da
$$\frac{\partial^2 \Phi}{\partial r \partial z} = \frac{\partial^2 \Phi}{\partial z \partial r},$$

so folgt aus den Gln. (c):

$$-\frac{\partial}{\partial z}\left(\frac{1}{r}\frac{\partial \Psi}{\partial z}\right) = \frac{\partial}{\partial r}\left(\frac{1}{r}\frac{\partial \Psi}{\partial r}\right)$$

oder

$$\frac{\partial^2 \Psi}{\partial r^2} - \frac{1}{r}\frac{\partial \Psi}{\partial r} + \frac{\partial^2 \Psi}{\partial z^2} = 0 \tag{d}$$

als Differentialgleichung für die Stromfunktion Ψ.

Die Funktion
$$\Phi(r, z) = a\,(2\,z^2 - r^2)$$

ergibt
$$\frac{\partial \Phi}{\partial r} = -2\,a\,r, \quad \frac{\partial^2 \Phi}{\partial r^2} = -2\,a, \quad \frac{\partial^2 \Phi}{\partial z^2} = 4\,a.$$

Da hiemit Gl. (b) erfüllt ist, so wird durch diesen Ansatz eine mögliche Strömung dargestellt mit den Geschwindigkeitskomponenten

$$v_r = -2\,a\,r, \quad v_z = 4\,a\,z,$$

so daß
$$v = 2\,a\,\sqrt{r^2 + 4\,z^2}.$$

Die Gln. (c) ergeben

$$\frac{\partial \Psi}{\partial z} = -r\,v_r = 2\,a\,r^2,$$

$$\frac{\partial \Psi}{\partial r} = r\,v_z = 4\,a\,r\,z,$$

somit

$$d\Psi = \frac{\partial \Psi}{\partial r}\,dr + \frac{\partial \Psi}{\partial z}\,dz = 4\,a\,r\,z\,dr + 2\,a\,r^2\,dz.$$

Mit $\Psi = $ konst. wird $d\Psi = 0 = 2\,a\,(2\,r\,z\,dr + r^2\,dz)$, woraus sich als Gleichung der Stromlinien ergibt (vgl. Abb. 223)

$$r^2\,z = \text{konst.}$$

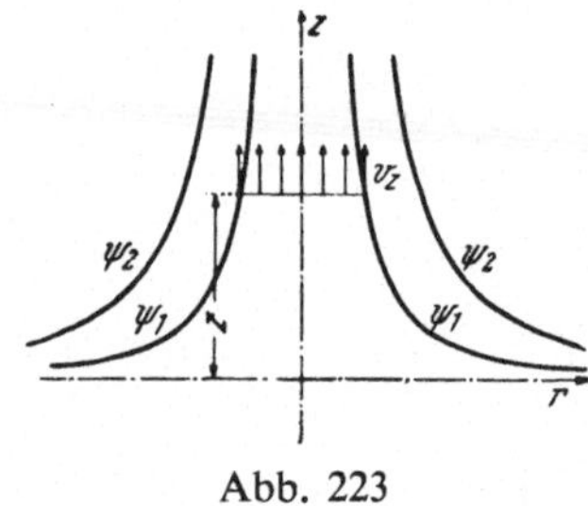

Abb. 223

Da $v_z = 4\,a\,z$ für alle Punkte eines in der Höhe z gelegten Horizontalschnittes den gleichen Wert hat, so ist die durch den Kreisquerschnitt $r^2\pi$ in der Zeiteinheit strömende Menge gleich $r^2\,\pi \cdot v_z$ oder $(4\,a\,\pi)\,r^2\,z$; da sie innerhalb des röhrenförmigen Raumes, der von den Meridianlinien $\Psi = $ konst. begrenzt ist, konstant bleiben muß, so folgt wie oben $\quad r^2\,z = \text{konst.}$

18. Damit Φ der **L a p l a c e** schen Gleichung

$$\frac{\partial^2 \Phi}{\partial x^2} + \frac{\partial^2 \Phi}{\partial y^2} + \frac{\partial^2 \Phi}{\partial z^2} = 0$$

genügt, muß die Beziehung

$$a + b + c = 0$$

erfüllt sein.

Im Sonderfalle $b = a$ ist $c = -2a$, somit

$$\Phi = \frac{a}{2}\,(x^2 + y^2 - 2\,z^2).$$

Die Flächen konstanten Potentials Φ sind einschalige Drehhyperboloide mit der Z als Drehachse.

Aus $\mathfrak{v} = \operatorname{grad} \Phi$ folgt $|\mathfrak{v}| = a\,\sqrt{x^2 + y^2 - 4\,z^2}$

und aus $\dfrac{p}{\gamma} + \dfrac{v^2}{2\,g} + z = H$ die Druckhöhe $\dfrac{p}{\gamma} = H - \dfrac{a^2}{2\,g}\,(x^2 + y^2 - 4\,z^2) - z$,

wo z die geodätische Höhe des Flüssigkeitsteilchens ist.

19. Mit $z = r\,e^{i\varphi}$ ergibt sich

$$\frac{w(z)}{a} = (\ln r - \varphi) + i\,(\ln r + \varphi),$$

somit das Geschwindigkeitspotential $\Phi = a\,(\ln r - \varphi)$, die Stromfunktion $\Psi = a\,(\ln r + \varphi)$.

Für konstante Werte von Φ und Ψ lautet die Gleichung einer Stromlinie

$$r = c_1\, e^{-\varphi}$$

und jene einer Niveaulinie $r = c_2\, e^{+\varphi}$.

(Logarithmische Spiralen mit dem Nullpunkt als asymptotischem Punkt.)

Aus $v_r = \dfrac{\partial \Phi}{\partial r} = \dfrac{a}{r}$ und $v_\varphi = \dfrac{\partial \Phi}{r\,\partial \varphi} = -\dfrac{a}{r}$ ergibt sich die Geschwindig-

keit $v = \dfrac{a\,\sqrt{2}}{r}$; sie ist gegen den Fahrstrahl r unter $\pi/4$ geneigt.

An den Stellen $|z| = r = \sqrt{2}$ ist daher $v = a$.

20. Mit $w(z) = \Phi + i\,\Psi$
geht die gegebene Gleichung über in

$$\frac{z}{a} = e^{c\,\Phi}(\cos c\,\Psi + i\sin c\,\Psi) + e^{-c\,\Phi}(\cos c\,\Psi - i\sin c\,\Psi) =$$

$$= 2\cos(c\,\Psi)\,\mathrm{Cos}(c\,\Phi) + 2i\sin(c\,\Psi)\,\mathrm{Sin}(c\,\Phi) = \frac{1}{a}(x + i\,y).$$

Der Vergleich der Reell- und Imaginärteile liefert

$$x = 2\,a\cos(c\,\Psi)\,\mathrm{Cos}(c\,\Phi),$$

$$y = 2\,a\sin(c\,\Psi)\,\mathrm{Sin}(c\,\Phi).$$

Durch Eliminieren von Ψ oder Φ folgt

$$\left[\frac{x}{2\,a\,\mathrm{Cos}(c\,\Phi)}\right]^2 + \left[\frac{y}{2\,a\,\mathrm{Sin}(c\,\Phi)}\right]^2 = 1, \qquad\qquad \text{(a)}$$

bzw.

$$\left[\frac{x}{2\,a\cos(c\,\Psi)}\right]^2 - \left[\frac{y}{2\,a\sin(c\,\Psi)}\right]^2 = 1. \qquad\qquad \text{(b)}$$

Wird hierin Φ bzw. Ψ gleich einer Konstanten gesetzt, so sind dies die Gleichungen von zwei Scharen konfokaler Ellipsen als Niveaulinien und Hyperbeln als Stromlinien (Durchfluß durch einen Hyperbelspalt Abb. 224). Der Brennpunktabstand ist jedesmal gleich $4a$. Bei Vertauschung der Bedeutung der Funktionen Φ und Ψ liegt die Umströmung eines elliptischen Profils vor mit dem Grenzfalle der Strömung um eine ebene unendlich dünne Platte von der Länge $4a$. Für die an der X-Achse gespiegelte (konjugierte) Geschwindigkeit $\bar{v}$

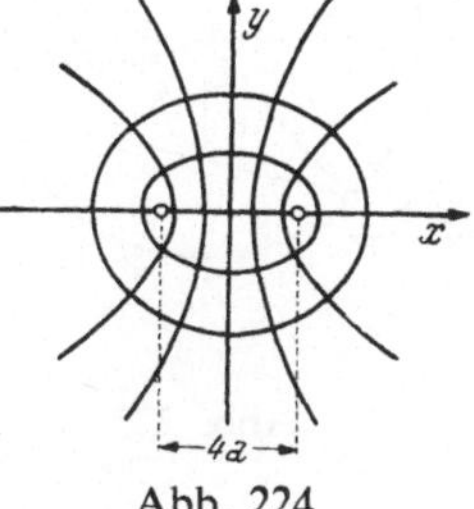

Abb. 224

ergibt sich aus $\bar{v} = \dfrac{dw}{dz}$ wegen $dz = ac\,(e^{c\,w} - e^{-c\,w})\,dw$:

$$\bar{v} = \frac{1}{a\,c} \cdot \frac{1}{e^{c\,\Phi}(\cos c\,\Psi + i\sin c\,\Psi) - e^{-c\,\Phi}(\cos c\,\Psi - i\sin c\,\Psi)}$$

oder

$$\bar v = \frac{1}{2\,a\,c}\;\frac{\mathrm{Sin}\,(c\,\varPhi)\cos\,(c\,\varPsi)-i\,\mathrm{Cos}\,(c\,\varPhi)\sin\,(c\,\varPsi)}{\mathrm{Sin}^2\,(c\,\varPhi)\cos^2\,(c\,\varPsi)+\mathrm{Cos}^2\,(c\,\varPhi)\sin^2\,(c\,\varPsi)}=v_x-i\,v_y.$$

Im besonderen ergeben sich hieraus für die Stelle $z = \pm\,a$, wo $y = 0$ und wegen $\varPhi_o = 0$: $x = \pm\,a = 2\,a\cos(c\,\varPsi)$ ist, also $\cos(c\,\varPsi)=\pm\dfrac{1}{2}$, die Geschwindigkeitskomponenten

$$v_x = 0,\quad v_y = \frac{1}{a\,c\sqrt{3}}.$$

21. Die an der reellen x-Achse gespiegelte komplexe Geschwindigkeit $\bar v$ beträgt

$$\bar v = v_x - i\,v_y = \frac{dw}{dz}=c_0\left[e^{-i\alpha}-\frac{a^2}{z^2}\,e^{+i\alpha}\right]+\frac{\varGamma i}{2\,\pi\,z}.$$

Für den hinteren Staupunkt S_h, wo $z_h = a\,e^{-i\beta}$ ist, verschwindet $\bar v$; hieraus folgt

$$c_0\left[e^{-i\alpha}-\frac{e^{+i\alpha}}{e^{-2i\beta}}\right]+\frac{\varGamma i}{2\,\pi\,a\,e^{-i\beta}}=0.$$

Multipliziert man diese Gleichung mit $e^{-i\beta}$ und beachtet, daß

$$\frac{1}{2\,i}\left(e^{i(\alpha+\beta)}-e^{-i(\alpha+\beta)}\right)=\sin\,(\alpha+\beta),$$

so ergibt sich für die Zirkulationskonstante $\varGamma$ der Wert

$$\varGamma = 4\,\pi\,a\,c_0\sin\,(\alpha+\beta). \tag{a}$$

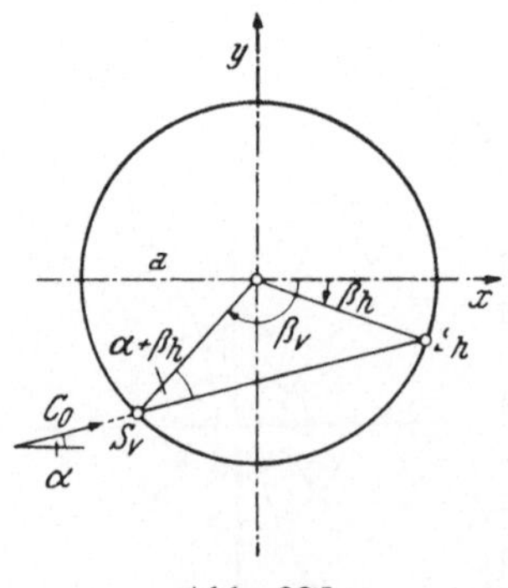

Abb. 225

Da der vordere Staupunkt S_v auf dem durch S_h gelegten Parallelstrahl zu c_0 liegen soll (Abb. 225), so ist dort $\beta_v = \pi - (2\,\alpha + \beta_h)$ und $z_v = a\,e^{-i\beta_v}$ oder wegen $e^{-i\pi} = -1$:

$$z_v = -a\,e^{i(2\alpha+\beta_h)}. \tag{b}$$

Hiemit ergibt sich an der Stelle z_v die komplexe Geschwindigkeit

$$\frac{dw}{dz}=c_0\left[e^{-i\alpha}-\frac{a^2\,e^{+i\alpha}}{z_v^2}\right]+\frac{\varGamma i}{2\,\pi\,z_v}.$$

Mit Beachtung der Gln. (a) und (b) wird

$$\bar v_v = \left|\frac{dw}{dz}\right|_v = 0,\qquad\text{also ein Staupunkt.}$$

22. zu (a): Für einen Punkt P des Kreises (Abb. 226) ist $z = a\,e^{i\varphi}$; somit wird $\zeta = a(e^{i\varphi}+e^{-i\varphi})=2\,a\cos\varphi$.

Der Kreis wird in den Teil der reellen Achse übergeführt, der zwischen den Punkten $|\zeta| = \pm2\,a$ liegt.

zu (b): Liegt der Mittelpunkt auf der Y-Achse in M_0 und geht der Kreis durch die Punkte A, B (Abb. 227), so ist sein Halbmesser $a_1 = \dfrac{a}{\cos \beta}$.

Für den Punkt P mit $z = r\,e^{i\varphi}$ ergibt sich nach der Abbildung

$$\zeta = r\,e^{i\varphi} + \frac{a^2}{r}\,e^{-i\varphi} = \xi + i\,\eta,$$

wonach

$$\xi = \left(r + \frac{a^2}{r}\right)\cos\varphi, \qquad \text{(a)}$$

$$\eta = \left(r - \frac{a^2}{r}\right)\sin\varphi. \qquad \text{(b)}$$

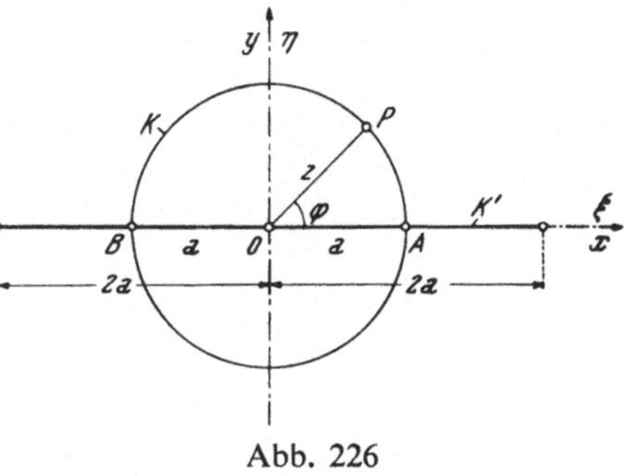

Abb. 226

Wird r eliminiert, so folgt $\xi^2 \sin^2\varphi - \eta^2 \cos^2\varphi = 4\,a^2 \sin^2\varphi \cos^2\varphi$.   (c)
Aus dem Dreiecke $O\,M_0\,P$ ergibt sich

$$a_1{}^2 = \frac{a^2}{\cos^2\beta} = r^2 + a^2\,\mathrm{tg}^2\,\beta - 2\,a\,r\,\mathrm{tg}\,\beta\,\sin\varphi$$

oder $\qquad\qquad\qquad r^2 - a^2 = 2\,a\,r\,\mathrm{tg}\,\beta\,\sin\varphi,$

woraus nach Gl. (b) folgt: $\quad \eta = \dfrac{r^2 - a^2}{r}\sin\varphi = 2\,a\,\mathrm{tg}\,\beta\,\sin^2\varphi.$ (d)

Hiemit läßt sich der Winkel φ in Gl. (c) eliminieren und man erhält als Gleichung der transformierten Kurve K'

$$\xi^2 + (\eta + 2\,a\,\mathrm{ctg}\,2\,\beta)^2 = \left(\frac{2\,a}{\sin 2\,\beta}\right)^2.$$

K' ist demnach ein Kreis; da nach Gl. (d) η proportional $\sin^2\varphi$ ist, so besteht die abgebildete Kurve K' nur aus jenem Kreisbogen, der oberhalb der reellen Achse zwischen den Punkten A' und B' mit $\xi = \pm\,2\,a$ liegt.

Die oberen und unteren Teile des Umfanges des Kreises K bilden sich auf die obere und untere Seite des Kreisbogens K'

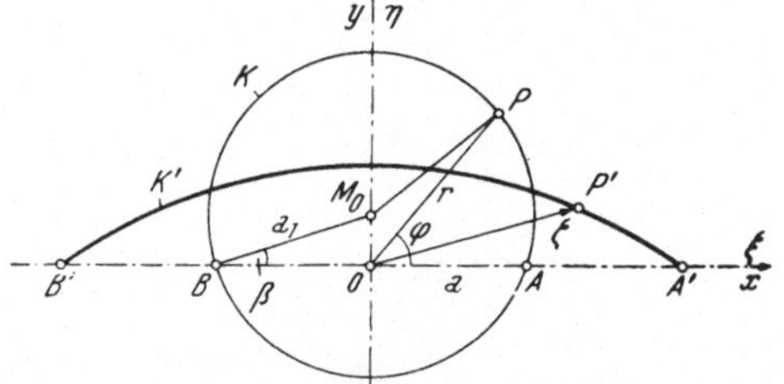

Abb. 227

ab. Seine größte Ordinate ist $\eta_{max} = 2\,a\,\mathrm{tg}\,\beta = 2\,\overline{O\,M_0}$.

   zu (c): Es ist $\overline{O\,M} = a_1 - a = a\,\varepsilon.$

Dann gilt für Punkt P (nach Abb. 228): $a_1{}^2 = r^2 + \overline{O\,M}^2 - 2\,r\cdot\overline{O\,M}\cos\varphi,$
woraus wegen $\varepsilon \ll 1$ folgt

$$r = a\,[1 + \varepsilon\,(1 + \cos\varphi)].$$

Die Abbildung $\zeta = z + \dfrac{a^2}{z} = \xi + i\,\eta$ liefert dann

$$\xi = \left(r + \frac{a^2}{r}\right) \cos \varphi = 2\,a \cos \varphi,$$

$$\eta = \left(r - \frac{a^2}{r}\right) \sin \varphi = 2\,a\,\varepsilon\,(1 + \cos \varphi) \sin \varphi.$$

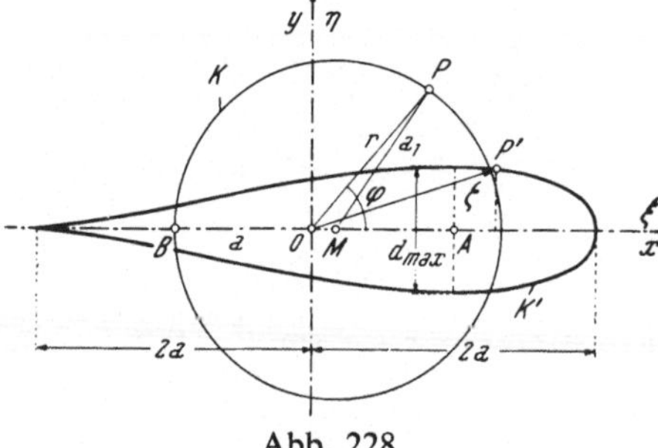

Abb. 228

Die zur X-Achse symmetrische Kurve K' erstreckt sich von der Spitze $\xi = -2\,a$ bis zum Scheitel $\xi = +2\,a$. Die Dicke des Profils (z. B. Flosse eines Leitwerkes) im Mittelpunkt O beträgt wegen

$$\varphi = \frac{\pi}{2}:$$

$$d_0 = 4\,a\,\varepsilon = 2\,\eta_{\pi/2}.$$

Der Größtwert d_{max} entsteht bei $\cos \varphi = \dfrac{1}{2}$ an jener Stelle A, die um $^1/_4$ der Sehnenlänge vom Scheitel (Vorderkante) entfernt ist; dort wird $d_{max} = 3\,a\,\varepsilon\,\sqrt{3}$.

zu (d): Ist P ein Punkt des durch den Punkt B des Kreises vom Halbmesser a gehenden abzubildenden Kreises K, dessen Mittelpunkt M durch $\overline{OM} = m$ und den Winkel $MOY = \alpha$ festgelegt ist (Abb. 229), und hat P die Polarkoordinaten r, φ, so liefert das Dreieck OMP mit $\overline{MP} = a_2$:

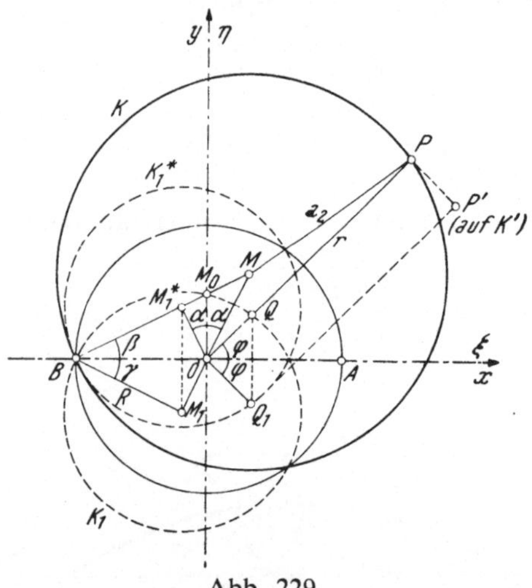

Abb. 229

$$a_2{}^2 = r^2 + m^2 - 2\,r\,m\sin(\varphi + \alpha). \tag{a}$$

Für den zu P bezüglich des Zentrums O invers liegenden Punkt Q auf OP gilt $\overline{OQ} = \varrho = \dfrac{a^2}{r}$.

Demnach folgt für ϱ aus (a) die Gleichung

$$\varrho^2\,(a_2{}^2 - m^2) + 2\,m\,a^2\,\varrho \sin(\varphi + \alpha) - a^4 = 0$$

oder mit

$$c_1 = \frac{m\,a^2}{a_2{}^2 - m^2}, \quad c^2 = \frac{a^4}{a_2{}^2 - m^2}:$$

$$\varrho^2 + 2\,c_1\,\varrho \sin(\varphi + \alpha) - c^2 = 0.$$

Mit den Koordinaten

$$x = \varrho \cos \varphi,$$
$$y = \varrho \sin \varphi$$

des Punktes Q für die x, y-Achsen ergibt sich die Ortsgleichung der Punkte Q:

$$(x + c_1 \cos \alpha)^2 + (y + c_1 \sin \alpha)^2 = c^2 + c_1{}^2.$$

Dies ist die Gleichung des zu K bezüglich O inversen Kreises K_1 mit den Mittelpunktskoordinaten

$$x_0 = - c_1 \cos \alpha,$$
$$y_0 = - c_1 \sin \alpha$$

und dem Halbmesser $\quad R = \sqrt{c^2 + c_1{}^2} = \dfrac{a^2\,a_2}{a_2{}^2 - m^2}.$

Der Mittelpunkt M_1 liegt auf OM und es ist

$$\overline{OM_1} = \sqrt{x_0{}^2 + y_0{}^2} = c_1 = \dfrac{m\,a^2}{a_2{}^2 - m^2}.$$

Ist γ der Winkel des Halbmessers $M_1 B$ mit der X-Achse, so folgt aus dem Dreiecke $M_1 B O$:

$$\frac{\overline{OM_1}}{\overline{M_1 B}} = \frac{c_1}{R} = \frac{\sin \gamma}{\cos \alpha}$$

oder

$$\sin \gamma = \frac{c_1}{R} \cos \alpha = \frac{m \cos \alpha}{a_2}.$$

Da aber nach Abb. 229 $\qquad m \cos \alpha = a_2 \sin \beta,$

so wird $\qquad\qquad\qquad\qquad \sin \gamma = \sin \beta$

oder $\qquad\qquad\qquad\qquad\qquad \gamma = \beta.$

Die Geraden BM_1 und BM liegen demnach symmetrisch zur X-Achse. Bei der Spiegelung des Kreises K_1 mit dem Mittelpunkte M_1 an der X-Achse geht dieser somit über in den Kreis $K_1{}^*$ mit dem Mittelpunkte $M_1{}^*$ auf BM und es liegen die Strahlen OM und $OM_1{}^*$ symmetrisch zur Y-Achse, wodurch die Lage von $M_1{}^*$ unmittelbar bestimmt ist.

Die Abbildung $\zeta = z + \dfrac{a^2}{z}$ liefert mit $z = r\,e^{i\varphi}$:

$$\zeta = r\,e^{i\varphi} + \frac{a^2}{r}\,e^{-i\varphi} = \overline{OP} \cdot e^{i\varphi} + \overline{OQ} \cdot e^{-i\varphi}$$

oder $\qquad\qquad\qquad \zeta = \overrightarrow{OP} + \overrightarrow{OQ_1} = \overrightarrow{OP'},$

so daß durch Vervollständigung des Parallelogrammes $POQ_1 P'$ (Abb. 230)

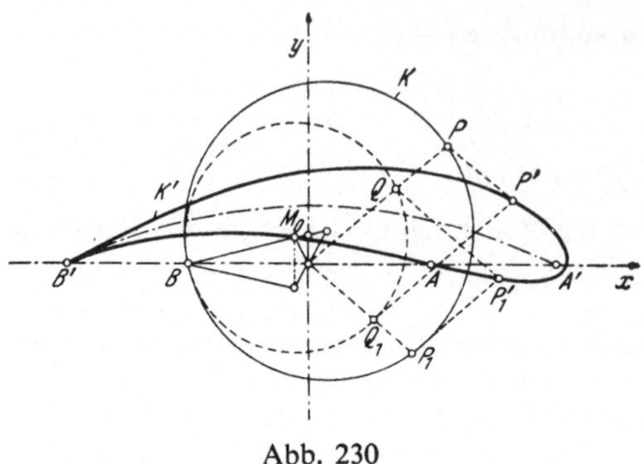

Abb. 230

der dem Punkte P des Kreises K entsprechende Abbildungspunkt P' der gesuchten Kurve K' bestimmt ist. (Konstruktion von E. Trefftz, 1913.) Durch Wiederholung dieser Konstruktion für eine Reihe von Punkten auf dem Umfang des Kreises K kann somit die Kurve K' (Joukowski-Profil) gezeichnet werden.

XIII. Grundwasserströmung

Den Lösungen der Aufgaben dieses Abschnittes ist das Filtergesetz von Darcy zugrunde gelegt, nach welchem $u = k \cdot J$.

Es bedeutet: u Filtergeschwindigkeit $= Q/F$, wo Q die in der Zeiteinheit durch die ganze Querschnittsfläche F des Filters strömende Wassermenge;

J das Standrohrspiegelgefälle,

k die Bodendurchlässigkeit.

1. Da im Beharrungszustand $Q = 2\pi r z\, u_r$, wo $u_r = kJ = k\dfrac{dz}{dr}$,

so folgt

$$\frac{Q}{2\pi k}\,\frac{dr}{r} = z\,dz$$

und hieraus

$$z^2 + C = \frac{Q}{\pi k}\ln r\,.$$

Mit der Randbedingung $z = z_0$ für $r = r_0$ wird

$$z^2 = z_0{}^2 + \frac{Q}{\pi k}\ln\frac{r}{r_0}\,. \tag{1}$$

Mit der Entfernung r vom Brunnen wächst hienach z unbeschränkt; da aber die Spiegellinie tatsächlich immer unter der Ruhelage H bleiben muß, so wird zur Ausschaltung dieses Widerspruches dem Werte $z = H$ ein Wert $r = R$ (Reichweite des Brunnens) zugeordnet, für den die verursachte Spiegelsenkung praktisch nicht mehr wahrgenommen werden kann. Damit ergibt sich dann aus (1) die sogenannte Brunnengleichung

$$H^2 = z_0{}^2 + \frac{Q}{\pi k}\ln\frac{R}{r_0}\,,$$

worin R ein in jedem Einzelfalle durch eine Probeentnahme im Gelände zu ermittelnder Festwert ist. Außerhalb der Reichweite R wird die Höhenlage H als unverändert angenommen.

2. Aus Gl. (1) der Aufg. **1** folgt $Q = \dfrac{\pi\,k\,h\,(2\,z_0 + h)}{\ln \dfrac{r_1}{r_0}}$.

3. Aus Gl. (1) der Aufg. **1** ergibt sich zunächst

$$z_1{}^2 - z_2{}^2 = \frac{Q}{\pi\,k}\ln\frac{r_1}{r_2};$$

da $z_1 - z_2 = s_2 - s_1$, so folgt

$$z_1 + z_2 = \frac{Q}{\pi\,k\,(s_2 - s_1)}\ln\frac{r_1}{r_2},$$

somit

$$z_1 = \frac{1}{2}\left[\frac{Q}{\pi\,k\,(s_2 - s_1)}\ln\frac{r_1}{r_2} + (s_2 - s_1)\right],$$

$$z_2 = \frac{1}{2}\left[\frac{Q}{\pi\,k\,(s_2 - s_1)}\ln\frac{r_1}{r_2} - (s_2 - s_1)\right].$$

Die Mächtigkeit des Grundwasserträgers beträgt $H = z_1 + s_1 = z_2 + s_2$. Für die Wasserspiegelhöhe z_0 im Brunnen vom Halbmesser r_0 liefert Gl. (1):

$$z_0 = \sqrt{z_1{}^2 - \frac{Q}{\pi\,k}\ln\frac{r_1}{r_0}}.$$

4. Es entsteht eine räumliche geradlinige Filterströmung durch die zur Brunnensohle konzentrischen Halbkugelflächen mit der Geschwindigkeit

$$u = \frac{Q}{2\,\pi\,r^2} = k\,\frac{dz}{dr}.$$

Hieraus ergibt sich mit der Randbedingung $z = H$ für $r = \infty$

$$z = H - \frac{Q}{2\,\pi\,k\,r}$$

und wegen $z = z_0$ für $r = r_0$:

$$z_0 = H - \frac{Q}{2\,\pi\,k\,r_0},$$

woraus

$$k = \frac{Q}{2\,\pi\,r_0\,(H - z_0)}.$$

5. Ist y die Spiegelhöhe in der Entfernung x von der Einlaufstelle und q die Sickermenge in der Zeiteinheit und für die Breiteneinheit des Filters, so gilt wegen

$$u = -k\,\frac{dy}{dx}$$

die Raumgleichung

$$q = u\,y = -k\,y\,\frac{dy}{dx} = -\frac{k}{2}\,\frac{d\,(y^2)}{dx};$$

hieraus ergibt sich $y^2 - h^2 = \dfrac{2\,q}{k}\,(l - x)$ als Gleichung der Spiegelkurve.

Da für $x = 0$, $y = H$, so ergibt sich zur Berechnung des Durchflusses q die Formel

$$q = k\,\frac{H^2 - h^2}{2\,l}. \tag{1}$$

Hieraus folgt für die Durchlässigkeit k wegen $q = \dfrac{Q}{b\,t}$

$$k = \frac{2\,Q\,l}{(H^2 - h^2)\,b\,t}.$$

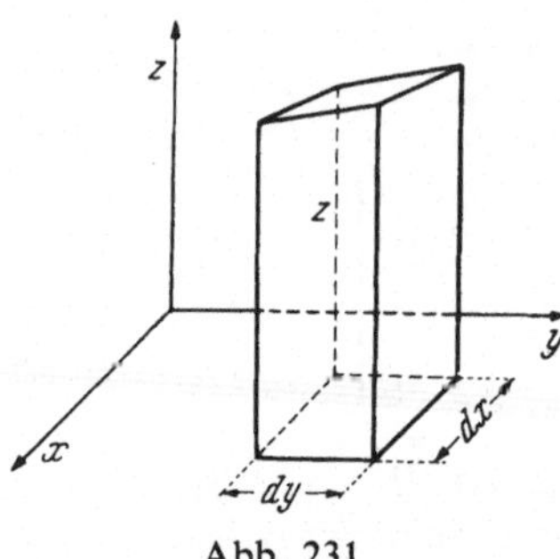

Abb. 231

6. Der Durchfluß durch die Seitenfläche $z\,dy$ eines Elementarprismas vom Querschnitte $dx \cdot dy$ und der Höhe z (Abb. 231) beträgt $u_x \cdot z\,dy$, jener durch die Parallelfläche

$$u_x z\,dy + \frac{\partial}{\partial x}(u_x z)\,dx\,dy,$$

somit der Überschuß an Durchfluß in der Richtung x:

$$\frac{\partial}{\partial x}(u_x z)\,dx \cdot dy;$$

ebenso folgt für die Richtung y ein Überschuß

$$\frac{\partial}{\partial y}(u_y z)\,dy \cdot dx.$$

Für Beharrungszustand verschwindet der Gesamtüberschuß, wonach

$$\frac{\partial}{\partial x}(u_x z) + \frac{\partial}{\partial y}(u_y z) = 0$$

sein muß.

Da

$$u_x = k\,\frac{\partial z}{\partial x}, \quad u_y = k\,\frac{\partial z}{\partial y},$$

so bleibt, wenn k als konstant angenommen wird, $\dfrac{\partial^2 (z^2)}{\partial x^2} + \dfrac{\partial^2 (z^2)}{\partial y^2} = 0$ als Ausdruck der Kontinuitätsgleichung.

7. Aus $z^2 - z_0{}^2 = \dfrac{Q}{\pi k}\ln\dfrac{r}{r_0}$ folgt wegen $r^2 = x^2 + y^2$:

$$\frac{\partial (z^2)}{\partial x} = \frac{Q}{\pi k}\,\frac{x}{x^2 + y^2}, \quad \text{daher} \quad \frac{\partial^2 (z^2)}{\partial x^2} = \frac{Q}{\pi k}\,\frac{y^2 - x^2}{(x^2 + y^2)^2};$$

bei Vertauschung von x mit y entsteht $\dfrac{\partial^2 (z^2)}{\partial y^2} = \dfrac{Q}{\pi k}\,\dfrac{x^2 - y^2}{(x^2 + y^2)^2}$,

wonach $\dfrac{\partial^2 (z^2)}{\partial x^2} + \dfrac{\partial^2 (z^2)}{\partial y^2} = 0$ ist.

8. Für die Komponenten der Filtergeschwindigkeit u nach den Richtungen x, y, z gilt nach D a r c y:

$$u_x = -k\,\frac{\partial h}{\partial x} = -\frac{\partial (k\,h)}{\partial x}$$

$$u_y = -k\,\frac{\partial h}{\partial y} = -\frac{\partial (k\,h)}{\partial y},$$

$$u_z = -k\,\frac{\partial h}{\partial z} = -\frac{\partial (k\,h)}{\partial z}$$

demnach $\qquad\qquad u = -\nabla (k\,h).$

Für die Grundwasserbewegung hat daher die Ortsfunktion $(k\,h)$ die gleiche Bedeutung wie das Geschwindigkeitspotential für die Potentialströmung einer idealen Flüssigkeit, für welche gemäß der Kontinuitätsgleichung die Laplacesche Gleichung gilt: $\nabla^2 (k\,h) = 0$; somit bei konstantem k

$$\frac{\partial^2 h}{\partial x^2} + \frac{\partial^2 h}{\partial y^2} + \frac{\partial^2 h}{\partial z^2} = 0.$$

9. Aus $w = \sqrt{z} = \sqrt{x + i\,y} = \Phi + i\,\Psi$

folgt durch Gleichsetzen der reellen und imaginären Teile

$$\left.\begin{aligned} \Phi^2 - \Psi^2 &= x, \\ 2\,\Phi\,\Psi &= y. \end{aligned}\right\} \tag{1}$$

Beseitigt man Ψ bzw. Φ, so ergibt sich

$$\left.\begin{aligned} y^2 &= 4\,\Psi^2\,(\Psi^2 + x), \\ \text{und} \qquad y^2 &= 4\,\Phi^2\,(\Phi^2 - x). \end{aligned}\right\} \tag{2}$$

Dies sind die Gleichungen der Kurvenscharen, in welche die zu den Koordinatenachsen der w-Ebene parallelen Geraden $\Phi = $ konst. und $\Psi = $ konst. durch die Abbildung auf die z-Ebene übergeführt werden. Es sind dies zwei Parabelscharen (Abb. 232), deren gemeinsamer Brennpunkt F im Ursprung liegt und deren Achse mit der x-Achse zusammenfällt; der Halbparameter beträgt für die eine Schar $2\,\Psi^2$, für die andere $2\,\Phi^2$.

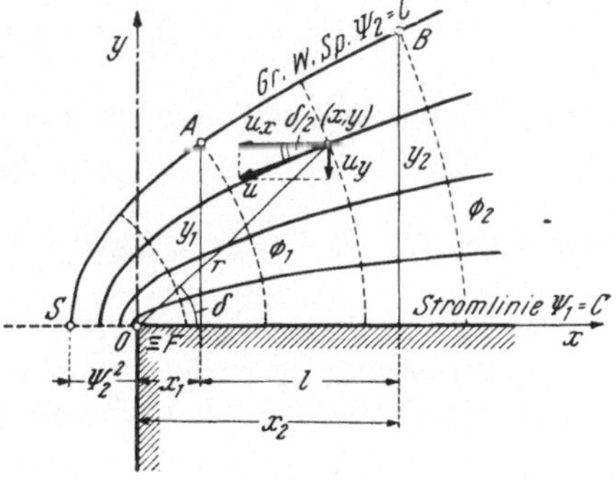

Abb. 232

Setzt man in Gl. (1) die Stromfunktion $\Psi = C$, so folgt $\dfrac{\Phi}{y} = \dfrac{1}{2\,C}.$ (3)

Für den freien Spiegel des Grundwassers ist die Standrohrspiegelhöhe $h = y$, da der Druck längs einer freien Oberfläche Null ist; somit ist dort das Geschwindigkeitspotential $\Phi = k\,h = k\,y$, oder $\dfrac{\Phi}{y} = k$ und diese Bedingung wird durch (3) erfüllt.

Die der Oberfläche des Grundwasserstromes entsprechende parabolische Stromlinie $\Psi_2 = C$ ist durch die in die undurchlässige Sohle fallende Parabelachse ($\Psi_1 = 0$) und durch die beiden eingemessenen Punkte A, B bestimmt.

Es gilt nach (2): $y_1{}^2 = 4\,C^2\,(C^2 + x_1)$,
$$y_2{}^2 = 4\,C^2\,(C^2 + x_2),$$

somit wegen $x_2 - x_1 = l$:

$$l = \frac{1}{4\,C^2}\,(y_2{}^2 - y_1{}^2),$$

woraus

$$4\,C^2 = \frac{y_2{}^2 - y_1{}^2}{l} = 4\,\varPsi_2{}^2. \tag{4}$$

Hiedurch ist die Lage des Ursprunges $O \equiv F$ bestimmt, nämlich durch

$$x_1 = \frac{y_1{}^2}{4\,C^2} - C^2 = \frac{y_1{}^2\,l}{y_2{}^2 - y_1{}^2} - \frac{y_2{}^2 - y_1{}^2}{4\,l}.$$

Der Scheitel der Parabel ist von O um $\varPsi_2{}^2 = \dfrac{y_2{}^2 - y_1{}^2}{4\,l}$ entfernt. Der durch die beiden Stromlinien $\varPsi_2 = C$ und $\varPsi_1 = 0$ sowie die Niveaulinien $\varPhi_2$ und $\varPhi_1$ begrenzte Bereich wird von der Flüssigkeitsmenge $\varPsi_2 - \varPsi_1$ bei einer Niveaudifferenz $\varPhi_2 - \varPhi_1$ durchströmt. In Übertragung auf die Grundwasserströmung mit dem Durchfluß q und dem Unterschiede $y_2 - y_1$ der Standrohrspiegel besteht daher die Beziehung

$$\frac{\varPsi_2 - \varPsi_1}{\varPhi_2 - \varPhi_1} = \frac{q}{k\,(y_2 - y_1)}. \tag{5}$$

Nun ist nach (3): $\varPhi_2 - \varPhi_1 = \dfrac{1}{2\,C}\,(y_2 - y_1)$,

womit sich aus (5) der Durchfluß q berechnet zu

$$q = 2\,k\,C\,\varPsi_2$$

oder wegen $C = \varPsi_2{}^2$: $\quad q = 2k\,\varPsi_2{}^2 = k\,\dfrac{y_2{}^2 - y_1{}^2}{2\,l}. \tag{6}$

Das gleiche Ergebnis wurde bereits in Aufg. **5** (Gl. 1) unter der Voraussetzung geringen Spiegelgefälles erhalten; für das hier beschriebene Strömungsbild gilt dieses Ergebnis demnach vollkommen genau bei beliebigem Spiegelgefälle.

Mit Beachtung von (4) ergibt sich aus (2) als Gleichung des Grundwasserspiegels

$$y^2 = \frac{y_2{}^2 - y_1{}^2}{l}\left(\frac{y_2{}^2 - y_1{}^2}{4\,l} + x\right) \tag{7}$$

und daher das Gefälle tg α des Grundwasserspiegels an der Stelle (x, y)

$$\mathrm{tg}\,\alpha = \frac{dy}{dx} = \frac{y_2{}^2 - y_1{}^2}{2\,l\,y}.$$

Hiemit geht Gl. (6) über in $q = k\,y\,\mathrm{tg}\,\alpha$.

Von dieser Gleichung nahm die Lösung der Aufg. **5** ihren Ausgang mit der Annahme, daß die waagrechte Komponente der Filtergeschwindigkeit in den Punkten einer Lotrechten sich nicht ändere. Die nachstehende Rechnung zeigt, daß bei der hier behandelten Strömung die Filtergeschwindigkeit vom Spiegel zur Sohle hin zunimmt.

Die Geschwindigkeitskomponenten $\bar{u}_x$, $\bar{u}_y$ der Potentialströmung sind zu berechnen aus dem Geschwindigkeitspotential Φ.

Schreibt man die zweite der Gln. (2) in der Form

$$\Phi^4 - \Phi^2 x - \frac{y^2}{4} = 0,$$

so ergibt sich für das Geschwindigkeitspotential

$$\Phi = \pm \sqrt{\frac{1}{2}\left[x + \sqrt{x^2 + y^2}\right]}$$

und hiemit
$$\bar{u}_x = \frac{\partial \Phi}{\partial x} = \frac{1}{2\sqrt{2}} \frac{x + \sqrt{x^2 + y^2}}{\sqrt{(x^2 + y^2)\left[x + \sqrt{x^2 + y^2}\right]}},$$

$$\bar{u}_y = \frac{\partial \Phi}{\partial y} = \frac{1}{2\sqrt{2}} \frac{y}{\sqrt{(x^2 + y^2)\left[x + \sqrt{x^2 + y^2}\right]}}.$$

Mit Einführung von Polarkoordinaten
$$x = r \cos \delta,$$
$$y = r \sin \delta,$$

vereinfachen sich obige Ausdrücke in $\bar{u}_x = \dfrac{1}{2\sqrt{r}} \cos \dfrac{\delta}{2}$,

$$\bar{u}_y = \frac{1}{2\sqrt{r}} \sin \frac{\delta}{2},$$

so daß
$$\bar{u} = \sqrt{\bar{u}_x^2 + \bar{u}_y^2} = \frac{1}{2\sqrt{r}}.$$

Bei der Übertragung dieses Ergebnisses auf die Grundwasserströmung muß beachtet werden, daß dann anstatt der Potentialdifferenz

$$\Phi_2 - \Phi_1 = \frac{1}{2C}(y_2 - y_1)$$

der k-fache Standrohrspiegelunterschied $k(y_2 - y_1)$ wirksam ist, so daß sich die dabei entstehenden Filtergeschwindigkeiten aus jenen der Potentialströmung $(\bar{u})$ ergeben durch Multiplikation mit dem Faktor $\dfrac{k(y_2 - y_1)}{\dfrac{1}{2C}(y_2 - y_1)}$, d. h. mit $2kC$

oder gemäß (4) mit $k \sqrt{\dfrac{y_2^2 - y_1^2}{l}}$.

Die Größe u der Filtergeschwindigkeit beträgt daher

$$u = \frac{k}{2\sqrt{r}} \sqrt{\frac{y_2^2 - y_1^2}{l}}.$$

Der geometrische Ort der Punkte gleicher Filtergeschwindigkeitsgröße (Isotachen) ist eine konzentrische Kreisschar mit dem Mittelpunkte O; da die Geschwindigkeit u in die Tangente der Parabel fällt und letztere mit der Parabelachse den Winkel $\dfrac{\delta}{2}$ einschließt, so liegen die Punkte gleicher Geschwindigkeitsrichtung (Isoklinen) auf einem Polstrahle.

10. 1. Die Gl. (7) für den Grundwasserspiegel in Aufg. **9** geht mit Benutzung der dortigen Gl. (6) über in

$$y^2 = \frac{2q}{k^2}\left(\frac{q}{2} + kx\right),$$

woraus mit $x = l$, $y = H$ für q die Gleichung folgt

$$q^2 + 2klq - k^2 H^2 = 0;$$

demnach ist

$$q = kl\left(\sqrt{1 + \frac{H^2}{l^2}} - 1\right).$$

Mit den Zahlenangaben für H und l ergibt sich als Verhältnis der Sickerwassermengen $1 : 0{,}483 : 0{,}306$.

2. Da $x_s = \overline{SO} = \dfrac{y_2{}^2 - y_1{}^2}{4l} = \dfrac{q}{2k}$, so verhalten sich die x_s wie die Sickerwassermengen.

11. 1. Aus $2z = 2(x + iy) = \dfrac{w^2}{2kq} + i\dfrac{w}{k}$ folgt mit $w = \varPhi + i\varPsi$ durch Gleichsetzung der reellen und imaginären Bestandteile

$$2x = \frac{1}{2kq}(\varPhi^2 - \varPsi^2) - \frac{\varPsi}{k}, \tag{1}$$

$$2y = \frac{\varPhi\,\varPsi}{kq} + \frac{\varPhi}{k}. \tag{2}$$

Für die Stromlinie $\varPsi = \text{konst.} = q$ ergibt sich aus den Gln. (1, 2):

$$2x = \frac{1}{2kq}(k^2 y^2 - 3q^2), \tag{3}$$

und

$$y = \frac{\varPhi}{k}. \tag{4}$$

Durch $\varPhi = ky$ ist die Bedingung für den freien Grundwasserspiegel erfüllt. Nach (3) lautet daher die Gleichung des Spiegels

$$y^2 = \frac{4q}{k}\left(x + \frac{3q}{4k}\right). \tag{5}$$

Für die Sohle (Stromlinie $\varPsi = 0$) folgt aus (1, 2):

$$2x = \frac{\varPhi^2}{2kq}, \quad 2y = \frac{\varPhi}{k},$$

und somit als Gleichung der Sohle: $y^2 = \dfrac{q}{k}\,x$. $\hspace{2em}$ (6)

Gemäß den Gln. (5) und (6) sind Grundwasserspiegel und Sohle konfokale Parabeln; der Brennpunkt F hat vom Scheitel der Sohlenparabel die Entfernung $\dfrac{q}{4k}$.

2. Auch die Niveaulinien bilden eine Parabelschar mit dem Parameter $\Phi = \text{konst.}$, denn durch Beseitigung von Ψ aus den Gln. (1) und (2) folgt

$$y^2 = -\frac{\Phi^2}{kq}\,x + \frac{\Phi^2\,(\Phi^2 + q^2)}{4\,k^2\,q^2}.$$ $\hspace{2em}$ (7)

Für den Punkt A des Spiegels ergibt sich aus (3) mit $x_A = x_F = \dfrac{q}{4k}$

die Ordinate $y_A = 2\,\dfrac{q}{k}$ und hiemit aus (4): $\Phi_A = k\,y_A = 2\,q$.

Hiemit liefert (7) als Gleichung der durch A gehenden Niveaulinie

$$y^2 = -\frac{4\,q}{k}\left(x - \frac{5\,q}{4\,k}\right);$$ $\hspace{2em}$ (8)

der Brennpunkt dieser Parabel ist identisch mit jenem der Schar der Stromlinien; der Scheitel S_1 hat die Koordinaten $x_{s_1} = \dfrac{5\,q}{4\,k}$, $y_{s_1} = 0$. Die Standrohrspiegelhöhe in den Punkten dieser Niveaulinie ist konstant gleich $\dfrac{\Phi_A}{k} =$

$= y_A = \dfrac{2\,q}{k}$ (vgl. Abb. 233).

3. Bezeichnet s die Strömungsrichtung in der freien Oberfläche an der Stelle x, y, so beträgt dort die Oberflächengeschwindigkeit

$$u_0 = \frac{d\,\Phi}{ds} = k\,\frac{\partial\,y}{\partial\,s} = k\sin\alpha.$$

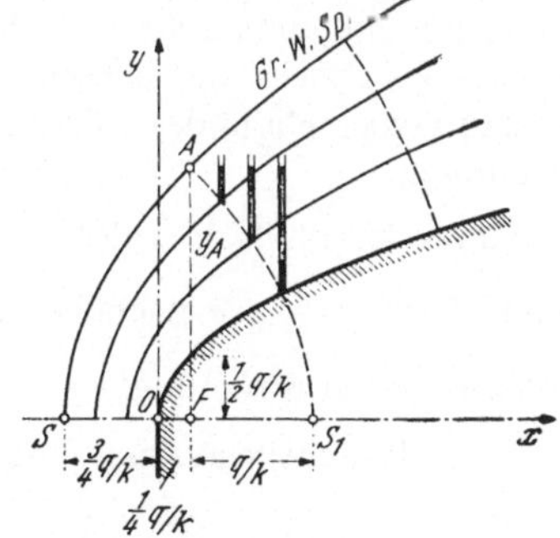

Abb. 233

Aus der Spiegelgleichung (5) folgt aber

$\operatorname{tg}\alpha = \dfrac{dy}{dx} = \dfrac{2\,q}{k\,y}$, somit

$$\sin\alpha = \frac{2\,q}{\sqrt{4\,q^2 + k^2\,y^2}} \quad\text{und daher}\quad u_0 = \frac{2\,k\,q}{\sqrt{4\,q^2 + k^2\,y^2}}.$$

Hieraus berechnet sich an der Stelle A, wo $y = y_A = 2\,\dfrac{q}{k}$:

$$u_0 = \frac{k}{\sqrt{2}} \quad\text{und}\quad \operatorname{tg}\alpha_A = 1, \quad \alpha_A = \frac{\pi}{4}.$$

Für den Scheitel S ergibt sich mit $y_s = 0$ die Oberflächengeschwindigkeit

$$u_0 = k \quad \text{und} \quad \alpha_s = \frac{\pi}{2}.$$

12. 1. Randbedingungen: Die Spundwand muß eine Stromlinie sein, demnach muß die Stromfunktion entlang und auf beiden Seiten der Spundwand den gleichen konstanten Wert haben; die waagrechte Flußsohle links und rechts der Spundwand muß je eine Niveaufläche sein, da in beiden Abschnitten der Standrohrspiegel jeweils konstanten Wert hat.

2. Aus

$$\cos w = \cos (\Phi + i\,\Psi) = \frac{1}{t}\,(x + i\,y)$$

folgt

$$\cos \Phi \operatorname{Cos} \Psi - i \sin \Phi \operatorname{Sin} \Psi = \frac{1}{t}\,(x + i\,y),$$

somit

$$x = t \cos \Phi \operatorname{Cos} \Psi,$$

$$y = -t \sin \Phi \operatorname{Sin} \Psi.$$

Die Beseitigung von Ψ, bzw. Φ liefert schließlich

$$\frac{x^2}{t^2 \cos^2 \Phi} - \frac{y^2}{t^2 \sin^2 \Phi} = 1 \tag{1}$$

und

$$\frac{x^2}{t^2 \operatorname{Cos}^2 \Psi} + \frac{y^2}{t^2 \operatorname{Sin}^2 \Psi} = 1. \tag{2}$$

Die Gln. (1) und (2) stellen ein System konfokaler Hyperbeln und Ellipsen mit der Brennpunktentfernung $2\,t$ dar mit Φ bzw. Ψ als veränderlichem Parameter. Das System der achsenparallelen Geraden $\Phi = \text{konst.}$ in der Ebene w wird in Hyperbeln in der z-Ebene abgebildet, und jenes der Geraden $\Psi = \text{konst.}$ in Ellipsen.

Längs der Flußsohle, also für $x = 0$, wird nach Gl. (1) die Funktion Φ konstant gleich $\pm \frac{\pi}{2}$, je nachdem $y \gtrless 0$; demnach ist Φ das Geschwindigkeitspotential dieser Strömung.

Ist x_s die Scheitelabszisse einer beliebigen Niveauhyperbel, so gilt

$$\frac{x_s^2}{t^2} = \cos^2 \Phi, \text{ oder } \Phi = \text{arc cos } \frac{x_s}{t}.$$

Aus Gl. (2) läßt sich nachweisen, daß die Funktion Ψ längs der Spundwand, also für $y = 0$ und $|x| \leqq t$ konstant ist und dort den Wert Null besitzt; daher ist Ψ die Stromfunktion dieser Bewegung.

Ist y_s die Scheitelordinate einer Stromellipse, so gilt nach (2):

$$\frac{y_s^2}{t^2} = \operatorname{Sin}^2 \Psi \text{ oder } \Psi = \text{Ar Sin } \frac{y_s}{t}.$$

Die Spundwand wird in elliptischen Stromlinien umströmt, die von den Niveauhyperbeln senkrecht geschnitten werden (Abb. 234).

3. Die Eintrittsgeschwindigkeit $\bar{u}_x$ längs der Flußsohle erhält man aus

$$\bar{u}_x = \frac{\partial \Psi}{\partial y} \text{ für } x = 0.$$

Da für $x = 0$ gemäß (2) die Stromfunktion $\Psi(y, x = 0) =$

$$= \mathrm{Ar\,Sin} \frac{y}{t},$$

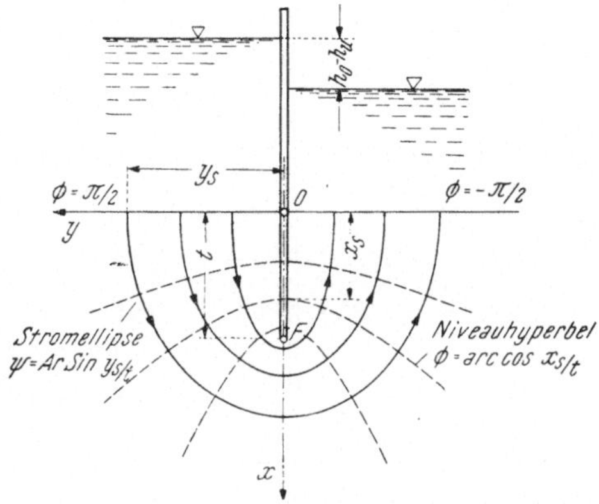

so wird

$$\bar{u}_x = \frac{\partial \Psi}{\partial y} = \frac{1}{t\sqrt{1 + \dfrac{y^2}{t^2}}}.$$

Abb. 234

Dem Potentialunterschiede π der in die Flußsohle fallenden Niveaulinien $\Phi_1 = \dfrac{\pi}{2}$ und $\Phi_2 = -\dfrac{\pi}{2}$ entspricht bei der Grundwasserströmung der k-fache Unterschied der Standrohrspiegel, also $k(h_o - h_u)$, somit ergibt sich die Filtergeschwindigkeit u_x durch Vergrößerung von $\bar{u}_x$ im Verhältnisse $\dfrac{k(h_o - h_u)}{\pi}$.

Hiemit wird

$$u_x = \frac{k(h_o - h_u)}{\pi t\sqrt{1 + \dfrac{y^2}{t^2}}}. \tag{3}$$

Der Größtwert von u_x entsteht für $y = 0$, also unmittelbar neben der Spundwand; es ist

$$u_{x,\,max} = \frac{k(h_o - h_u)}{\pi t}. \tag{3a}$$

Die Filtergeschwindigkeit $\bar{u}_x$ längs der Spundwand ergibt sich aus $\dfrac{\partial \Phi}{\partial x}$, wenn darin $y = 0$ gesetzt wird; es wird bei Benutzung der Gl. (1)

$$u_x = \frac{k(h_o - h_u)}{\pi t\sqrt{1 - \dfrac{x^2}{t^2}}}. \tag{4}$$

Hienach wird die Umströmungsgeschwindigkeit des unteren Endes der Spundwand (wo $x = t$) unendlich groß; dies ist bedingt durch die Vernachlässigung der Trägheitskräfte im Darcygesetze. An dieser Stelle hat die hier berechnete Filterströmung unendlich große Krümmung.

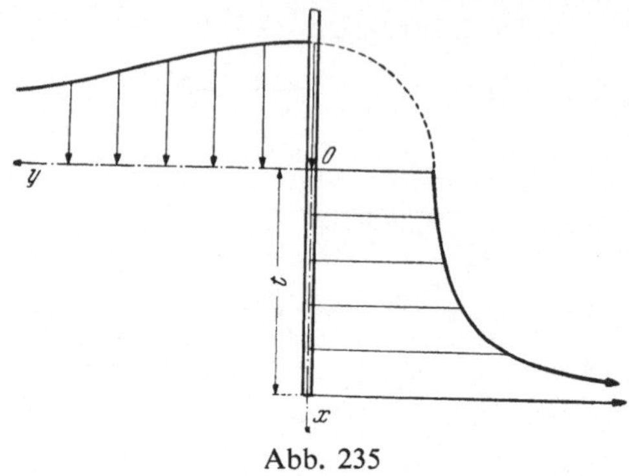

Abb. 235

In Abb. 235 sind die Diagramme für u_x (Gl. 3 und 4) längs der Flußsohle und längs der Spundwand dargestellt.

4. Aus $u_{x,\,max}$ (Gl. 3a) folgt

$$J_{max} = \frac{u_{x,\,max}}{k} = \frac{h_o - h_u}{\pi\,t}\;;$$

Grundbruchgefahr besteht, wenn $J_{max} \gtreqqless J_k$; mit $J_k = 1$ wird $\dfrac{h_o - h_u}{t} \gtreqqless \pi$, also

Spiegelunterschied im Ober- und Unterwasser ungefähr gleich dreifacher Rammtiefe der Spundwand.

XIV. Modellregeln

1. Damit bei geometrischer Ähnlichkeit des Modells mit der Hauptausführung die Strömungen auch mechanisch ähnlich verlaufen, müssen gewisse Ähnlichkeitsgesetze erfüllt sein.

1. Ist für die Strömung wesentlich die Flüssigkeitsreibung maßgebend — wie z. B. bei den Strömungen in geschlossenen, vollaufenden Rohren — so gilt das Reynoldssche Ähnlichkeitsgesetz

$$\mathrm{Re} = \frac{VL}{v}\,. \tag{1}$$

Hierin bedeutet L eine charakteristische Länge, V eine charakteristische Geschwindigkeit, v die kinematische Zähigkeit.

Für mechanische Ähnlichkeit müssen an ähnlich gelegenen Punkten für die beiden Strömungen die Werte Re übereinstimmen.

2. Wenn bei der Strömung in offenen Gerinnen der Einfluß der Schwerkraft jenen der Reibung stark überwiegt (Wellenprobleme), so ist das Froudesche Gesetz zu verwenden

$$\mathrm{Fr} = \frac{V^2}{Lg} \tag{2}$$

mit g als Schwerebeschleunigung.

Für mechanische Ähnlichkeit muß dann die Gleichheit der Werte Fr an ähnlich gelegenen Punkten für beide Strömungen gefordert werden.

3. Bei Vorgängen mit einer stark gekrümmten Oberfläche (z. B. freier Überfall) ist das Webersche Gesetz zu beachten

$$\mathrm{We} = \frac{\varrho\,V^2 L}{T}\,, \tag{3}$$

wo T die Kapillaritätskonstante bedeutet.

Es ist zu beachten, daß im Modell und bei der Großausführung die gleiche Fließart vorhanden sein muß (laminar oder turbulent, Strömen oder Schießen);

Kavitationserscheinungen sind auszuschließen und die Mindestgeschwindig-
keit von 23 cm/s für das Auftreten von Wellen darf im Modell nicht unter-
schritten werden.

2. Aus der Gleichheit der Reynoldsschen Zahlen

$$\mathrm{Re} = \frac{v\,d}{\nu} = \frac{v_m\,d_m}{\nu_m}$$

(wo der Zeiger m auf die Modellwerte hinweist)
ergibt sich

$$d_m = d\left(\frac{v}{v_m}\right)\left(\frac{\nu_m}{\nu}\right),$$

somit wegen

$$v = \frac{150}{3,6} = 41,67 \text{ m/s und } v_m = 0,2 \text{ m/s}$$

$$d_m = 1\,[\mathrm{cm}]\cdot\frac{41,67}{0,2\cdot 14} \doteq 15 \text{ cm}.$$

Mit $\nu_m = 0,01$ cm²/s wird $\mathrm{Re} = \dfrac{20\cdot 15}{0,01} = 30000 > 2300$; daher ist die
Strömung auch im Modellversuche turbulent.

3. Die Gleichheit der Froudeschen Zahlen für Modell und Großausführung
verlangt

$$v_m = v\,\sqrt{\frac{g_m}{g}\,\frac{L_m}{L}}.$$

Bei Vernachlässigung der geringfügigen Änderung des Wertes g mit der
geographischen Breite des Ortes des Schiffes und der Versuchsanstalt ergibt
sich mit $g_m = g$:

$$v_m = v\,\sqrt{\frac{L_m}{L}} = 1,876 \text{ m/s}.$$

Aus der Gleichheit der sog. Eulerschen Zahl $E = \dfrac{p}{\dfrac{\varrho}{2}\,v^2}$ für Modell und

Hauptausführung folgt mit $\varrho_m = \varrho$

$$\frac{p_m}{p} = \frac{v^2{}_m}{v^2} = \frac{L_m}{L}.$$

Da aber $\dfrac{W_m}{W} = \dfrac{p_m}{p}\,\dfrac{L^2{}_m}{L^2}$, so folgt $W = W_m\left(\dfrac{L}{L_m}\right)^3 = 0,15\cdot 30^3 = 4050\,\mathrm{kp}.$

4. Aus der Gleichheit der Reynoldsschen Zahlen für Modell und
Original folgt

$$v_m = v\left(\frac{\nu_m}{\nu}\right)\left(\frac{L}{L_m}\right),$$

wonach

$$v_m = 6\,\frac{\mathrm{km}}{\mathrm{h}} \cdot \frac{0{,}14 \cdot 10^{-4}}{0{,}13 \cdot 10^{-5}} \cdot 3 = 53{,}8\,\mathrm{m/s}\,.$$

Aus $E = \dfrac{p}{\dfrac{\varrho}{2}\,v^2} = \dfrac{p_m}{\dfrac{\varrho_m}{2}\,v^2_m}$ und $\dfrac{W}{W_m} = \dfrac{p}{p_m}\,\dfrac{L^2}{L^2_m}$ ergibt sich

$$\frac{W}{W_m} = \frac{\varrho}{\varrho_m}\left(\frac{v}{v_m}\right)^2 = 6{,}863,$$

woraus sich mit $W_m = 1{,}4\,\mathrm{kp}$ der Widerstand der Seemine berechnet zu $W = 1{,}4 \cdot 6{,}863\,\mathrm{kp} = 9{,}61\,\mathrm{kp}$.

5. Aus $\mathrm{Fr} = \dfrac{v^2_m}{g\,L_m} = \dfrac{v^2}{g\,L}$ folgt $v_m = v\,\sqrt{\dfrac{L_m}{L}} = \dfrac{3}{\sqrt{25}} = 0{,}6\,\mathrm{m/s}$.

Für das Verhältnis der sekundlichen Durchflußmengen ergibt sich

$$\frac{Q}{Q_m} = \frac{F}{F_m} \cdot \frac{v}{v_m} = \left(\frac{L}{L_m}\right)^2 \sqrt{\frac{L}{L_m}} = \left(\frac{L}{L_m}\right)^{\frac{5}{2}},$$

wonach $Q = 0{,}17 \times (25)^{5/2} = 531\,\dfrac{\mathrm{m}^3}{\mathrm{s}}$.

6. Es ist $b_1 = 0{,}6\,\mathrm{m}$, $b_2 = 1{,}6\,\mathrm{m}$, $t = 0{,}47\,\mathrm{m}$,

$$v_m = \frac{V}{\sqrt{15}} = 0{,}52\,\mathrm{m/s}\,,$$

$$W = W_m\left(\frac{L}{L_m}\right)^3 = 6{,}8 \cdot 15^3 = 22{,}95\,\mathrm{Mp}.$$

7. Da beim Froudeschen Gesetz $\dfrac{v}{v_m} = \left(\dfrac{L}{L_m}\right)^{\frac{1}{2}}$,

wogegen nach dem R e y n o l d s schen Gesetz $\dfrac{v}{v_m} = \left(\dfrac{L_m}{L}\right)\dfrac{v}{v_m}$,

so liefert die Forderung gleicher Geschwindigkeitsverhältnisse

$$\frac{v_m}{v} = \left(\frac{L_m}{L}\right)^{\frac{3}{2}} = \left(\frac{1}{n}\right)^{\frac{3}{2}},$$

somit

$$v_m = \frac{1}{8}\,v\,.$$

Als Umrechnungszahlen ergeben sich für die Geschwindigkeiten

$$\frac{v_m}{v} = \left(\frac{1}{n}\right)^{\frac{1}{2}} = \frac{1}{2},$$

für die Ausflußmengen

$$\frac{Q_m}{Q} = \frac{F_m}{F} \cdot \frac{v_m}{v} = \left(\frac{L_m}{L}\right)^{\frac{5}{2}} = \frac{1}{32}\,.$$

8. 1. Die Forderung gleicher R e y n o l d s scher Zahlen ergibt

$$v_m = v\,\frac{v_m}{\nu}\,\frac{d}{d_m},$$

daher mit $\nu_m = \nu$ (für gewöhnlichen Windkanal)

$$v_m = v\,\frac{d}{d_m} = 180 \,\text{m}/\text{s}.$$

Aus $\qquad \dfrac{v}{v_m} = \dfrac{d\cdot n}{d_m\cdot n_m}$ folgt $n_m = n\left(\dfrac{d}{d_m}\right)^2 = 19200\ \text{U}/\text{min}.$

2. Für den Überdruckwindkanal gilt $\dfrac{\varrho}{\varrho_m} = \dfrac{1}{1+5} = \dfrac{1}{6}\,;$

da die Zähigkeit η vom Druck unabhängig ist, also $\eta = \eta_m,$
so ist

$$\frac{\nu}{\nu_m} = \frac{\varrho_m}{\varrho} = 6.$$

Hiemit wird

$$v_m = v\,\frac{v_m}{\nu}\,\frac{d}{d_m} = 45\cdot\frac{1}{6}\cdot 4 = 30 \,\text{m}/\text{s}$$

und

$$n_m = n\left(\frac{v_m}{\nu}\right)\left(\frac{d}{d_m}\right)^2 = 3200 \,\text{U}/\text{min}.$$

3. Das Verhältnis $\varkappa$ der Kräfte $\dfrac{P}{P_m}$ ergibt sich aus

$$\varkappa = \frac{P}{P_m} = \frac{p}{p_m}\left(\frac{d}{d_m}\right)^2 \quad \text{wegen} \quad \frac{p}{p_m} = \frac{\varrho}{\varrho_m}\left(\frac{v}{v_m}\right)^2$$

zu

$$\varkappa = \left(\frac{\eta}{\eta_m}\right)^2\left(\frac{\varrho_m}{\varrho}\right).$$

Im Falle 1 wird $\varkappa = 1$, im Falle 2: $\varkappa = 6$.
Das Verhältnis der Drehmomente ist

$$\frac{M}{M_m} = \left(\frac{P}{P_m}\right)\left(\frac{d}{d_m}\right) = \varkappa\,\frac{d}{d_m} = 4\,\varkappa.$$

Daher ist der Übertragungsmaßstab der Drehmomente im Falle 1 gleich 4,
im Falle 2 gleich 24.
